U0160463

量子张量网络机器学习

赖　红　刘紫豪　陶元红　杨　艳　著

科学出版社
北　京

内容简介

本书力求用兼具浅白和学术的语言介绍量子张量网络中的抽象概念，包括量子、叠加、纠缠、测量、量子概率、三种著名的量子算法——Shor算法、Grover算法和HHL算法、张量、张量分解、四种典型张量网络态、TEBD算法、密度矩阵重整化群等，进而揭开这些概念自身本质和概念之间关系的面纱，内容涉及量子力学基本概念、三种著名的量子算法、张量基础、张量网络与量子多体物理系统、量子多体系统的张量网络态算法和基于张量网络的量子机器学习。本书在内容编排上主要是通过数学方式对量子张量网络机器学习进行阐述，而不会在物理学上对它们进行过多的精确解释，为张量网络机器学习提供捷径。

本书既可作为综合性大学、理工类大学和高等师范院校计算机及其相关专业高年级本科生和研究生课程的教材或教学参考书，也可供量子人工智能科学工作者参考。

图书在版编目(CIP)数据

量子张量网络机器学习/赖红等著. —北京：科学出版社，2022.11 (2023.12 重印)

ISBN 978-7-03-073612-3

Ⅰ. ①量… Ⅱ. ①赖… Ⅲ. ①量子计算机-机器学习 Ⅳ. ①TP385

中国版本图书馆 CIP 数据核字（2022）第 203779 号

责任编辑：刘 琳 / 责任校对：彭 映

责任印制：罗 科 / 封面设计：墨创文化

科学出版社出版

北京东黄城根北街16号

邮政编码：100717

http://www.sciencep.com

成都锦瑞印刷有限责任公司印刷

科学出版社发行 各地新华书店经销

*

2022年11月第 一 版 开本：787×1092 1/16

2023年12月第三次印刷 印张：11 1/2

字数：270 000

定价：98.00 元

（如有印装质量问题，我社负责调换）

前　言

身为现代人，如果不曾了解一点点量子力学的相关知识，就如同没有使用过互联网、QQ 和微信一样，可谓人生的一大遗憾。而“量子”这个看来很高大上的名字，本意不过是指微观世界中一份一份的不连续能量。量子性是这个世界已知的基本特征：通信将是量子的，计算将是量子的，人工智能也将是量子的。作为量子科技的重要使用工具，张量和张量网络也发展得如火如荼。最近，张量网络在人工智能领域崭露头角，有希望在某些特定领域打破传统神经网络模型在人工智能科学上的垄断地位。张量网络是近几年兴起的重要工具，它起源于量子信息与量子多体物理，已被广泛地应用于多个物理领域，包括凝聚态物理、统计物理、计算物理、量子信息与量子计算、高能物理等，并且取得了丰硕的成果。张量网络也越来越多地应用到了机器学习当中。近些年来，机器学习与大数据在物理学、生物科学、环境生态学等领域引起了广泛关注，而许多相互关联的大数据可以组织成张量网络。因此，张量网络机器学习成为一门备受关注的新型交叉学科。张量网络机器学习的优势有望为人工智能、密码学、药物合成等多领域的研究提供强力支撑，对未来社会产生革命性的影响。

然而，量子张量网络机器学习仍然是一个不成熟的课题，它的知识基础呈现高度碎片化和不连贯性。因此，我们尝试抛砖引玉来写一本书：一方面为未来该领域的研究者提供研究基础；另一方面作为研究生或高年级本科生课程的教学材料。

本书的目的就是对量子张量网络机器学习这一课题做比较系统和详尽的探索。我们将更多地通过数学的方式来对量子张量网络机器学习进行阐述，而不会在物理学上对它们进行过多的精确解释(若读者想更多地了解这些，请查阅相关的书籍)。无论你是系统学习过量子计算和张量网络的研究者，还是对“量子计算和张量网络机器学习”一知半解甚至一无所知的门外汉，都希望本书能为你提供不同程度的帮助。我们从量子力学和张量的基本概念讲起，去粗取精，在阐明量子张量网络机器学习理论的同时，力求言简意赅，通俗易懂。写作这本书给了我们一个机会来系统化对量子张量网络机器学习的认识，但我们的知识水平有限，还请读者多多指教。

2020 年 10 月 16 日下午，中共中央政治局就量子科技研究和应用前景举行第二十四次集体学习，指出加快发展量子科技，对促进高质量发展、保障国家安全具有非常重要的作用。习近平总书记指出要“统筹基础研究、前沿技术、工程技术研发，培育量子通信等战略性新兴产业”，这是我国量子科技发展的总体切入点。而且，国家“十四五”规划提出强化国家战略科技力量，包括人工智能、量子信息等领域科技创新。规划中明确指出，量子通信与量子计算机是科技创新 2030—重大项目。我们也希望本书为推动量子科技的发展贡献一点点力量。

感谢研究生黄延、张强、刘杰、李雷、张宇和孟则霖，本科生熊珏婵、向婷、辛浩嘉、邓欣、龙顺东和朱珂芯，以及西南大学计算机与信息科学学院2019级、2020级的所有研究生。我要特别感谢首都师范大学冉仕举老师在bilibili网站开设的“张量网络基础课程”，本书第5章借鉴了部分该课程的内容。此外，要特别感谢教育部中央基本业务项目(重点，XDJK2020B027)、国家自然科学基金项目(61702427、11761073)、2018年重庆市留创计划创新类项目(cx2018076)和重庆市研究生教育教学改革研究项目(yjg193030)的支持。

目　录

第 1 章　量子力学基本概念 …… 1

1.1　量子力学的三大奥义——叠加、测量和纠缠 …… 3

1.1.1　第一大奥义：线性代数中的线性组合与量子叠加态 …… 4

1.1.2　第二大奥义：线性代数中的内积、特征值、特征向量与量子比特的测量 …… 8

1.1.3　第三大奥义：量子纠缠 …… 11

1.2　量子逻辑门 …… 14

1.2.1　单量子逻辑门 …… 14

1.2.2　双量子逻辑门 …… 16

1.2.3　三量子逻辑门 …… 17

1.3　量子寄存器、量子逻辑门、量子叠加态与并行处理的关系 …… 18

1.3.1　量子寄存器、量子叠加态与并行处理 …… 18

1.3.2　量子逻辑门、量子叠加态与并行计算 …… 20

1.4　不确定性原理 …… 20

1.5　经典概率在复数域的扩充——量子概率简介 …… 23

1.5.1　当 i 进入物理学 …… 23

1.5.2　概率复数化 …… 23

1.5.3　概率分布与向量表示 …… 25

1.5.4　事件与 Hilbert 空间 …… 26

1.5.5　不相容属性及其复数概率表示 …… 27

1.6　量子概率体系 …… 29

1.6.1　事件 …… 29

1.6.2　互斥事件 …… 30

1.6.3　概率与测量 …… 31

1.6.4　不相容属性对及其测量区分顺序性 …… 32

1.6.5　相容属性对及其测量不区分顺序性 …… 33

1.6.6　量子概率与经典概率的区别 …… 34

1.7　量子测量——测量公设的量子信息学描述 …… 34

1.8　密度算符 …… 36

1.8.1　具体到坐标表象 …… 37

1.8.2　纯态下的密度算符 …… 37

1.8.3　混合态下的密度算符 …… 38

1.8.4 密度算符的性质 …… 38
1.8.5 量子力学性质的密度算符描述 …… 39
1.8.6 约化密度算符 …… 39
参考文献 …… 40
第 2 章 量子算法 …… 41
2.1 什么是量子算法？ …… 41
2.2 Grover 算法 …… 42
2.2.1 背景介绍 …… 42
2.2.2 经典搜索算法的一般形式 …… 43
2.2.3 Grover 算法中的 Oracle …… 44
2.2.4 Grover 算法中的阿达马(Hadamard)变换 …… 44
2.2.5 Grover 迭代的内部操作细节 …… 45
2.2.6 Grover 算法的二维几何表示 …… 46
2.3 Shor 算法 …… 49
2.3.1 RSA 公钥密码体系及安全性 …… 49
2.3.2 Shor 算法理论分析 …… 50
2.4 HHL 算法 …… 54
2.4.1 基本假设 …… 54
2.4.2 制备过程 …… 55
2.4.3 量子计算算法的一般步骤 …… 55
2.5 设计量子算法的方法学 …… 55
参考文献 …… 56
第 3 章 张量基础 …… 57
3.1 张量的定义 …… 57
3.1.1 生活实例的张量解释 …… 58
3.1.2 计算机中的张量表示 …… 59
3.2 张量的纤维和切片 …… 60
3.3 矩阵化——张量展开 …… 60
3.4 张量乘法 …… 62
3.4.1 张量内积 …… 62
3.4.2 张量乘以矩阵 …… 62
3.4.3 张量 Kronecker 积 …… 63
3.4.4 张量 Hadamard 积 …… 64
3.4.5 Khatri-Rao 积 …… 65
3.5 超对称和超对角 …… 66
3.6 张量的秩 …… 66
3.7 张量分解 …… 68
3.7.1 CP 分解 …… 68

3.7.2 带权 CP 分解 ……74
3.7.3 Tucker 分解 ……74
参考文献……82
第 4 章 张量网络与量子多体物理系统 ……83
4.1 张量的图解表示法……83
4.1.1 矩阵的图解表示……84
4.1.2 各阶张量的图解表示……84
4.2 张量的运算图解表示法……85
4.2.1 矩阵乘法的图解表示法……85
4.2.2 各阶张量的运算图解表示法 ……90
4.3 张量网络……93
4.3.1 张量网络的定义……93
4.3.2 传统图示法与新张量网络图解法对比呈现 ……94
4.4 从张量网络到量子多体物理系统……95
4.5 四种典型张量网络态……95
4.5.1 矩阵乘积态(MPS)……98
4.5.2 投影纠缠对态(PEPS) ……100
4.5.3 树状张量网络(TTN)态……100
4.5.4 多尺度纠缠重整化假设(MERA)态 ……101
参考文献……102
第 5 章 量子多体系统的张量网络态算法 ……104
5.1 绝对值最大本征值问题……105
5.2 奇异值分解与最优低秩近似问题……106
5.2.1 最大奇异值与奇异向量的计算 ……107
5.2.2 张量秩一分解与其最优低秩近似 ……107
5.2.3 高阶奇异值分解与其最优低秩近似 ……108
5.3 多体系统量子态与量子算符……109
5.3.1 量子态系数……109
5.3.2 单体算符的运算……109
5.3.3 多体算符的运算……111
5.4 经典热力学基础……112
5.4.1 量子格点模型中的基态问题 ……114
5.4.2 磁场中二自旋海森伯模型的基态计算 ……114
5.4.3 海森伯模型的基态计算——退火算法 ……115
5.5 矩阵乘积态与量子纠缠……118
5.6 矩阵乘积态的规范自由度与正交形式……120
5.6.1 规范变换与规范自由度……120
5.6.2 K-中心正交形式……121

5.6.3 基于 K-中心正交形式的最优裁剪 122
5.6.4 正则形式 122
5.7 TEBD 算法 123
5.8 一维格点模型基态的 TEBD 算法计算 126
5.9 密度矩阵重整化群 131
5.10 基于自动微分的基态变分算法 135
5.11 矩阵乘积态与纠缠熵面积定律 136
5.12 张量网络收缩算法 139
5.12.1 张量网络的最优低秩近似 140
5.12.2 张量重整化群算法 142
参考文献 146
第 6 章 基于张量网络的量子机器学习 147
6.1 在量子空间(Hilbert 空间)编码图像数据 149
6.2 利用约化密度矩阵对图片进行特征提取 152
6.3 利用张量网络实现分类任务 154
6.4 基于张量网络的监督学习 157
6.4.1 基于 MPS 监督学习模型 157
6.4.2 利用 TTN 进行特征提取的 MPS 模型 160
6.4.3 混合张量网络模型 163
6.4.4 量子卷积神经网络模型 165
6.4.5 概率性图像识别模型 166
参考文献 169
彩色附图

第 1 章　量子力学基本概念

本章以量子力学基础知识为主要内容，作为后续章节的深入铺垫。对于量子力学而言，与其说它是一门物理学科，倒不如说它是一门数学学科。而且只要掌握了线性代数中的这些基本概念：行列式、矩阵、特征值理论、向量的基本性质、线性空间和内积(表 1-1)，就可以将我们熟悉的线性(线性是一个非常优美的性质，可叠加、可数乘)代数的知识迁移到量子力学中，进而在精妙的数学体系中学习量子力学的基本假设，即线性代数是帮助深度理解量子力学理论体系的一个非常好的突破口。

表 1-1　线性代数中的一些基本概念与量子力学中常用的概念的联系

数学式子	线性代数	量子力学
$\begin{bmatrix} a \\ b \end{bmatrix}$，且$aa^\dagger + bb^\dagger = 1$	二维单位向量	量子态
$\begin{bmatrix} 1 \\ 0 \end{bmatrix}$	二维标准向量	$\vert 0\rangle$ 态
$\begin{bmatrix} 0 \\ 1 \end{bmatrix}$	二维标准向量	$\vert 1\rangle$ 态
$\vert\varphi\rangle = a\begin{bmatrix} 1 \\ 0 \end{bmatrix} + b\begin{bmatrix} 0 \\ 1 \end{bmatrix} = \begin{bmatrix} a \\ b \end{bmatrix}$，且$aa^\dagger + bb^\dagger = 1$	线性组合	叠加态
$(\alpha_i, \alpha_j) = 0,\ i \neq j$	正交	正交
$\vert\langle 0\vert\varphi\rangle\vert^2, \vert\langle 1\vert\varphi\rangle\vert^2$	模平方	量子测量

看到“量子”这个词，许多人的第一反应就是把它理解成某种粒子。但只要是上过中学的人都知道，我们日常见到的物质是由原子组成的，原子又是由原子核与电子组成的，而原子核是由质子和中子组成的。那么量子究竟是什么？难道是比原子、电子更小的粒子吗？

其实不是。许多人一开始就“顾名思义”了，量子跟原子、电子根本不能比较大小，因为它的本意是一个数学概念(就像光年不是时间单位一样)。正如“6”是数字，“7 个苹果”是实物，你问“6”和“7 个苹果”哪个大，这让人怎么回答？正确的回答是：它们不是同一范畴的概念，无法进行比较。

那么“量子”这个数学概念究竟是什么呢？其实就是“离散变化的最小单元”。

定义 1　量子是“离散变化的最小单元”。

什么叫“离散变化”？我们统计人数时，可以有一个人、两个人，但不可能有半个人、1/3 个人；再如我们上台阶时，只能上一个台阶、两个台阶，而不能上半个台阶、1/3 个台阶，这些就是“离散变化”。对于统计人数来说，一个人就是一个“量子”；对于台阶来说，一个台阶就是一个“量子”。如果某个东西只能离散变化，那么我们就说它是量子化的。1900 年，德国物理学家马克斯·普朗克首次提出量子概念，他假定光辐射与物质相互作用时其能量不是连续的(图 1-1)，而是一份一份的，一份“能量”就是所谓的量子，从此量子论宣告诞生。

图 1-1 马克斯·普朗克

与“离散变化”相对的称为“连续变化”。例如在一段平路上，我们可以走到离起点 1m 的位置，也可以走到离起点 1.1m 的位置，还可以走到离起点 1.11m 的位置，如此，中间任何一个距离都可以走到，这就是“连续变化”。

显然，离散变化和连续变化在日常生活中都大量存在，这两个概念本身都很容易理解。但是，这又和量子有什么关系？为什么量子会如此重要呢？

因为人们发现，离散变化是微观世界的一个本质特征。微观世界中的离散变化包括两类：一类是物质组成的离散变化，另一类是物理量的离散变化。

先来看第一类，即物质组成的离散变化。例如，光是由一个个光子组成的，不能分出半个光子、1/3 个光子，所以光子就是光的量子。再比如，阴极射线是由一个个电子组成的，不能分出半个电子、1/3 个电子，所以电子就是阴极射线的量子。在这种情况下，我们似乎可以拿量子去跟原子、电子比较了，但这并没有多大意义，因为它是随问题而变的。原子、电子、质子、中子、中微子这些词本身就对应某些粒子，而“量子”这个词在不同的语境下对应不同的粒子(如果它对应粒子的话)，并没有某种粒子专门叫作“量子”。

再来看第二类，即物理量的离散变化。例如，氢原子中电子的能量只能取−13.6eV(eV 为电子伏特，是一种能量单位)或者它的 1/4、1/9、1/16 等，总之就是−13.6eV 除以某个正整数的平方($-13.6/n^2$eV，n 可以取 1、2、3、4、5 等，如图 1-2 所示)，而不能取其他值，如−10eV、−20eV 等，正因为不是等距变化，我们便无法准确定量地描述氢原子中电子能量的量子是什么，但会说氢原子中电子的能量是量子化的，位于一个个“能级”上面。每一种原子中电子的能量都是量子化的，这是一种普遍现象，图 1-2 是常见氢原子能级图。

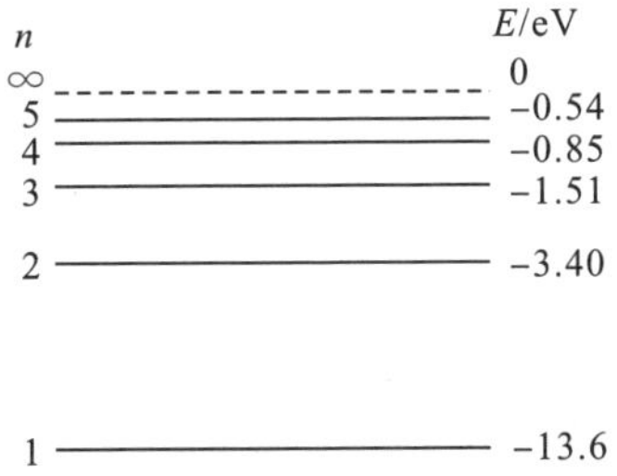

图 1-2　氢原子能级图

在发现离散变化是微观世界的一个本质特征后，科学家们创立了一门能够准确描述微观世界的物理学理论，那就是量子力学。“量子力学”这个名称其实是为了强调离散变化在微观世界中的普遍性。量子力学出现后，人们把传统的牛顿力学称为经典力学。

量子力学的起源是在 1900 年，德国科学家马克斯·普朗克在研究“黑体辐射”问题时，发现必须把辐射携带的能量当作离散变化的，才能推出与实验情况相一致的公式。在此基础上，爱因斯坦、尼尔斯·玻尔(图 1-3)、德布罗意、海森伯、薛定谔、狄拉克等提出了一个又一个新概念，一步一步奠定和扩展了量子力学的理论基础与应用范围。到 20 世纪 30 年代，量子力学的理论大厦已经基本建立起来，并且能够对微观世界的大部分现象做出定量描述了。

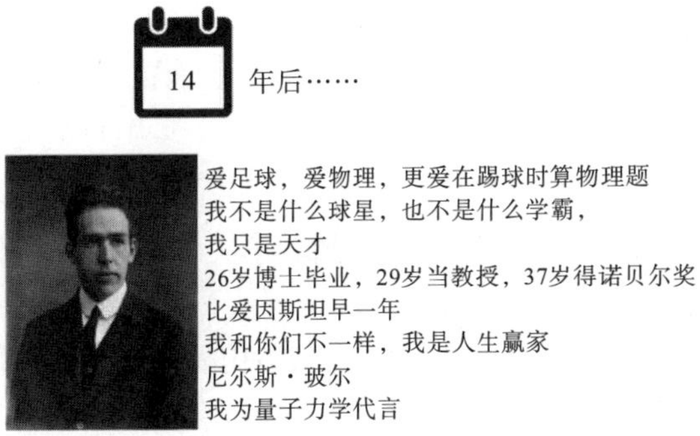

图 1-3　尼尔斯·玻尔（图片引自《猫、爱因斯坦和密码学：我也能看懂的量子通信①》）

1.1　量子力学的三大奥义——叠加、测量和纠缠

在理解了量子力学的基本概念、起源本质、诞生背景之后，我们首先需要面对的是量子力学中最著名的三大奥义——叠加、测量和纠缠，也是量子力学的灵魂所在。

量子力学的三大奥义虽然违反“常识”，但微观世界的许多实验早已验证了它们的正确性。在学习以下内容时，每当你感到“这怎么可能”“这不是胡说八道吗”的时候，请

①神们自己，2021. 猫、爱因斯坦和密码学：我也能看懂的量子通信[M]. 北京：北京联合出版有限公司.

记住，这些原理并不是某个科学家的心血来潮向壁虚构，而是已经经过近百年来的无数实验反复证明的，其应用范围几乎涉及我们身边所有事物。所以，在目前的认识范围内，科学界把这些原理视为真理。接下来，我们一起学习这三大奥义——叠加、测量和纠缠，当然，在这个美妙的过程中，我们难免会使用到一些线性代数中的符号。

1.1.1 第一大奥义：线性代数中的线性组合与量子叠加态

为了更顺利地理解“叠加态”这个概念(图 1-4)，我们要先定义“态矢量”。

图 1-4 什么是叠加态

定义 2 态矢量——表示量子力学状态的矢量。

一个系统的态(state)，包含了为了确定它未来的演化，而必须指定的关于这个系统的所有信息。例如，在经典力学中，系统的态是由该态中所有的粒子的位置和动量决定的。而在量子力学中，态是矢量，我们用符号$|\varphi\rangle$表示态矢量，它由希尔伯特(Hilbert)空间中的单位列向量描述，其中“$|\ \rangle$”是英国理论物理学家狄拉克发明的，称为狄拉克符号，注意：

(1) 只有正确理解了态矢量，我们才能找到量子力学的正确打开方式；

(2) 态向量(或态矢)，常用$|\cdot\rangle$表示，也称为右矢，如$|\varphi\rangle$、$|0\rangle$等都表示量子态；

(3) $\langle\varphi|$表示$|\varphi\rangle$的对偶向量，也称为左矢，由 Hilbert 空间中的行向量描述；

(4) 可以将一个量子力学的状态理解成一个矢量(请回忆高中数学：矢量就是既有大小也有方向的量，如牛顿力学中的力、速度、位移都是矢量)，实际上，狄拉克符号$|\ \rangle$正是为了让人联想到矢量而设计的。

举一个简单的例子，考虑一个只有两种可能态的系统，这两种态可以是 0/1、上/下、开/关、左/右、死/活等。这样的一个系统也叫作一个经典位(比特)，这也是计算机科学的基本概念之一。

定义 3 一个经典位(比特)是可以处于两个完全不同状态的系统，这两个状态可以用二进制数 0 和 1 来表示。

经典位(比特)对应的计算机操作可以有“恒等”“与”“非”操作等，那么在量子计算机中或者量子计算领域中，我们使用的是否还是应用于传统的经典位(比特)呢？显然不再是了，那么我们如何在 Hilbert 空间中寻找到适合的“比特”呢？

此时，态矢量出现了，在二维复数 Hilbert 空间中，量子比特的两个态可以用矢量的两个分量来表示，即用一对正交归一的量子态来表示：

$$|\uparrow\rangle=|0\rangle\equiv\begin{bmatrix}1\\0\end{bmatrix},\qquad |\downarrow\rangle=|1\rangle\equiv\begin{bmatrix}0\\1\end{bmatrix} \tag{1-1}$$

我们先回顾线性代数中向量的线性组合(linear combination)：在一个线性空间中，如果给定一组线性无关的基底 $\alpha_1,\alpha_2,\cdots,\alpha_n$，则向量空间中的任意向量 $\boldsymbol{\beta}$ 都可以表示为基底的线性组合：

$$\boldsymbol{\beta}=\lambda_1\alpha_1+\lambda_2\alpha_2+\cdots+\lambda_n\alpha_n \tag{1-2}$$

接下来，我们假设有一个沿着 z 轴的二自旋电子，作为在本章中将一直用到的物理模型。在经典世界中，电子的自旋要么向上，要么向下(图1-5)。但是，量子世界中的态可以同时是两种态的叠加——既向上又向下，这里可以类比薛定谔猫的例子。现在我们将两种态的叠加态和向量做个对比，即将 $|\uparrow\rangle$ 和 $|\downarrow\rangle$ 看成某个抽象的二维空间中的基底，那么“既向上又向下”的状态，就是这两个基底的线性组合：

$$|\varphi\rangle=\boldsymbol{\alpha}|\uparrow\rangle+\boldsymbol{\beta}|\downarrow\rangle=\boldsymbol{\alpha}\begin{bmatrix}1\\0\end{bmatrix}+\boldsymbol{\beta}\begin{bmatrix}0\\1\end{bmatrix}=\begin{bmatrix}\boldsymbol{\alpha}\\\boldsymbol{\beta}\end{bmatrix} \tag{1-3}$$

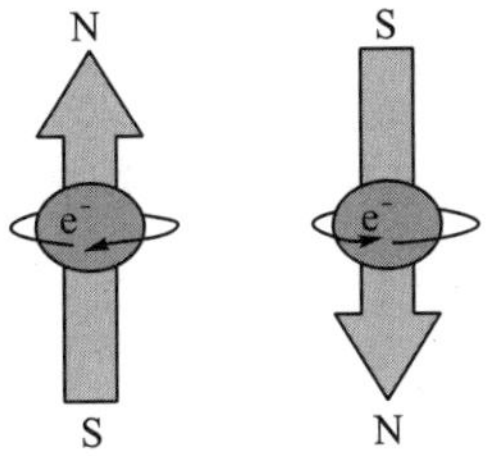

图 1-5　电子的二自旋态

式中，$\boldsymbol{\alpha}$ 和 $\boldsymbol{\beta}$ 是复数(1.6 节会详细介绍它为复数的原因)，也叫作概率幅，并且满足 $|\boldsymbol{\alpha}|^2+|\boldsymbol{\beta}|^2=1$，这样的一个态被称为量子比特。也就是说，电子的自旋可以既不向上，又不向下，它是两种可能的态之间的线性叠加。“线性”意味着用一个数乘以一个状态，“叠加”意味着两个状态相加，所以“线性叠加”就是把两个状态各自乘以一个数后再加起来(图 1-6)。

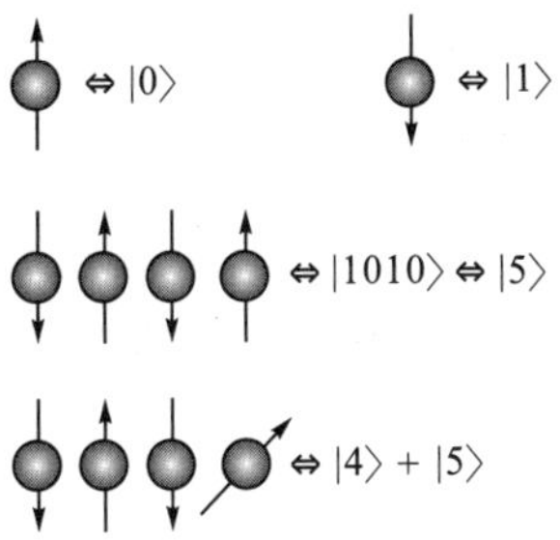

图 1-6　自旋态的量子态表示

由图 1-6 可得，对于一个简单的向上或者向下单自旋量子态，有$|0\rangle$和$|1\rangle$两种量子态，对于多个自旋量子而言，根据图 1-6 中的自旋方向，我们可以写作$|10101\rangle$，转化成十进制就是$|5\rangle$，如果四个自旋量子态的最后一个是一个叠加态，我们又该如何表达呢？这里显然需要“线性叠加”的知识，根据式(1-3)，最后一个是$|0\rangle$和$|1\rangle$的叠加，所以整体也就是$|0100\rangle$和$|0101\rangle$的叠加，转化一下就是$|4\rangle$和$|5\rangle$的叠加。

定义 4 一个量子比特是一个可以在二维复数 Hilbert 空间中描述的两能级量子体系。

根据叠加原理，量子比特的任何态都可以写成如下形式：

$$|\varphi\rangle=\boldsymbol{\alpha}|0\rangle+\boldsymbol{\beta}|1\rangle,\ (|\boldsymbol{\alpha}|^2+|\boldsymbol{\beta}|^2=1) \tag{1-4}$$

式中，$|\alpha|^2$、$|\beta|^2$分别为叠加态坍缩到$|0\rangle$和$|1\rangle$的概率幅，并且服从归一化条件。

问题 1：为什么量子力学用 Hilbert 空间作为数学语言来描述？

答：第一，量子力学的实验基础是各种粒子的波粒二象性，而能自洽地描述波粒二象性的就是概率解释。数学上，如果用算符 A 描述物理态，由 A 应该能计算其概率。第二，从电子干涉和光干涉实验得到启示，可知量子态应该具有可加性。所以态用矢量描述是最方便的。第三，量子态是矢量，因为概率是正数，由矢量到数的映射，数学上就是内积，但内积有正有负，且有实数有虚数，所以取内积的模平方为概率，数学基础为内积空间。第四，独立的物理态有无穷多个，所以内积空间维数无穷大。无穷大涉及收敛的问题，某些参数取无穷大时，相应的物理态不能跑出空间，所以数学上需要任何一个序列的极限仍在空间内，即空间要满足完备性。综上，量子力学需要 Hilbert 空间作为数学语言来描述。

除此之外，我们还可在一个布洛赫(Bloch)球中表示量子比特(图 1-7)，即

$$|\psi\rangle=\mathrm{e}^{\mathrm{i}\gamma}\left(\cos\frac{\theta}{2}|0\rangle+\mathrm{e}^{\mathrm{i}\varphi}\sin\frac{\theta}{2}|1\rangle\right) \tag{1-5}$$

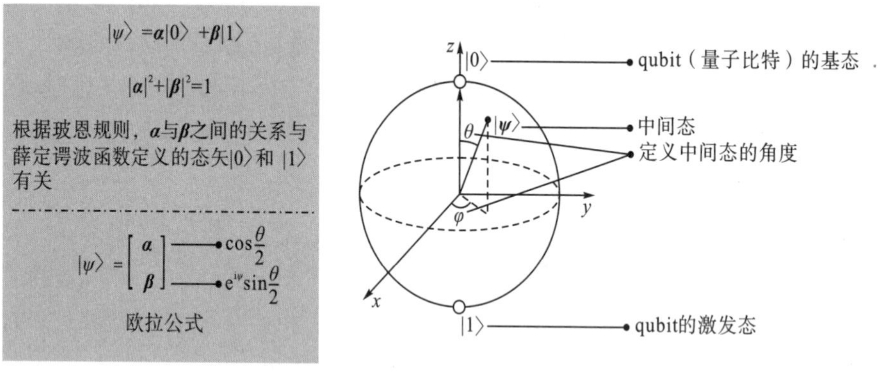

图 1-7 一个量子比特的 Bloch 球表示法

在量子力学中，对于描写量子态的波函数$|\psi\rangle$与$-|\psi\rangle$表示的是同一个量子态，即波函数可以差一个整体相位因子，故当忽略整体相位，此时式(1-5)可以写成

$$|\psi\rangle = \cos\frac{\theta}{2}|0\rangle + e^{i\varphi}\sin\frac{\theta}{2}|1\rangle = \begin{bmatrix} \cos\frac{\theta}{2} \\ e^{i\varphi}\sin\frac{\theta}{2} \end{bmatrix} \tag{1-6}$$

根据前面的描述、图 1-7 的提示和欧拉公式，量子比特在 Bloch 球中的简单推导过程为：假设二维的复数域中有一个量子叠加态 ：$|\psi\rangle = \boldsymbol{a}|0\rangle + \boldsymbol{b}|1\rangle$，与单位球面上的每一个点 (θ,φ) 相对应，其中 $a = \cos\frac{\theta}{2}$ 并且 $b = e^{i\varphi}\sin\frac{\theta}{2}$，则：

$$\begin{aligned} |\psi\rangle &= \boldsymbol{a}|0\rangle + \boldsymbol{b}|1\rangle \\ &= \cos\frac{\theta}{2}|0\rangle + e^{i\varphi}\sin\frac{\theta}{2}|1\rangle \\ &= \cos\frac{\theta}{2}|0\rangle + (\cos\varphi + i\sin\varphi)\sin\frac{\theta}{2}|1\rangle \end{aligned} \tag{1-7}$$

延伸阅读 ——直观理解经典比特和量子比特

根据上面的内容，我们还可以做一个比喻：经典比特是“普通开关”（图 1-8），只有开或关两个状态(0 或 1)，而量子比特是“旋钮开关”（图 1-8），就像收音机上调频旋钮那样，有无穷多个状态(所有的 $a|0\rangle + b|1\rangle$)。因为旋钮的信息量比开关大得多，所以，量子比特也必然比经典比特包含更多的信息，Bloch 球的比特与量子比特如图 1-9 所示，也能非常直观地表达二者的区别与联系。

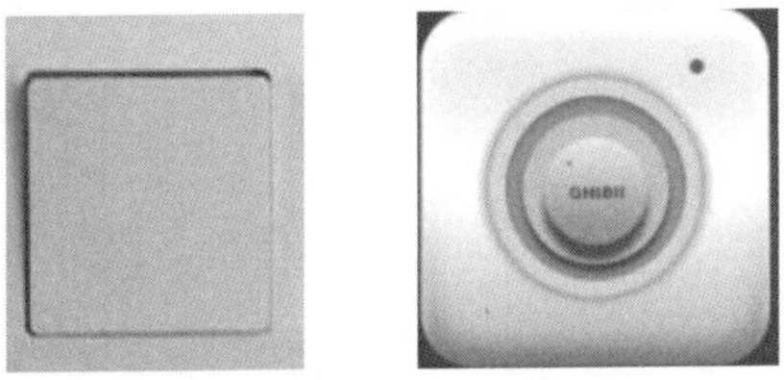

图 1-8 普通开关和旋钮开关

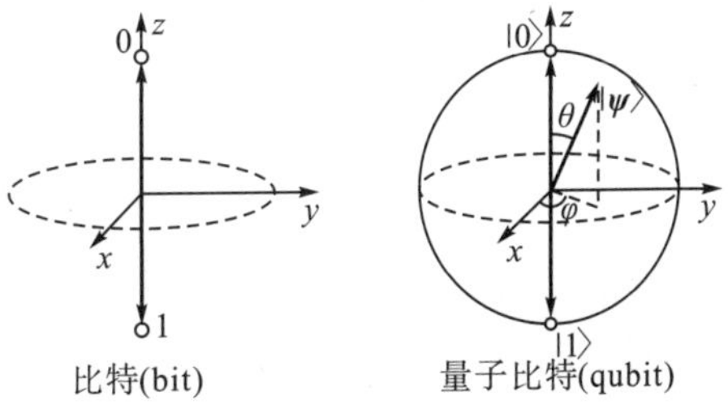

图 1-9 比特和量子比特

叠加态的可能性是量子力学所有怪异之处的根源。假如用 $|0\rangle$ 代表你在北京喝茶，$|1\rangle$ 代表你在上海喝茶，那么 $(|0\rangle + |1\rangle)/\sqrt{2}$ 就意味着你同时在北京与上海喝茶，这种状态在现实中怎么可能存在呢？但量子力学的一切实验结果都表明，叠加原理是正确的，是一条必不可少的基本原理，至少在微观世界中是如此。“一个电子确实可以同时位于两个地方”，其实这句话背后的秘密，我们要到 1.1.2 节学习“测量”时才能完全明白。至于宏观世界里为什么没见过一个人同时位于两处，那是另一个深奥的问题，我们在本书中不做进一步的讨论。

在正式开始介绍一系列的量子态相关运算和性质之前，我们需要记忆表 1-2 的内容，用到的时候要做到心中有数。

表 1-2 量子力学中常用的符号

符号	含义
$\boldsymbol{Z}^{*}$	复数 $\boldsymbol{Z}$ 的复共轭
$\lvert\psi\rangle$	右态矢(右矢)：系统的状态向量(Hilbert 空间中的一个列向量)
$\langle\psi\rvert$	左矢：$\lvert\psi\rangle$ 的对偶向量
$\langle\phi\vert\psi\rangle$	向量 $\lvert\phi\rangle$ 和 $\lvert\psi\rangle$ 的内积
$\lvert\phi\rangle\otimes\lvert\psi\rangle$	向量 $\lvert\phi\rangle$ 和 $\lvert\psi\rangle$ 的张量积
$\lvert\phi\rangle\lvert\psi\rangle$	$\lvert\phi\rangle\otimes\lvert\psi\rangle$ 的缩写
I	单位元 $(I\lvert\psi\rangle=\lvert\psi\rangle)$
$\boldsymbol{A}^{-1}$	矩阵 $\boldsymbol{A}$ 的逆
$\boldsymbol{A}^{\mathrm{T}}$	矩阵 $\boldsymbol{A}$ 的转置
$\boldsymbol{A}^{*}$	矩阵 $\boldsymbol{A}$ 的复共轭
$\boldsymbol{A}^{\dagger}$	矩阵 $\boldsymbol{A}$ 的厄米共轭，即 $\boldsymbol{A}^{\dagger}=(\boldsymbol{A}^{\mathrm{T}})^{*}$

1.1.2 第二大奥义：线性代数中的内积、特征值、特征向量与量子比特的测量

1. 内积

在 1.1.1 节我们学习了量子力学中赫赫有名的叠加态$\lvert\varphi\rangle=\alpha\lvert0\rangle+\beta\lvert1\rangle$，这里的两个系数还必须满足$\lvert\alpha\rvert^{2}+\lvert\beta\rvert^{2}=1$这个限制条件。若$\alpha$、$\beta$为实数，我们可进一步将该限制条件改写为

$$\begin{pmatrix}\alpha & \beta\end{pmatrix}\begin{pmatrix}\alpha\\ \beta\end{pmatrix}=1 \tag{1-8}$$

这能让我们联想到在线性代数中一个向量和它自身的内积，唯一特殊的地方在于这里内积总是等于 1 的，这也叫归一化条件(normalization condition)。

在量子力学中，我们把态矢量$\lvert\varphi\rangle$和它自身的内积记为$\langle\varphi\vert\varphi\rangle$，也就是右矢与它的对偶向量左矢相乘，按照这样的记法，态矢量的归一化条件就可以记为$\langle\varphi\vert\varphi\rangle=1$。这里还需要特别重复说明一个重要的数学细节：量子力学中叠加态的各个系数，通常是复数(详情见 1.5 节)而不是实数。这就要求我们在复数域重新定义内积。为了让内积的结果是实数，我们可以将它的定义改写为叠加系数的模平方求和，即各系数及其共轭转置复数相乘后逐项求和：

$$\langle\varphi\vert\varphi\rangle=\lvert\alpha\rvert^{2}+\lvert\beta\rvert^{2}=\alpha^{\mathrm{T}}\alpha+\beta^{\mathrm{T}}\beta \tag{1-9}$$

这里“T”表示共轭转置。

定义 5 在态矢量空间中按一定顺序选取任意两个态矢，总可以定义一种计算规则，得到一个数(实数或复数)与之对应，这一规则被称为内积，记为

$$\boldsymbol{c}=\langle\alpha\mid\beta\rangle=(\lvert\alpha\rangle,\lvert\beta\rangle)=(\sum_{i}a_{i}^{*}\langle\alpha_{i}\rvert)(\sum_{i}b_{i}\lvert\beta_{i}\rangle)=\sum_{i}a_{i}^{*}b_{i}\langle\alpha_{i}\mid\beta_{i}\rangle \tag{1-10}$$

类似于线性代数中向量的内积性质，态矢量的内积也有如下性质：

(1) 反对称性质 $\langle\alpha|\beta\rangle=\langle\beta|\alpha\rangle^*$；

(2) 可加性 $\langle\alpha|\beta+\gamma\rangle=\langle\alpha|\beta\rangle+\langle\alpha|\gamma\rangle$；

(3) 数乘性 $\langle\alpha|b\beta\rangle=b\langle\alpha|\beta\rangle=\langle\alpha|\beta\rangle b$；

(4) 半正定性 $\langle\alpha|\alpha\rangle\geqslant 0$，且 $\langle\alpha|\alpha\rangle=0\Leftrightarrow\alpha=\mathbf{0}$。

满足加法和数乘两种运算性质的集合，被称为矢量空间或线性空间。满足加法、数乘和内积三种运算的空间被称为内积空间。完备的内积空间则称为 Hilbert 空间。

2. 线性代数中的特征值与特征向量对应量子测量中的本征值与本征态

对于某个需要测量的物理量 $\boldsymbol{M}$ 而言，在经典物理中可能被测量到的确定状态，即有一些矢量即使经历了矩阵乘法之后，方向也仍保持不变(图 1-10)。这些特别的矢量被称为"本征矢量"(eigenvectors)。这意味着：

$$\boldsymbol{M}|i\rangle=m_i|i\rangle \tag{1-11}$$

式中，$|i\rangle$ 是本征态，m_i 则是相应的本征值(eigenvalues)，我们可以大胆地与线性代数中的知识点进行类比，其实这里式(1-11)的本征方程和线性代数中最重要的特征方程是非常相似的，本征态对应的是特征向量，而本征值自然对应的是特征值。

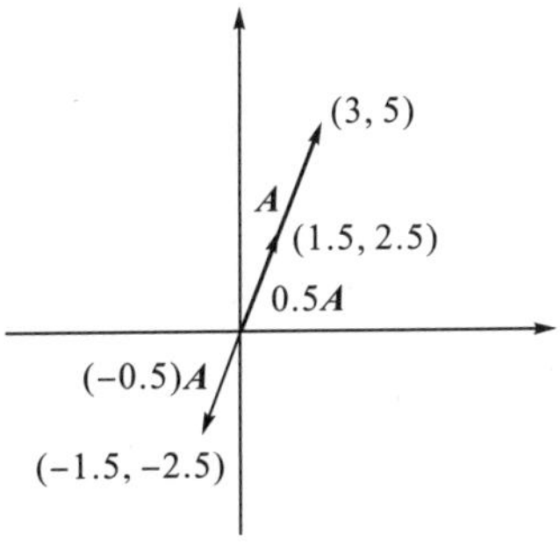

图 1-10　矢量即使经历了矩阵乘法之后，方向也仍保持不变(但可以反向)

例如，式(1-11)中的矢量是 $\boldsymbol{Z}=\begin{bmatrix}1 & 0\\ 0 & -1\end{bmatrix}$ 的本征矢量，其本征值为+1 和−1，即

$$\boldsymbol{Z}|0\rangle=+1|0\rangle \quad \boldsymbol{Z}|1\rangle=-1|1\rangle \tag{1-12}$$

注：某个需要测量的物理量 $\boldsymbol{M}$ 的不同本征态通常是正交的（后面我们会体会到这个"正交"的物理意义）。本征态又叫"本征矢量"(eigenvectors)，和特征向量的英文名字一模一样，也从侧面验证了我们上面的解释。除此之外，这个名字暗示着，一组本征态对应的那个物理量，可以用一个类似于矩阵的东西来描述。

定义 6　由本征态张成的线性空间，叫作态空间(state space)。

本征态的正交性：除了内积，我们还需用本征态(向量)的正交性来解释量子比特测量。在这之前，我们回顾一下线性代数里学过的向量内积的一条性质：假设 α_1，α_2，…，α_n 是欧氏空间 V 的一组单位正交基，则对于任意向量 $\boldsymbol{\beta}$ 有

$$\beta = k_1\alpha_1 + k_2\alpha_2 + \cdots + k_n\alpha_n \tag{1-13}$$

且对于任意 i(i=1，2，…，n)，有

$$(\beta,\alpha_i) = (k_1\alpha_1 + k_2\alpha_2 + \cdots + k_n\alpha_n, \alpha_i) = k_i$$

而由于不同基底之间的正交性，意味着任意两个下标不同基底的内积就是 0，即

$$(\alpha_i,\alpha_j) = 0,\ i \neq j \tag{1-14}$$

3．量子比特测量

现在我们回到量子力学世界中，通过一个被称为测量或观测的过程，可以把一个量子比特的状态以概率幅的方式变换成某个具体的量子态。也就是说，量子比特 $|\varphi\rangle$ 以概率 $|\langle 0|\varphi\rangle|^2$ 变换成量子态 $|0\rangle$，以概率 $|\langle 1|\varphi\rangle|^2$ 变换成量子态 $|1\rangle$。

还记得在前面学习叠加态时提到的有关概率问题吗？以下便是具体的解释。由于内积是线性演算，且 $|0\rangle$ 和 $|1\rangle$ 是正交基底，那么计算上述两个内积，结果为

$$\langle 0|\varphi\rangle=\langle 0|(\alpha|0\rangle+\beta|1\rangle)=\alpha \qquad \langle 1|\varphi\rangle=\langle 1|(\alpha|0\rangle+\beta|1\rangle)=\beta \tag{1-15}$$

即 $|\varphi\rangle$ 以概率 $|\alpha|^2$ 变换成量子态 $|0\rangle$，以概率 $|\beta|^2$ 变换成量子态 $|1\rangle$。

在量子力学中，测量值就是本征值。也就是说，一个测量的可能结果是与可观察量相关的矩阵 $\boldsymbol{M}$ 的本征值 m_i。但是如果该态不是可观察量 $\boldsymbol{M}$ 的本征矢量，那么对 $\boldsymbol{M}$ 的测量结果将是概率性的，即返回的是一个概率值。如 1.1.1 节中所说，一个电子可以“同时位于两个地方”，实际的意思就是：一个电子可以处于两个位置的叠加态，测量它的位置时，会以一定的概率发现它位于这里，或者以一定的概率发现它位于那里。

测量可以给出任何一个本征值 m_i，且每一个都有一定的概率。我们可以以 $\boldsymbol{M}$ 的本征矢量为基底来表示任意态 $|\varphi\rangle$：

$$|\varphi\rangle = \sum \alpha_i |i\rangle \tag{1-16}$$

式中，α_i 是复常数。给出本征值 m_i 的测量概率为 $|\alpha_i|^2$（即概率 m_i=$|\alpha_i|^2$），所有概率之和必须为 1。以电子为例，测量到电子自旋向上和向下的概率分别为

$$|0\rangle\text{：}|\alpha|^2,\quad |1\rangle\text{：}|\beta|^2 \tag{1-17}$$

且概率之和满足 $|\alpha|^2+|\beta|^2=1$。

4．坍缩

在进行测量后，态矢量会发生坍缩。也就是说，若态矢量 $|\varphi\rangle$ 的本征值 m_i 被测量，则测量后系统的态使对应的本征矢量变为 $|i\rangle$，可形象表示为

$$|\varphi\rangle \xrightarrow{m_i} |i\rangle \tag{1-18}$$

即测量会破坏量子系统原来的状态，最终会坍缩到其中的一个本征态上。如果我们现在重复测量，能确定无疑地得到相同的值 m_i。但是，如果我们对一个不同的可观察量(即对应于一个新矩阵 $\boldsymbol{N}$)进行测量，那么结果会再次是概率性的，除非 $|i\rangle$ 也是 $\boldsymbol{N}$ 的本征矢量。测量是量子态上唯一不可逆的操作，其他的操作都是幺正的、可逆的。

延伸阅读——薛定谔的猫

让我们来看一个更加戏剧性的思想实验——薛定谔的猫。这个实验对我们来说已经是耳熟能详了，但是这并不影响我们温故知新。一只猫处于一个密封的盒子中，盒子中还有一个充满有毒气体氰化氢的玻璃烧瓶和一些放射性物质。倘若盒子里的放射性原子发生了衰变，装有氰化氢的烧瓶就在特定装置的触发下被打碎，进而氰化氢挥发导致猫随即死亡；如果放射性物质没有衰变，则不会触发打碎烧瓶的装置，猫能继续存活(图 1-11)。一个在盒子之外的观测者在没有打开盒子前，无法得知猫的命运。因此对于观测者而言，猫同时处于生与死的状态，也就是以生死为本征态的叠加态上。由于放射性的量子力学本质，猫的生或死的态是由量子比特所携带的；当我们打开盒子时发现猫是死是活的概率由$|\alpha|^2$和$|\beta|^2$给出；一旦盒子被打开，猫的态就会坍缩到其中的一种本征态上。

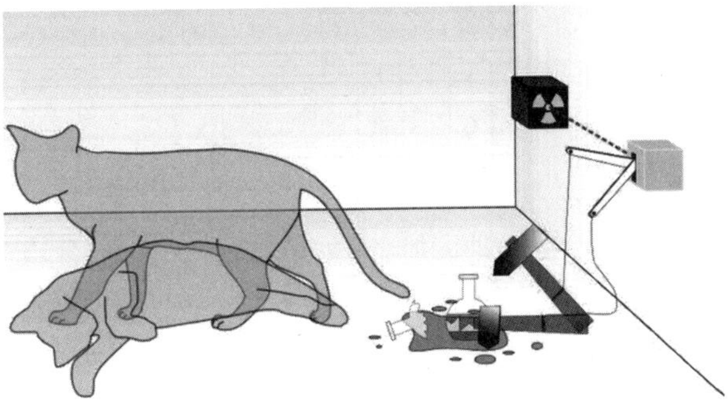

图 1-11　薛定谔的猫

我们也可以把测量这个过程直观地理解为强迫叠加态“削足适履”：给你一组状态，跟你都不一样，而你必须在其中选择一个，就只好随机挑了。

1.1.3　第三大奥义：量子纠缠

1. 量子纠缠态

学习到这里，我们就要转换思维模式了，在前面学习叠加、测量的过程中，显著的特点是我们的研究对象都是一个孤立的系统，而当我们结合不同的系统时，是否会有不一样的奇特效应产生？是否会发生我们无法预测的结果？事情变得越来越有趣了。我们可以思考这样一个例子，有两个自旋向上或向下的电子 A 和 B，如果 A 处于向上的态$|\uparrow\rangle_A$，B 处于向下的态$|\downarrow\rangle_B$，那么结合的态为

$$|\uparrow\rangle_A \otimes |\downarrow\rangle_B = |\uparrow\downarrow\rangle \tag{1-19}$$

等号左边的公式在数学上称为张量积[也称做直积或者克罗内克(Kronecker)积，但是

Kronecker 积是两个任意大小的矩阵间的运算，故准确地说，是张量积的特殊形式]，两个矢量$|\psi\rangle$和$|\varphi\rangle$的张量积可写为$|\psi\rangle\otimes|\varphi\rangle$，$|\psi\rangle|\varphi\rangle$或$|\psi\varphi\rangle$。

定义 7 对于每一对矢量$|\varphi_1\rangle\in H_1$, $|\varphi_2\rangle\in H_2$，Hilbert 空间H都有一个矢量$|\varphi\rangle$与它们对应，$|\varphi\rangle$被称为$|\varphi_1\rangle$, $|\varphi_2\rangle$的张量积，记为$|\varphi\rangle=|\varphi_1\rangle\otimes|\varphi_2\rangle$，也常记为$|\varphi_1\rangle|\varphi_2\rangle$或$|\varphi_1\varphi_2\rangle$。

若$\boldsymbol{A}$，$\boldsymbol{B}$分别是算符的矩阵表示，$\boldsymbol{A}$是$m\times m$方阵，$\boldsymbol{B}$是$n\times n$方阵，则

$$\boldsymbol{A}\otimes\boldsymbol{B}=\begin{pmatrix} a_{11}\boldsymbol{B} & a_{12}\boldsymbol{B} & \cdots & a_{1m}\boldsymbol{B} \\ a_{21}\boldsymbol{B} & a_{22}\boldsymbol{B} & \cdots & a_{2m}\boldsymbol{B} \\ \vdots & \vdots & & \vdots \\ a_{m1}\boldsymbol{B} & a_{m2}\boldsymbol{B} & \cdots & a_{mm}\boldsymbol{B} \end{pmatrix}, a_{ij}\boldsymbol{B}是n\times n的方阵。$$

下面，我们通过例题的学习进一步理解张量积。

【例 1】一对量子比特$|0\rangle\equiv\begin{pmatrix}1\\0\end{pmatrix}$，$|1\rangle\equiv\begin{pmatrix}0\\1\end{pmatrix}$，能够组成四个不重复的量子比特对$|00\rangle,|01\rangle,|10\rangle,|11\rangle$，求出它们的张量积。

解：

$$|0\rangle\otimes|0\rangle=\begin{bmatrix}1\\0\end{bmatrix}\otimes\begin{bmatrix}1\\0\end{bmatrix}=\begin{bmatrix}1\times\begin{bmatrix}1\\0\end{bmatrix}\\0\times\begin{bmatrix}1\\0\end{bmatrix}\end{bmatrix}=\begin{bmatrix}1\\0\\0\\0\end{bmatrix};\quad |0\rangle\otimes|1\rangle=\begin{bmatrix}1\\0\end{bmatrix}\otimes\begin{bmatrix}0\\1\end{bmatrix}=\begin{bmatrix}1\times\begin{bmatrix}0\\1\end{bmatrix}\\0\times\begin{bmatrix}0\\1\end{bmatrix}\end{bmatrix}=\begin{bmatrix}0\\1\\0\\0\end{bmatrix}$$

$$|1\rangle\otimes|0\rangle=\begin{bmatrix}0\\1\end{bmatrix}\otimes\begin{bmatrix}1\\0\end{bmatrix}=\begin{bmatrix}0\times\begin{bmatrix}1\\0\end{bmatrix}\\1\times\begin{bmatrix}1\\0\end{bmatrix}\end{bmatrix}=\begin{bmatrix}0\\0\\1\\0\end{bmatrix};\quad |1\rangle\otimes|1\rangle=\begin{bmatrix}0\\1\end{bmatrix}\otimes\begin{bmatrix}0\\1\end{bmatrix}=\begin{bmatrix}0\times\begin{bmatrix}0\\1\end{bmatrix}\\1\times\begin{bmatrix}0\\1\end{bmatrix}\end{bmatrix}=\begin{bmatrix}0\\0\\0\\1\end{bmatrix}$$

从这四个简单的运算式中，可以明白张量积的大致运算法则：例中提供给我们的是两个维数相同的向量进行张量积操作，只需要将第一个向量中的每一个元素和第二个向量整体进行数乘，进而将所有结果重新组合成一个新的向量，这显然为我们打破了传统矩阵乘法中第一个矩阵的列数和下一个矩阵行数相同才能相乘的限制壁垒，但是需要注意的是：张量积操作之后得到的新向量或是矩阵维数已经发生了较大的变化，后面的学习中还会为大家详细介绍。对于两粒子及以上量子系统，其量子行为比单粒子系统要复杂，纠缠的量子系统表现出一些不同于单粒子系统的量子特性，因此有必要介绍量子直积态与量子纠缠态的物理概念。

定义 8 当量子比特的叠加状态无法用各量子比特的张量乘积表示时，这种叠加态就称为量子纠缠态。

再回到这两个自旋相反的粒子 A、B 上面来，式(1-19)中等式右边的第一个箭头代表 A 的自旋，第二个箭头代表 B 的自旋。根据排列组合规律，总共有四种可能的结合态：$|\uparrow\uparrow\rangle$、$|\uparrow\downarrow\rangle$、$|\downarrow\uparrow\rangle$、$|\downarrow\downarrow\rangle$。态矢量$|\psi\rangle$可以是这四种态的叠加。例如，如果一个系统的态为

$$|\psi\rangle=\frac{1}{\sqrt{2}}|\uparrow\downarrow\rangle+\frac{1}{\sqrt{2}}|\downarrow\uparrow\rangle \tag{1-20}$$

由于它不能被分离为单个电子的态的乘积，所以这个系统的态被称为纠缠态。但这并

不意味着四种可能的结合态的叠加都是纠缠态。也许对于刚才这个概念我们是模糊的，什么是“能被分离为单个电子的态的乘积”？如果有

$$|\varphi\rangle=\frac{1}{\sqrt{2}}|\uparrow\uparrow\rangle+\frac{1}{\sqrt{2}}|\uparrow\downarrow\rangle=\frac{1}{\sqrt{2}}|\uparrow\rangle\otimes\left(|\uparrow\rangle+|\downarrow\rangle\right) \tag{1-21}$$

那么简单来说，就是如果可以“提取公因式”，显然式(1-21)能够直接写成张量积的态，那么此态并不属于纠缠态，而被称作量子直积态，而对于式(1-20)，明显无法完成类似的操作，那么，从理论推导的角度上来说它们是纠缠的。此时，我们明白了量子叠加态包括量子直积态和量子纠缠态。接下来，我们再举两个例子来加深对量子直积态和量子纠缠态的理解。

【例 2】判断以下两个量子叠加态是否是纠缠的?

$$(1)\ \frac{1}{\sqrt{2}}|11\rangle+\frac{1}{\sqrt{2}}|10\rangle=\frac{1}{\sqrt{2}}|1\rangle|1\rangle+\frac{1}{\sqrt{2}}|1\rangle|0\rangle$$

$$(2)\ \frac{1}{\sqrt{2}}|00\rangle+\frac{1}{\sqrt{2}}|11\rangle=\frac{1}{\sqrt{2}}|0\rangle|0\rangle+\frac{1}{\sqrt{2}}|1\rangle|1\rangle$$

解(1)：由于它们第一位量子比特都是$|1\rangle$，因此能够将它写成量子比特$|1\rangle$与量子比特$\left(\frac{1}{\sqrt{2}}|1\rangle+\frac{1}{\sqrt{2}}|0\rangle\right)$的乘积，即

$$|1\rangle\left(\frac{1}{\sqrt{2}}|1\rangle+\frac{1}{\sqrt{2}}|0\rangle\right)$$

因此，(1)不是量子纠缠态，而是量子直积态。

解(2)：$\frac{1}{\sqrt{2}}|00\rangle+\frac{1}{\sqrt{2}}|11\rangle=\frac{1}{\sqrt{2}}|0\rangle|0\rangle+\frac{1}{\sqrt{2}}|1\rangle|1\rangle$无论采用怎样的方法都无法写成两个量子比特的乘积，其实可以把它理解成“无法提取公因式”，即(2)为量子纠缠态。

2. 量子纠缠态的直观理解

量子直积态的主要特征是每个子系统的行为都是相互独立的——如果对 B 进行一个实验，得到的结果将与 A 不存在时完全一样。而在纠缠态中，A 和 B 的测量是不独立的。

如果一个没有自旋的粒子衰变成两个电子，纠缠态[式(1-20)]就会出现。由于角动量守恒，两个电子的自旋必须是反向对齐的。在经典物理中，该系统则必须处于态$|\uparrow\downarrow\rangle$或$|\downarrow\uparrow\rangle$，但在量子物理中，它可以处于态$|\uparrow\downarrow\rangle$和$|\downarrow\uparrow\rangle$之间。然后我们将这两个电子分开，比如一个留在地球上，另一个则被送往宇宙的另一端。在没有测量之前，在地球上的电子的自旋状态可能为50%自旋向上，也可能为50%自旋向下。但是，一旦我们测量得到地球上电子的自旋状态，就能即刻确定在宇宙另一端的电子的自旋状态，这也就是纠缠态的奇妙之处。

你或许会想，在经典物理中也发生同样的事情。例如，你有一对手套，将左右手套分别放入两个不同的盒子中，接着两个盒子被分开得很远。如果你打开其中一个盒子发现里面是左手套，你就立刻能知道另一只无论相距多远的是右手套。这没问题，但是却与量子存在着本质的区别，如果这对手套是量子手套，那么在打开盒子之前，盒子内的量子手套可以是左手套和右手套(以及它们之间的任何东西)。此外，在你观测到右手套之前，左手

套还没有成为左手套，只有在观测到的那一刻，两只手套才会获得确定的手性(即左手套或右手套)。这样的想法令爱因斯坦很沮丧，他将这种现象称为“鬼魅般的超距作用”。

在量子力学中，体系的状态(没错，就是前面说的态矢量)可以用一个函数来表示，称为态函数：我们既可以把它理解为一个函数，也可以把它理解为一个矢量，两者不矛盾。单粒子体系的态函数是一元函数，那么多粒子体系的态函数就是多元函数。如果这个多元函数可以分离变量，也就是可以写成多个一元函数直接的乘积，我们就把它称为直积态，反之，我们就把它称为纠缠态，前面也为大家提供了相应的例题以供参考。

1.2 量子逻辑门

量子信息处理的本质就是对编码的量子态进行一系列的幺正演化，对 qubit 最基本的幺正操作被称为逻辑门(logic gate)，而逻辑门又可以再细分为一位门、二位门和三位门等。而且量子计算机的运算经常用量子位和量子逻辑门的量子电路来描述。在传统计算中，二进制数通过逻辑门存储在寄存器里。给定一个确定的二进制数输入，产生一个确定的二进制数输出。

1.2.1 单量子逻辑门

(1)恒等操作。用线性代数矩阵表示和狄拉克表示描述为

$$\boldsymbol{I}=\begin{bmatrix}1&0\\0&1\end{bmatrix}=|0\rangle\langle 0|+|1\rangle\langle 1| \tag{1-22}$$

注意：这里的$|0\rangle\langle 0|$是左右矢外积的意思。

(2)泡利-$\boldsymbol{X}$门(Pauli-$\boldsymbol{X}$ gate)。泡利-$\boldsymbol{X}$门用于操作单个量子比特，相当于经典的逻辑非门。其线性代数矩阵表示和狄拉克表示及其运算过程为

$$\boldsymbol{X}\text{门}\rightarrow\boldsymbol{X}=\begin{bmatrix}0&1\\1&0\end{bmatrix}=|0\rangle\langle 1|+|1\rangle\langle 0| \tag{1-23}$$

$$\boldsymbol{X}|0\rangle=\begin{bmatrix}0&1\\1&0\end{bmatrix}\begin{bmatrix}1\\0\end{bmatrix}=\begin{bmatrix}0\\1\end{bmatrix}=|1\rangle \qquad \boldsymbol{X}|1\rangle=\begin{bmatrix}0&1\\1&0\end{bmatrix}\begin{bmatrix}0\\1\end{bmatrix}=\begin{bmatrix}1\\0\end{bmatrix}=|0\rangle$$

$$\begin{aligned}\boldsymbol{X}|0\rangle&=(|0\rangle\langle 1|+|1\rangle\langle 0|)|0\rangle\\&=|0\rangle\langle 1|0\rangle+|1\rangle\langle 0|0\rangle\\&=|1\rangle\end{aligned} \qquad \begin{aligned}\boldsymbol{X}|1\rangle&=(|0\rangle\langle 1|+|1\rangle\langle 0|)|1\rangle\\&=|0\rangle\langle 1|1\rangle+|1\rangle\langle 0|1\rangle\\&=|0\rangle\end{aligned}$$

(3)泡利-$\boldsymbol{Y}$门(Pauli-$\boldsymbol{Y}$ gate)。泡利-$\boldsymbol{Y}$门用于操作单个量子比特，有点类似于复数操作，这个门可以以一个泡利$\boldsymbol{Y}$矩阵表示。其线性代数矩阵表示和狄拉克表示为

$$\boldsymbol{Y}\text{门}\rightarrow\boldsymbol{Y}=\begin{bmatrix}0&-\mathrm{i}\\\mathrm{i}&0\end{bmatrix}=-\mathrm{i}|0\rangle\langle 1|+\mathrm{i}|1\rangle\langle 0| \tag{1-24}$$

(4) 泡利-$\boldsymbol{Z}$ 门 (Pauli-$\boldsymbol{Z}$ gate)。泡利-$\boldsymbol{Z}$ 门也是用于操作单个量子比特。这个门保留基本状态 $|0\rangle$ 不变并且将 $|1\rangle$ 换成 $-|1\rangle$。这个门可以以一个泡利 $\boldsymbol{Z}$ 矩阵表示。其线性代数矩阵表示和狄拉克表示及其运算过程为

$$\boldsymbol{Z}\text{门} \to \boldsymbol{Z} = \begin{bmatrix} 1 & 0 \\ 0 & -1 \end{bmatrix} = |0\rangle\langle 0| - |1\rangle\langle 1| \tag{1-25}$$

$$\boldsymbol{Z}|0\rangle = \begin{bmatrix} 1 & 0 \\ 0 & -1 \end{bmatrix}\begin{bmatrix} 1 \\ 0 \end{bmatrix} = \begin{bmatrix} 1 \\ 0 \end{bmatrix} = |0\rangle \quad \boldsymbol{Z}|1\rangle = \begin{bmatrix} 1 & 0 \\ 0 & -1 \end{bmatrix}\begin{bmatrix} 0 \\ 1 \end{bmatrix} = \begin{bmatrix} 0 \\ -1 \end{bmatrix} = -|1\rangle \tag{1-26}$$

(5) 阿达马门 (Hadamard gate)。阿达马门是只对单量子比特进行操作的门。在量子计算中，该逻辑门可以实现对 $|0\rangle$ 或者 $|1\rangle$ 进行操作，然后使其转化为叠加态。其线性代数矩阵表示和狄拉克表示及其运算过程为

$$\text{阿达马门} \to \boldsymbol{H} = \frac{1}{\sqrt{2}}\begin{bmatrix} 1 & 1 \\ 1 & -1 \end{bmatrix} \tag{1-27}$$

$$\boldsymbol{H}|0\rangle = \frac{1}{\sqrt{2}}\begin{bmatrix} 1 & 1 \\ 1 & -1 \end{bmatrix}\begin{bmatrix} 1 \\ 0 \end{bmatrix} = \frac{1}{\sqrt{2}}\begin{bmatrix} 1 \\ 1 \end{bmatrix} = \frac{|0\rangle + |1\rangle}{\sqrt{2}} \quad \boldsymbol{H}|1\rangle = \frac{1}{\sqrt{2}}\begin{bmatrix} 1 & 1 \\ 1 & -1 \end{bmatrix}\begin{bmatrix} 0 \\ 1 \end{bmatrix} = \frac{1}{\sqrt{2}}\begin{bmatrix} 1 \\ -1 \end{bmatrix} = \frac{|0\rangle - |1\rangle}{\sqrt{2}} \tag{1-28}$$

也可以用图 1-12 进行简单的补充理解。

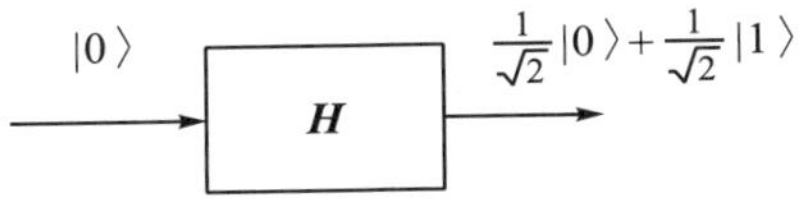

$$[1 \quad 0] \times \begin{bmatrix} \frac{1}{\sqrt{2}} & \frac{1}{\sqrt{2}} \\ \frac{1}{\sqrt{2}} & -\frac{1}{\sqrt{2}} \end{bmatrix} = \begin{bmatrix} \frac{1}{\sqrt{2}} & \frac{1}{\sqrt{2}} \end{bmatrix}$$

[输入状态的系数] × [幺正矩阵] = [输出状态的系数]

图 1-12　阿达马门

这个阿达马门将基矢 $|0\rangle$ 和 $|1\rangle$ 分别变成 $|+\rangle = \frac{1}{\sqrt{2}}(|0\rangle + |1\rangle)$ 和 $|-\rangle = \frac{1}{\sqrt{2}}(|0\rangle - |1\rangle)$，即 $|0\rangle$ 和 $|1\rangle$ 的均匀叠加态，系统等概率地（以 1/2 的概率）处于 $|0\rangle$ 和 $|1\rangle$ 态。量子保密通信中经常用 $\boldsymbol{H}$ 变换（即阿达马门）来产生这种最大“不确定态”以保证安全性。

下面给出这些单量子逻辑门和它们的电路、矩阵以及狄拉克表示（表 1-3）以方便更好地学习。

表 1-3 一些重要的单量子逻辑门及其表示

门	电路表示	矩阵表示	狄拉克表示
X	$-\boxed{X}-$	$\begin{pmatrix} 0 & 1 \\ 1 & 0 \end{pmatrix}$	$\vert 1\rangle\langle 0\vert + \vert 0\rangle\langle 1\vert$
Y	$-\boxed{Y}-$	$\begin{pmatrix} 0 & -\mathrm{i} \\ \mathrm{i} & 0 \end{pmatrix}$	$\mathrm{i}\vert 1\rangle\langle 0\vert + \mathrm{i}\vert 0\rangle\langle 1\vert$
Z	$-\boxed{Z}-$	$\begin{pmatrix} 1 & 0 \\ 0 & -1 \end{pmatrix}$	$\vert 0\rangle\langle 0\vert + \vert 1\rangle\langle 1\vert$
H	$-\boxed{H}-$	$\frac{1}{\sqrt{2}}\begin{pmatrix} 1 & 1 \\ 1 & -1 \end{pmatrix}$	$\frac{1}{\sqrt{2}}(\vert 0\rangle + \vert 1\rangle)\langle 0\vert + \frac{1}{\sqrt{2}}(\vert 0\rangle - \vert 1\rangle)\langle 1\vert$

1.2.2 双量子逻辑门

1. 受控非门 CNOT (controlled-NOT gate)

定义受控非门可以操作两个量子比特，其中，第二个量子比特只有在第一个量子比特为$|1\rangle$的时候才可以进行 NOT 操作，否则整个双量子态就保持不变。实际上，我们一般用这个逻辑门来对两个量子之间进行纠缠处理。而且因为是受控非门，因此我们可以控制受控量子对象的逻辑状态：

$$\text{受控非门} \rightarrow \text{CNOT} = \begin{bmatrix} 1 & 0 & 0 & 0 \\ 0 & 1 & 0 & 0 \\ 0 & 0 & 0 & 1 \\ 0 & 0 & 1 & 0 \end{bmatrix} \tag{1-29}$$

控制非门电路表示为

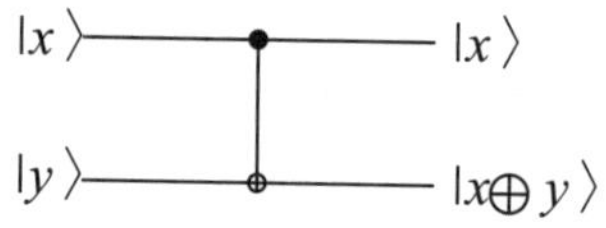

(1-30)

在此基础上，我们可以得到一些简单的控制非门的输入、输出关系：

$$\begin{aligned} |00\rangle &\longrightarrow |00\rangle \\ |01\rangle &\longrightarrow |01\rangle \\ |10\rangle &\longrightarrow |11\rangle \\ |11\rangle &\longrightarrow |10\rangle \end{aligned} \tag{1-31}$$

更具体的数学解释为

$$
\begin{aligned}
U_{CN}(|00\rangle)&=\begin{bmatrix}1&0&0&0\\0&1&0&0\\0&0&0&1\\0&0&1&0\end{bmatrix}\begin{bmatrix}1\\0\\0\\0\end{bmatrix}=\begin{bmatrix}1\\0\\0\\0\end{bmatrix}=|00\rangle\\
U_{CN}(|01\rangle)&=\begin{bmatrix}1&0&0&0\\0&1&0&0\\0&0&0&1\\0&0&1&0\end{bmatrix}\begin{bmatrix}0\\1\\0\\0\end{bmatrix}=\begin{bmatrix}0\\1\\0\\0\end{bmatrix}=|01\rangle\\
U_{CN}(|10\rangle)&=\begin{bmatrix}1&0&0&0\\0&1&0&0\\0&0&0&1\\0&0&1&0\end{bmatrix}\begin{bmatrix}0\\0\\1\\0\end{bmatrix}=\begin{bmatrix}0\\0\\0\\1\end{bmatrix}=|11\rangle\\
U_{CN}(|11\rangle)&=\begin{bmatrix}1&0&0&0\\0&1&0&0\\0&0&0&1\\0&0&1&0\end{bmatrix}\begin{bmatrix}0\\0\\0\\1\end{bmatrix}=\begin{bmatrix}0\\0\\1\\0\end{bmatrix}=|10\rangle
\end{aligned}
\tag{1-32}
$$

2. 互换门 SWAP (swap gate)

互换门的操作对象也是两个量子比特，其主要作用是交换两个量子比特的量子位。受控互换门的逻辑构成可以由三个受控非门组成。它的思想逻辑相对来说比较简单，在 SWAP (A, B) 操作前，如果我们定义 A 的量子位为 a，B 的量子位为 b，经过逻辑门操作后，则观测结果会显示 A 的量子位为 b，B 的量子位为 a，其电路图如图 1-13 所示。

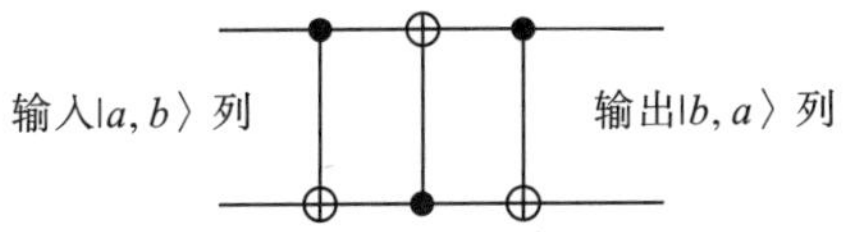

图 1-13　互换门电路图

1.2.3　三量子逻辑门

托佛利 (Toffoli) 门 (controlled-controlled-NOT gate, CCNOT) 是一个操作三个量子比特的量子逻辑门，它是一种通用可逆逻辑门，其主要操作原理为：输入端含有三个量子比特，其中第一个和第二个量子比特均是控制比特，最后一个量子比特是目标比特；如果前两个量子比特是 $|1\rangle$，则对第三个量子比特进行类似于经典的逻辑非门处理，反之则整个三量子态不做操作，其电路示意图如图 1-14 所示。

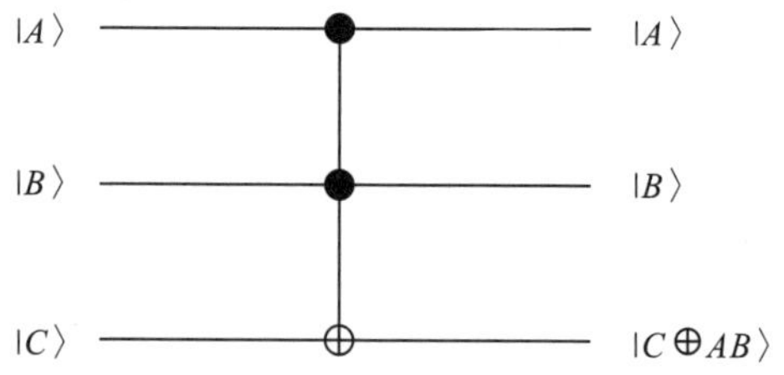

图 1-14 Toffoli 门电路图

整体输入输出表达式可以观测为(表 1-4)：对第一个和第二个量子位同时为$|1\rangle$的时候，对第三个量子位进行逻辑反转操作，可归纳如下：

$$|a,b,c\rangle \rightarrow |a,b,c\oplus ab\rangle \tag{1-33}$$

表 1-4 Toffoli 门操作过程和结果

输入值			输出值		
0	0	0	0	0	0
0	0	1	0	0	1
0	1	0	0	1	0
0	1	1	0	1	1
1	0	0	1	0	0
1	0	1	1	0	1
1	1	0	1	1	1
1	1	1	1	1	0

1.3 量子寄存器、量子逻辑门、量子叠加态与并行处理的关系

1.3.1 量子寄存器、量子叠加态与并行处理

通常情况下，仅以单个量子位是无法完成既定计算目标的，像传统计算机一样采用具有多量子位的量子寄存器不失为一种方法，通俗来说，量子寄存器就是量子比特的集合，它是位串，其长度决定了它可以存储的信息量。在叠加时，寄存器中的每个量子位是$|0\rangle$和$|1\rangle$的叠加，因此，长度为n个量子位的寄存器是所有2^n个可能的用n位表示的长度量子位串的叠加，换句话说，长度为n的量子寄存器的状态空间是n位基向量的线性组合，每个基向量的长度为2，故我们可以得到：

$$|\psi_n\rangle = \sum_{i=0}^{2^n-1} a_i |i\rangle \tag{1-34}$$

【例 3】 若有$\boldsymbol{U}|0\rangle = \frac{1}{\sqrt{2}}(|0\rangle + |1\rangle)$，则一个长度为 4 的量子位寄存器$\boldsymbol{U}\otimes\boldsymbol{U}\otimes\boldsymbol{U}\otimes\boldsymbol{U}|0000\rangle$可得到多少数值的寄存器中的态？

解：由题意有

$$\boldsymbol{U}\otimes\boldsymbol{U}\otimes\boldsymbol{U}\otimes\boldsymbol{U}|0000\rangle=\boldsymbol{U}|0\rangle\otimes\boldsymbol{U}|0\rangle\otimes\boldsymbol{U}|0\rangle\otimes\boldsymbol{U}|0\rangle$$
$$=\frac{1}{\sqrt{2}}(|0\rangle+|1\rangle)\otimes\frac{1}{\sqrt{2}}(|0\rangle+|1\rangle)\otimes\frac{1}{\sqrt{2}}(|0\rangle+|1\rangle)\otimes\frac{1}{\sqrt{2}}(|0\rangle+|1\rangle)$$
$$=\frac{1}{4}(|0000\rangle+|0001\rangle+|0010\rangle+|0011\rangle+|0100\rangle+|0101\rangle+|0110\rangle+|0111\rangle$$
$$+|1000\rangle+|1001\rangle+|1010\rangle+|1011\rangle+|1100\rangle+|1101\rangle+|1110\rangle+|1111\rangle)$$
$$=\frac{1}{4}(|0\rangle+|1\rangle+|2\rangle+|3\rangle+|4\rangle+|5\rangle+|6\rangle+|7\rangle+|8\rangle+|9\rangle+|10\rangle+|11\rangle+|12\rangle+|13\rangle+|14\rangle+|15\rangle)$$

经过 4 次基本操作得到包含 16 个数值的寄存器中的态。

易知，经过 n 次基本操作得到包含 2^n 个数值的寄存器中的态(在经典操作中，n 次操作得到包含 1 个数值的寄存器的态)。

借着上面铺垫的内容，我们给出一个更一般的量子叠加态的定义，即若 $|x\rangle$ 满足

$$|x\rangle=\alpha_1|x_1\rangle+\alpha_2|x_2\rangle+\cdots+\alpha_n|x_n\rangle \tag{1-35}$$

则称 $|x\rangle$ 为量子叠加态。其中，$\alpha_i(i=1,2,\cdots,n)$ 为振幅，$|\alpha_1|^2+|\alpha_2|^2+\cdots+|\alpha_n|^2=1$，$\{|x_1\rangle,|x_2\rangle,\cdots,|x_n\rangle\}$ 是基态，且一般为正交归一基。

由上述叠加态的定义容易得出：对叠加态的一次运算，相当于对 n 个基态同时进行一次运算。由此可见，量子叠加态是实现真正物理意义上并行计算的物质基础。

考虑单量子比特体系 $x\in\{0,1\}$，$f(x)\in\{0,1\}$，将运算 $f(x)$ 作用到具有两个寄存器 $|x\rangle,|y\rangle$ 的状态 $|x,y\rangle$，其中，第一个寄存器 $|x\rangle$ 叫作数据寄存器，第二个寄存器 $|y\rangle$ 叫作目标寄存器。设算符 U_f 作用于状态 $|x,y\rangle$ 上，给出 $U_f|x,y\rangle=|x,y\oplus f(x)\rangle$。

运算过程如下：依据图 1-15，首先将阿达马门作用到数据存储器的状态 $|x\rangle$ 上，接着再作用 U_f，则可以得到

$$\begin{aligned}|\psi\rangle&=U_f H|0,0\rangle=U_f\left[\frac{1}{\sqrt{2}}(|0,0\rangle+|1,0\rangle)\right]\\&=\frac{1}{\sqrt{2}}(|0,f(0)\rangle+|1,f(1)\rangle)\end{aligned} \tag{1-36}$$

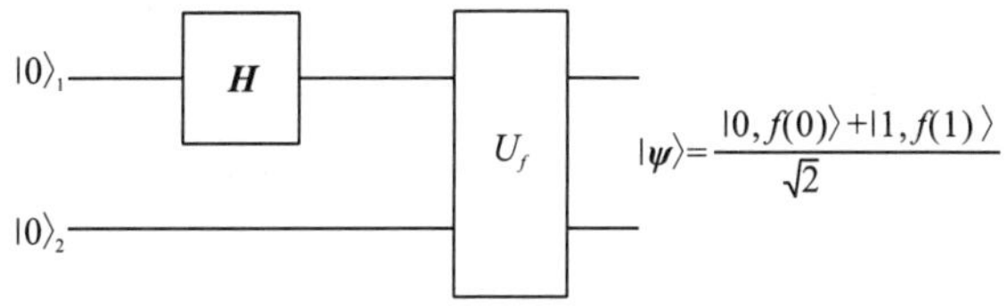

图 1-15　将阿达马门和 U_f 作用到数据存储器的状态 $|0\rangle_1,|0\rangle_2$ 上的图示

由于并行计算，$f(0)$ 和 $f(1)$ 的结果同时以线性组合的形式包括在式(1-36)的状态 $|\psi\rangle$ 中，且我们可以把它推广到 $f(x)$ 在 $x=x_1,x_2,\cdots,x_n$ 上，即如设 x 和 $y=f(x)$ 为两个寄存器，它们的量子态分别为 $|x\rangle$ 和 $|f(x)\rangle$，则下列纠缠态就包含了该函数整体上的信息，因为

$$\sum_{i=1}^{n}|x\rangle\otimes|f(x)\rangle = |x_1\rangle\otimes|f(x_1)\rangle+|x_2\rangle\otimes|f(x_2)\rangle+\cdots+|x_n\rangle\otimes|f(x_n)\rangle \tag{1-37}$$

所以对 $f(x)$ 实施各种运算，就如同并行计算一个函数 $f(x)$ 在 $x=x_1,x_2,\cdots,x_n$ 一系列位置上的函数值。

1.3.2 量子逻辑门、量子叠加态与并行计算

我们都知道，传统计算机依赖电子比特对数据进行操作，虽然我们直观感觉运算速度很快，但是它依然不能实现并行运算，还是得“一步一步来”，然而，量子计算本质上解决了这个问题，并行同步的方法使得量子计算机实现了质的超越。

那么量子的并行操作是如何体现的呢？

首先，我们需要知道，多量子比特对信息的存储采用的是矩阵张量积的方法。例如，如果有两个量子比特都是处于 $|0\rangle$ 态，那么这两个量子比特所处的一个整体状态为 $|0\rangle\otimes|0\rangle=[1,0]^{\mathrm{T}}\otimes[1,0]^{\mathrm{T}}$，对应的向量为 $[1,0,0,0]^{\mathrm{T}}$。若对第一个量子比特做 $\boldsymbol{X}$ 门变换(即左乘一个矩阵)，则有

$$\begin{bmatrix}0 & 1\\ 1 & 0\end{bmatrix}\begin{bmatrix}1\\ 0\end{bmatrix}=\begin{bmatrix}0\\ 1\end{bmatrix}$$

此时，原来的 $|0\rangle$ 态变成了 $|1\rangle$ 态，这时候两个量子比特就变成了 $|1\rangle\otimes|0\rangle$，对应的向量为 $[0,0,1,0]^{\mathrm{T}}$。可以发现，我们只做了一个量子逻辑门操作，但是改变了向量中的两个元素。

但如果两个量子比特的初始状态为 $\frac{1}{\sqrt{2}}|11\rangle+\frac{1}{\sqrt{2}}|10\rangle=\frac{1}{\sqrt{2}}[0,0,1,1]^{\mathrm{T}}$ 和 $\frac{1}{\sqrt{2}}(|00\rangle+|11\rangle+|1\rangle\otimes|1\rangle)=\frac{1}{\sqrt{2}}[1,0,0,1]^{\mathrm{T}}$，若对它们的第一个量子比特做 $\boldsymbol{X}$ 门变换，则分别有

$$X\left[\frac{1}{\sqrt{2}}(|1\rangle\otimes|1\rangle+|1\rangle\otimes|0\rangle)\right]=\frac{1}{\sqrt{2}}(X|1\rangle\otimes|1\rangle+X|1\rangle\otimes|0\rangle)=\frac{1}{\sqrt{2}}(|0\rangle\otimes|1\rangle+|0\rangle\otimes|0\rangle)=\frac{1}{\sqrt{2}}[1,1,0,0]^{\mathrm{T}},$$

$$X\left[\frac{1}{\sqrt{2}}(|0\rangle\otimes|0\rangle+|1\rangle\otimes|1\rangle)\right]=\frac{1}{\sqrt{2}}(X|0\rangle\otimes|0\rangle+X|1\rangle\otimes|1\rangle)=\frac{1}{\sqrt{2}}(|1\rangle\otimes|0\rangle+|0\rangle\otimes|1\rangle)=\frac{1}{\sqrt{2}}[1,0,0,1]^{\mathrm{T}}。$$

此时两个量子比特的向量中的四个元素均发生了改变，这就是量子叠加所带来的超高的并行性，即比一般的两个量子比特张量积的并行能力更强。我们可以大胆地设想，假如不单单是两个量子比特，而是 50 个量子比特处于叠加的状态，那么我们的一步操作，就相当于 2^{50} 个矩阵元素同时进行操作，换成计算机的话来说，就是有 2^{50} 个线程同时运行。

这再次表明，量子叠加态是实现真正物理意义上并行计算的物质基础。

1.4 不确定性原理

在前面，我们以著名的“薛定谔的猫”作为引例，介绍了一个名叫态矢量的新物理量，

并用线性代数中的向量来解释了它的诸多物理特性以及它与经典物理量之间的联系，进而打开了量子力学的大门。而基于对叠加态及其向量性质的理解，我们就可以以此为出发点，去理解很多相关的概念，如本节将要讲解的不确定性原理(uncertainty principle)。

不确定性原理，即不能通过测量同时确定两个不对易的物理量，如位置和动量，因为对其中一个的测量行为会干扰被测对象的状态，导致另一个物理量无法确定。如果知道一个粒子的位置 x，那么就完全无法确定它的动量 p，这种关系可以用下式表示：

$$\Delta x \Delta p \geqslant \frac{h}{2} \tag{1-38}$$

式中，$h \approx 6.62607015 \times 10^{-34}\,\mathrm{J \cdot s}$，是普朗克常量。

定义 9(对易和反对易)　如果算符 $\boldsymbol{A}$ 和 $\boldsymbol{B}$ 满足条件 $\boldsymbol{AB}=\boldsymbol{BA}$，则称为对易的；如果算符 $\boldsymbol{A}$ 和 $\boldsymbol{B}$ 满足条件 $\boldsymbol{AB}=-\boldsymbol{BA}$，则称为反对易的。

定义 10(对易子和反对易子)　量子算符对易子的定义为：$[\boldsymbol{A},\boldsymbol{B}]=\boldsymbol{AB}-\boldsymbol{BA}$，对易关系即$[\boldsymbol{A},\boldsymbol{B}]=0$；量子算符反对易子的定义为$\{\boldsymbol{A},\boldsymbol{B}\}=\boldsymbol{AB}+\boldsymbol{BA}$，反对易关系即$\{\boldsymbol{A},\boldsymbol{B}\}=0$。

延伸阅读

我们之所以在日常生活中没有察觉到上述不确定性原理里描述的这些不确定性，是因为普朗克常量 h 的值太小了，其他的可观察量也存在着类似的不确定性关系。然而，问题来了："测量行为会干扰被测对象的状态"这句话应该怎么理解呢？让我们从另一个虚构的量子事件开始探寻不确定性原理。

1. 神奇 Q(quantum，量子)糖

假设一个盒子里有一颗不普通的糖，名叫 Q 糖。它的不普通就在于其味道有时甜，有时酸；它的颜色有时红，有时蓝。当你品尝它时，请不要一口吃完，建议你先放进嘴里尝一口味道，再拿出来看一眼颜色。多尝试几次，你会发现一些神奇的规律，也会理解这颗 Q 糖名字里"Q"的含义。

2. 线性代数复习课：基底变换

我们可以用其中一组基底$|b_1\rangle$，$|b_2\rangle$的线性组合来表示另外一组基底$|a_1\rangle$，$|a_2\rangle$(图 1-16)如下：

$$\begin{cases} |a_1\rangle = \dfrac{1}{\sqrt{2}}(|b_1\rangle - |b_2\rangle) \\ |a_2\rangle = \dfrac{1}{\sqrt{2}}(|b_1\rangle + |b_2\rangle) \end{cases}$$

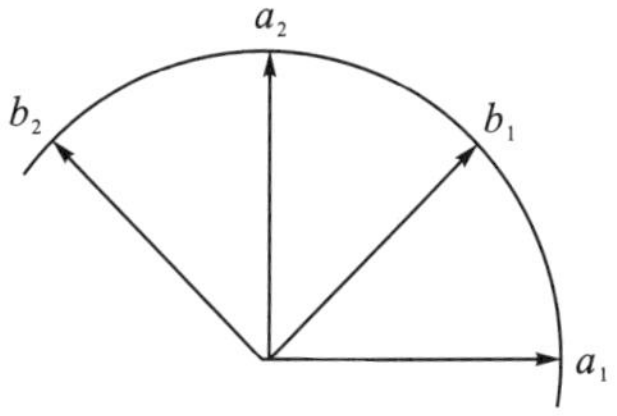

图 1-16　两组基底$\{|a_1\rangle, |a_2\rangle\}$，$\{|b_1\rangle, |b_2\rangle\}$之间的关系

我们再回头看这颗Q糖。

3. 神奇Q糖的数学解释

现在我们将前面的数学关系类比到Q糖的状态上来。先以味道为例：当我们去品尝Q糖的“甜度”时，它的量子态就随机落到了“甜”或“不甜”两个本征态的其中一个上。在平面上表示，“甜”和“不甜”就分别对应着$|\boldsymbol{a}_1\rangle$，$|\boldsymbol{a}_2\rangle$两个向量，如图1-17所示。

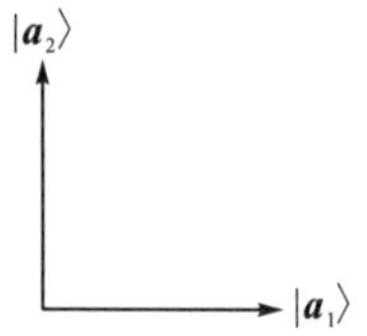

图1-17 “甜”和“不甜”就分别对应着$|\boldsymbol{a}_1\rangle$，$|\boldsymbol{a}_2\rangle$两个向量

如果我们品尝了Q糖的味道，发现是甜的，那么它的状态就落到了味道的本征态$|a_1\rangle$上。而根据前面的描述，当它的味道处于确定状态时，它的颜色就变得不确定了。换句话说，就是Q糖的颜色处于“红”和“蓝”两个本征态的叠加。为了从数学上描述这一点，给出另一对基底，记为$|b_1\rangle$，$|b_2\rangle$，它们分别对应颜色的“红”和“蓝”两个本征态。

现在，我们就可以从直观的“几何”图来解释前面的神奇现象了。先假定$|a_1\rangle$，$|a_2\rangle$和$|b_1\rangle$，$|b_2\rangle$的“几何”关系如图1-16所示。

根据前面对两组向量基底几何关系的分析，已知$|a_1\rangle=(1/\sqrt{2})(|b_1\rangle-|b_2\rangle)$，即当糖的味道确定(处于本征态$|a_1\rangle$)时，颜色就处在叠加态中，所以，如果接下来再去测量它的颜色，就会随机得到“红”或“蓝”的结果。而这两个结果的概率，就是叠加系数的模平方，于是可以算出两个结果分别对应的概率：

$$p(|b_1\rangle)=\left(\frac{1}{\sqrt{2}}\right)^2=\frac{1}{2},\ P(|b_2\rangle)=\left(-\frac{1}{\sqrt{2}}\right)^2=\frac{1}{2}$$

也就是说，此时我们以各1/2的概率得到“红”或“蓝”的结果。根据同样的思路，我们也可以解释为什么观察完颜色后再去品尝味道，也会以各1/2的概率得到“酸”或“甜”的结果。

到此，一切真相大白。

4. 确定性的丧失

在前面的学习中，我们提到过这样两句话：经典物理在描述一个物理对象的状态时，使用的是具体的力学量，如位置、速度、动量、能量等；而量子力学描述一个物理对象状态的方式时有些不同，说起来非常简洁，只需要一个量：态矢量。一个态矢量包含了该物理对象一切经典力学量的(概率)信息。

从上面这个虚构的量子Q糖事件中，我们其实可以看出一些端倪：如果是一颗“经典”的糖，我们需要用“味道”和“颜色”两个物理量来描述它的状态；但对这颗量子糖而言，它的状态用态空间的一个向量(即态矢量)来描述即可。这样的物理系统的确简洁了许多，但同时也暗藏了一个重大的秘密：就是确定性的丧失，因为Q糖不再可能同时拥有确定的味道和颜色。从这个角度来看，不确定的来源，的确可以理解为测量行为本身对被测对象的状态产生了干扰，这是量子意义上的干扰，和经典意义的理解有着本质区别。

正确的、"量子式的"理解动量和位置的不确定性关系的方式是：一旦粒子的位置确定，它的动量就处于叠加态，没有确定的值，直到我们去测量它的动量。

1.5　经典概率在复数域的扩充——量子概率简介

本节我们按照一种纯粹启发式的思路，也就是从如何将经典的实数概率扩展到复数概率的角度论述一整套新的概率体系，在文献中这套新的概率体系被称为量子概率。这种思路的好处在于能够让读者较快地接触到复数概率这套理论最核心的概念，以及它与经典概率的不同之处。

本节将以概率幅可取复数这个特点为切入点，深入浅出地讲述量子概率的理论体系。从复数的角度看，量子概率可以说是将经典概率扩展到复数域之后的数学产物，因此整个量子概率体系的各种结论都可以自然而然地通过复数得到。那么疑惑也就接踵而至：究竟这样一种纯数学游戏般的概率扩充到底有什么实际意义呢？本节试图指出：量子概率是经典概率在复数域的扩充，其实刻画的是观察者对于外界信息的不确定性情况下的描述，且这种不确定性要比经典概率的不确定性更不确定：这是因为量子概率既考虑到了观察对观测系统的影响，又考虑到了观察者处理信息能力的极限。

1.5.1　当 i 进入物理学

所谓的复数就是形如下式表示的数：

$$a+b\mathrm{i} \tag{1-39}$$

式中，a 和 b 都是实数，而 i 则表示 $\sqrt{-1}$，又称为虚数单位。因为人们无法想象一个平方等于 -1 的数会是什么样子，因此给它起了一个非常有诗意的名字：虚数(imaginary number)。

虚数，顾名思义，只存在于人们的想象之中，而无法找到与其对应的任何现实事物。所以，长期以来，虚数从未真正地进入过物理学(尤其是 20 世纪以前的经典物理学)领域，因为虚数不可能表达实实在在的物理量。即使在交流电路分析中，工程师、物理学家们用复数来表示电流和电压，但那也仅仅是一种"数学技巧"罢了。也就是说，如果不用复数，也能完成所有的运算，使用复数只不过是为了让计算稍稍简单一些而已。

1.5.2　概率复数化

当我们抛出一枚硬币，会以概率 $p(1)$ 出现正面，以概率 $p(0)$ 出现反面，并且 $p(1)+p(0)=1$。这句话的意思是，如果抛掷硬币 N 次，出现正面的次数是 n 次，那么 $p(1)$ 就解释为 n/N，而 $p(0)$ 就是 $(N-n)/N$。显然，如果直接将概率 $p(1)$ 取为复数值，则没有任何意义，因为不再可能将 $p(1)$ 解释为现实事件中出现正面的次数占总的抛掷硬币次数的比例。

然而，经典概率论存在着一个致命的漏洞。在通常情况下，事件的概率并不是一个可观测的量。在每次抛硬币的过程中，实际上只能观测到正面或者反面，而无法观测概率 $p(1)$，这或许听上去是那么的荒谬，但概率论告诉我们只有进行了大量的试验，并且能够保证这些试验都是重复独立的，才能渐进地观测到某一个事件出现的概率。然而，在更多的无法进行重复试验的场合下(如明天是否会下雨)，仍然可以定义概率，但是这里的概率就是一个彻头彻尾不可观测的量。

正是概率的这种不可直接观测性，使我们“有机可乘”，从而可以将概率变成复数。我们并不是直接把硬币出现正面的概率 $p(1)$ 定义为复数 $a+b\text{i}$，而是定义一种叫作概率幅(在本节中又称为复数概率)的新量，即

$$\psi=a+b\text{i} \tag{1-40}$$

并且，我们规定这个复数概率 ψ 可以按照下述规则转变为经典概率：

$$p=|\psi|^2=\psi^*\psi=(a-b\text{i})(a+b\text{i})=a^2+b^2 \tag{1-41}$$

式中，$|\psi|$ 表示求复数 ψ 的模；ψ^* 表示 ψ 的共轭复数，也就是说 ψ 乘以它自己的共轭复数就得到了 ψ 的模的平方。当然，如果要求 p 表示经典概率，那么必须要求 $a^2+b^2\in[0,1]$。正是因为在一次抛硬币随机试验中，原则上只能得到正面(1)或者反面(0)的观测，而不能得到关于概率 p 的任何信息。所以，我们不妨在这个观测过程上面做文章，我们假设每一次观测会发生以下 3 件事。

首先，在观测前，假设硬币正面朝上可以用一个复数概率来表示，如：

$$\psi(1)=\frac{1}{2}+\frac{1}{2}\text{i} \tag{1-42}$$

其向量的表达形式为 $|\psi(1)\rangle=\left(\frac{1}{2},\frac{1}{2}\right)$。

然后，在测量的瞬间，定义复数概率会自动转变成经典概率，即按照如下原则得到正面朝上的概率：

$$p(1)=|\psi(1)|^2=\left(\frac{1}{2}\right)^2+\left(\frac{1}{2}\right)^2=\frac{1}{2} \tag{1-43}$$

最后，硬币会按照这个概率 $p(1)$ 随机地出现正面或者反面。我们看到，如果进行大量的试验，我们仍然可以得到出现正面的概率是 1/2。

总之，出现正面这个随机事件不仅可以用概率 $p(1)$ 来描述，而且还可以用复数概率 $\psi(1)$ 进行描述。并且对任意一次随机试验的观测实际上是先从复数概率转变为经典概率，再由经典概率支配出现某一个观测值的比例。

因此，可以假设在概率背后还有一个更基本的复数概率制约着概率本身。正是因为概率本身并不是一个可以被直接观测到的量，所以再做一层复数概率的假设就不会引起实质的困难。尽管这样增加了理论的复杂性，但是可以成功地将概率复数化，之所以引入概率幅，是因为量子力学就是这么处理的。

我们知道，某一个事件 X 的经典概率与该事件的复数概率存在着对应关系：

$$p(X)=|\psi(X)|^2 \tag{1-44}$$

然而，这个关系却不是对称的。从复数概率到经典概率的映射是一个多对一的映射。

也就是说针对一个具体的概率值 $p(X)$，存在着无穷多个复数概率与其对应，可以证明这群复数概率满足：

$$\psi(X)=\sqrt{p(X)}(\cos\theta+\mathrm{i}\sin\theta)=\sqrt{p(X)}\exp(\mathrm{i}\theta) \tag{1-45}$$

式中，θ 为任意实数。这群复数落到了以原点为圆心，以 $\sqrt{p(X)}$ 为半径的圆上。一方面，这种多对一的关系使得复数概率完全可以涵盖经典概率的内容，甚至可以包含更丰富的信息；另一方面，复数概率具有更深的不可观测性，因为即使对事件 X 进行了大量的测量，也仅能得到复数概率的模信息，而不可能确定它的相位角 θ，这就为估算复数概率带来了挑战。正是因为相位角的存在，复数概率和经典概率表现出了本质的区别。

1.5.3　概率分布与向量表示

在经典概率中，一个随机变量可以取多个不同的值，这些取值构成了两两互斥的随机事件。我们假设随机变量 X 的可能取值为：$\{x_1, x_2, \cdots, x_n\}$，那么我们可以定义 n 个概率：

$$p(x_i)=p\{X=x_i\}\quad (i=1,2,\cdots,n) \tag{1-46}$$

并且这些概率满足归一化条件：

$$\sum_{i=1}^{n}p(x_i)=1 \tag{1-47}$$

那么这一组概率 $p(x_i)$ 就构成了 X 的一个概率分布。为了方便讨论，我们不妨将这一组概率写成一个向量的形式：

$$\boldsymbol{F}(X)=p_1|x_1\rangle+p_2|x_2\rangle+\cdots+p_n|x_n\rangle \tag{1-48}$$

式中，$p_i=p(x_i)$，$p_i|x_i\rangle$ 表示对应的 X 在取值为 x_i 的时候概率为 $p(x_i)$。我们知道，$\boldsymbol{F}(X)$ 这个向量相当于 n 维空间中的向量 $(p_1,p_2,\cdots,p_n)$，其中 p_i 就是该向量在第 i 个维数上的坐标。这样，$|x_i\rangle$ 就相当于是这 n 维空间中的第 i 个基向量。所以 $\boldsymbol{F}(X)$ 又可以写成坐标乘以相应的基向量再求和的形式。

按照前面将概率复数化的思想，我们也可以为每个随机事件 $X=x_i$ 定义复数概率，这样 n 个复数概率也可以写成向量的形式：

$$\boldsymbol{\psi}(X)=\psi_1|x_1\rangle+\psi_2|x_2\rangle+\cdots+\psi_n|x_n\rangle \tag{1-49}$$

此时，变量 X 取值 x_i 的经典概率为

$$p\{X=x_i\}=|\psi_i|^2 \tag{1-50}$$

并且要求：

$$\sum_{i=1}^{n}|\psi_i|^2=1 \tag{1-51}$$

在经典概率中，如果给定了随机变量 X 在各种可能值 x_i 上的概率，也就是给定了向量 $\boldsymbol{F}(X)$，从而确定了系统的状态。因为系统的任何性质都可以从概率分布中得到。同理，在复数概率中，给定了向量 $\boldsymbol{\psi}(X)$，也就给定了系统的状态，因为系统的一切性质都蕴含在这个向量中。

其实这里的复数概率向量和我们之前介绍的量子叠加态是非常相似的，但是这个状态与

经典概率的分布 $\boldsymbol{F}(X)$ 还是很不一样的。在经典概率中，如果一个系统的概率分布是 $\boldsymbol{F}(X)$，那么我们可以说变量 X 以 p_1 的概率取 x_1，以 p_2 的概率取 x_2 ……，但是在状态为 $\boldsymbol{\varPsi}(X)$ 的量子系统中，我们不能得出系统以 $|\varPsi_1|^2$ 的概率处于 $|x_1\rangle$ 状态，以 $|\varPsi_2|^2$ 的概率处于 $|x_2\rangle$ 状态等的结论。这是因为这些状态之间会发生相互干涉，我们将在下一节中继续讨论具体原因。

根据前面所述，由于概率是不可直接测量的量，因此完全可以用复数概率来描述系统从而达到与经典概率描述同等的效果。例如，我们可以用经典概率分布：

$$\boldsymbol{F}(X)=\frac{1}{2}|0\rangle+\frac{1}{2}|1\rangle \tag{1-52}$$

来表示一枚硬币处于正面（状态 $|1\rangle$）和反面（状态 $|0\rangle$）的概率各是 $\frac{1}{2}$。同样，也可以假设这枚硬币处于一个可以用复数概率描述的量子叠加态：

$$\boldsymbol{\varPsi}(X)=\left(\frac{1}{2}+\frac{1}{2}\mathrm{i}\right)|0\rangle+\left(\frac{1}{2}+\frac{1}{2}\mathrm{i}\right)|1\rangle \tag{1-53}$$

或者：

$$\boldsymbol{\varPsi}(X)=\frac{\sqrt{2}}{2}|0\rangle+\frac{\sqrt{2}}{2}|1\rangle \tag{1-54}$$

按照从复数概率到经典概率的转化规则，这两种描述不会产生任何可观测到的结果。

到此为止，量子概率和经典概率没有任何的不同之处。然而当我们考察两个以上事件或随机变量的时候，量子概率和经典概率才会表现出非常不同的特性。

1.5.4 事件与 Hilbert 空间

事件的概念是概率论的基础。在量子概率体系中，事件不再对应经典的集合，而是对应线性空间，这个空间又称为 Hilbert 空间。

仍然以抛硬币为例，一个硬币在具体的测量之前可以处于一种用复数概率描述的量子力学叠加态：

$$\boldsymbol{\varPsi}(X)=\frac{1}{\sqrt{2}}|0\rangle+\frac{1}{\sqrt{2}}|1\rangle \tag{1-55}$$

这个状态恰好可以用一个二维的线性空间表达（图 1-18），在图 1-18 中，横向的向量和纵向的向量分别表示单位向量 $|0\rangle$ 和 $|1\rangle$。

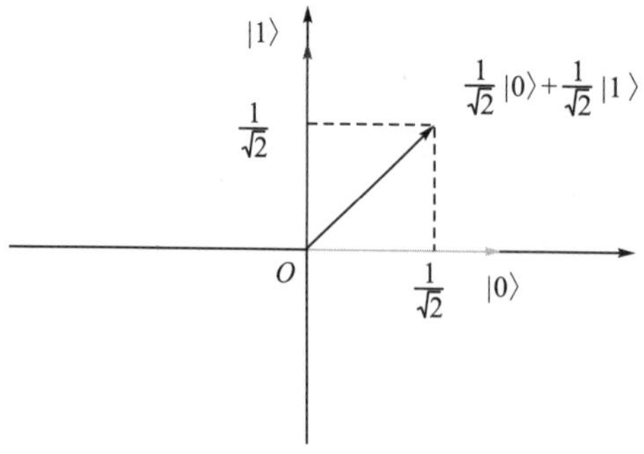

图 1-18　复数概率的向量表示

我们知道，在经典概率试验中，0 表示的是抛掷硬币得到反面，1 表示得到正面。出现正面或者反面实际上都是基本的事件。而在复数概率的向量表示中，这两个基本事件则变成了两个相互垂直且交于一点 O 的单位向量 $|0\rangle$ 和 $|1\rangle$。

这是一个非常关键的区别，在经典概率中，任何原子事件都可以用一个单元素的集合来表示，如硬币正面朝上的事件可以用 $\{1\}$ 这个集合来表示，集合中的元素只有一个 1。但是，在复数概率中，这个原子事件则变成了向量 $|1\rangle$。你可能会质疑，我们用向量表示原子事件又有什么好处呢？这与概率取复数值又有什么关系呢？答案就在于，只有这样扩展量子概率，才能表达不相容属性。

1.5.5　不相容属性及其复数概率表示

不相容属性(incompatible property)是量子概率(将概率论扩充到复数域中)最特别的概念之一，也是区别复数概率和经典概率的本质所在。

所谓的一对不相容属性就是指一个客观物体所具备的两种属性，这两种属性不能同时得到确切的测量值。当你知道了属性 A 的确切值之后，就不能获知 B 的确切值了。我们知道，量子力学中有很多不确定(uncertain)对，如同一个粒子的位置和动量，或者是能量和时间。

我们先从抽象的数学形式上考察复数概率是如何很好地表征不相容属性以及不确定性原理的，看下面这个例子。

假设某一个系统具有属性 A，属性 A 的取值可以有{U,D}(即上、下)两种可能。另外，该系统还具有属性 B，B 的取值可以有{L,R}(即左、右)两种可能。这样，我们就可以构成 4 组不同的原子事件{A 属性为 U，A 属性为 D，B 属性为 L，B 属性为 R}。我们知道，每个事件都可以用线性空间中的向量来表示。由于 A 属性要么取 U 要么取 D，所以前两个事件就可以用两个相互垂直的向量来表示。同样的道理，后两个事件(B 为 L 或者 B 为 R)也可以用两个相互垂直的向量表示。显然，前两个事件张成了一个平面，后两个事件又张成了另一个平面，问题的关键是：当这两个平面重合在一起会如何呢？如图 1-19 所示。

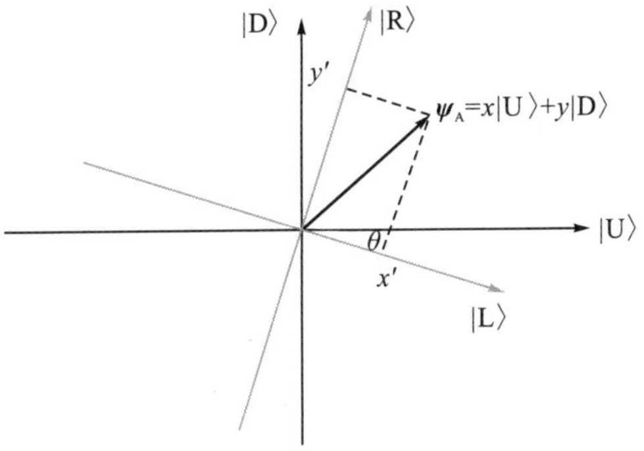

图 1-19　同一个状态向量在两组不同基下的表示（彩图见彩色附图）

如图 1-19 所示，前两个事件(属性 A 取 U 或者 D)的两个基向量是黑色的坐标系($|\mathrm{U}\rangle$ 和$|\mathrm{D}\rangle$)，而后两个事件(属性 B 取 L 或者 R)对应的基向量则用蓝色的坐标系($|\mathrm{L}\rangle$ 和$|\mathrm{R}\rangle$)表示。这两个坐标系重合在同一个平面上，只不过它们之间存在一个夹角 θ(在更一般的情况下该夹角可以取复数)。对于同一个向量，如对图 1-19 中的粗箭头来说，它在第一个坐标系（$|\mathrm{U}\rangle$ 和$|\mathrm{D}\rangle$ 构成的坐标系）下可以表示为

$$\boldsymbol{\psi}_{\mathrm{A}} = x|\mathrm{U}\rangle + y|\mathrm{D}\rangle \tag{1-56}$$

那么，在第二个坐标系($|\mathrm{L}\rangle$ 和$|\mathrm{R}\rangle$ 构成的坐标系)下的坐标可以表示为

$$\begin{pmatrix} x' \\ y' \end{pmatrix} = \begin{pmatrix} \cos\theta & \sin\theta \\ -\sin\theta & \cos\theta \end{pmatrix} \cdot \begin{pmatrix} x \\ y \end{pmatrix} = \begin{pmatrix} x\cos\theta + y\sin\theta \\ -x\sin\theta + y\cos\theta \end{pmatrix} \tag{1-57}$$

同样的向量可以表示为

$$\boldsymbol{\psi}_{\mathrm{B}} = x'|\mathrm{L}\rangle + y'|\mathrm{R}\rangle \tag{1-58}$$

因此，$\boldsymbol{\psi}_{\mathrm{A}}$ 和$\boldsymbol{\psi}_{\mathrm{B}}$ 是同一个向量分别在不同坐标系下的表示。回想该向量的物理意义，其表达的是发生 A 属性且取值为 U 事件的概率是$|x|^2$，取值为 D 事件的概率是$|y|^2$。而$\boldsymbol{\psi}_{\mathrm{B}}$ 则表达的是 B 属性取值为 L 事件的概率是$|x'|^2$，取值为 R 事件的概率是$|y'|^2$。然而，由于 x'、y' 与 x、y 存在联系[式(1-57)]，所以 A 属性上的概率分布会对 B 属性造成影响，反之亦然。因此，A 和 B 两个属性之间的这种强烈的联系，就是不相容性，即不能同时测准。这是因为，如果我们准确地知道了 A 属性，就不可能完全知道 B 属性的取值。

比如，假设我们确定地知道 A 属性的取值为 U，即发生 U 事件的概率为 1，则

$$\boldsymbol{\psi}_{\mathrm{A}} = 1|\mathrm{U}\rangle + 0|\mathrm{D}\rangle \tag{1-59}$$

这样根据式(1-57)，同样的状态反映在 B 属性上就成了：

$$\begin{bmatrix} x' \\ y' \end{bmatrix} = \begin{bmatrix} \cos\theta & \sin\theta \\ -\sin\theta & \cos\theta \end{bmatrix} \begin{bmatrix} 1 \\ 0 \end{bmatrix} = \begin{bmatrix} \cos\theta \\ -\sin\theta \end{bmatrix} \tag{1-60}$$

这样，只要 θ 不是 0° 或者 90° 的整数倍，则必然我们得到的 B 属性值是不确定的，它会以 $\cos^2\theta$ 的概率取值 L，而以 $\sin^2\theta$ 的概率取值 R。因此，我们说 A 和 B 是一对不相容的属性，因为它们不能同时被测准。

总体来说，所谓的不相容属性对实际上就是两组处于同一个平面的坐标系，它表达的是两个随机变量分布之间的一种深刻的联系。也就是说，只要确定了两个不相容属性，那么它们之间的夹角 θ 就确定下来，因此给定 A 属性上的复数概率分布，就必然会确定一组 B 属性上的复数概率分布。

也许你会争辩说，在经典概率中，我们也可以引入上述这些坐标系转换的概念。我们也可以把经典概率表达成向量：

$$\boldsymbol{F}(X) = \frac{1}{2}|0\rangle + \frac{1}{2}|1\rangle \tag{1-61}$$

然后，同样把这个向量投影到蓝色的坐标系下，得到新的向量表示：

$$\begin{bmatrix} x' \\ y' \end{bmatrix} = \begin{bmatrix} \cos\theta & \sin\theta \\ -\sin\theta & \cos\theta \end{bmatrix} \begin{bmatrix} 1/2 \\ 1/2 \end{bmatrix} = \frac{1}{2} \begin{bmatrix} \cos\theta + \sin\theta \\ -\sin\theta + \cos\theta \end{bmatrix} \tag{1-62}$$

然而，不幸的是，这种坐标转换后得到的新“概率分布”却不总能满足概率分布的要

求。比如我们设 $\theta=\frac{\pi}{4}$，那么 $|L\rangle$ 的概率就是 $\frac{\sqrt{2}}{2}$，$|R\rangle$ 的概率则是 0，但是这对数并不能构成一个合格的概率分布。

只有当考虑复数概率的时候，才能引入坐标转换的概念，这是因为，坐标转换从本质上来讲是一种旋转操作，而旋转操作会保持向量的模(即向量长度)不改变。所以对于任何一个复数概率分布所对应的状态向量 $\psi_A = x|U\rangle + y|D\rangle$ 而言，由于它的模必须是 1，所以无论你转换到哪一个坐标系，它都保持长度不变，也就能保证新的向量所对应的经典概率分布是一个定义的概率分布，即各个分量的概率求和为 1。正是因为概率幅而非概率具有这种旋转模不变的性质，所以我们只能对复数概率进行坐标变换的定义。

1.6　量子概率体系

为了弥补数学的清晰性不能保证的不足，我们特意从较粗糙的公理化角度浅显地论述整个量子概率公理体系，这套公理化体系主要是由冯·诺伊曼(Von Neumann)在他的名著《量子力学的数学基础》(*Mathematical Foundations of Quantum Mechanics*)中建立起来的。本节内容沿着 1.5 节的将概率复数化的思路先引入复数概率(即量子物理中的概率幅)的概念，为了看到经典概率与复数概率的不同，我们会从几何表示出发，学到不相容属性对，再从不相容属性对到复合系统到纠缠态，主要的目的就是展示复数概率与经典概率的区别。从相对正规的数学定义出发，重新介绍量子概率的体系框架，并进一步针对不相容属性对和纠缠拓广进行讨论。

1.6.1　事件

在经典概率论中，我们用集合表示事件，用交、并、补等运算来组合出更多的事件。同时，我们定义了两个特殊的事件，一个是不可能事件，对应集合空集；另外一个是必然事件，对应集合全集。

在量子概率中，我们用复线性空间(Hilbert 空间)H 作为基本事件的集合。任意一个事件都是该线性空间中的一个子空间(直线、平面或者超平面)。在量子概率中，不可能事件对应向量，即 0 维的线性空间；必然事件则对应整个线性空间 H。

正如经典逻辑可以使用否、与、或等运算组合出各种新的事件一样，在量子概率中，我们也可以定义这三种运算。

定义 11(否运算)　设事件 A 对应的子空间为 L_A，那么 $\overline{A}$ 事件则对应着垂直于 L_A 的子空间记作 $L_A^{\perp}$。

例如，事件 A 对应的子空间 L_A 为三维空间中的一条直线 l，那么非 A 这个事件对应的子空间就是垂直于 l 的整个平面。

定义 12(与运算)　设事件 A 对应的子空间为 L_A，事件 B 对应的子空间为 L_B，那么事件 A 且 B 对应的子空间就是这两个线性子空间的交集，即

$$L_{A \wedge B} = L_A \wedge L_B \tag{1-63}$$

例如L_A和L_B都是三维空间中的两个平面，那么$L_{A \wedge B}$就是这两个平面的交线。如果L_A和L_B都是三维空间中的直线，则它们的交集$L_{A \wedge B}$必然是一个点，这个点就是0维线性空间。

定义 13（或运算） 设事件A对应的子空间L_A，事件B对应的子空间L_B，那么事件A或B对应的子空间就是由这两个空间所张成的更大空间，即

$$L_{A \cup B} = \mathrm{Span}(L_A, L_B) \tag{1-64}$$

注意，量子概率中的或运算与经典概率中事件或运算的本质是不同的，它不是两个子空间的并集，而是线性扩展。假如L_A和L_B分别是两条相交于一点的直线，那么$L_{A \cup B}$就是这两条直线所张成的平面。

量子概率的运算性质大多与经典事件的运算性质相同，但有一个本质的区别，这就在于量子概率中的事件运算不一定满足分配率，即

$$L_A \wedge (L_B \cup L_C) \neq (L_A \wedge L_B) \cup (L_A \wedge L_C) \tag{1-65}$$

但我们知道集合的运算是满足这个性质的。那么量子事件的运算是如何打破分配率的呢？让我们来看一个例子，在如图1-20所示的空间中，有三条同在一个平面内的直线L_A、L_B、L_C，且相交于一点。分别对应事件A、B、C，则$L_B \cup L_C$就是整个平面，而$L_A \wedge (L_B \cup L_C)$就是$L_A$这条直线。但反过来，由于$L_A \wedge L_B$和$L_A \wedge L_C$都是点，所以$(L_A \wedge L_B) \cup (L_A \wedge L_C)$还是点，即不可能事件。所以，量子事件不一定满足分配律。

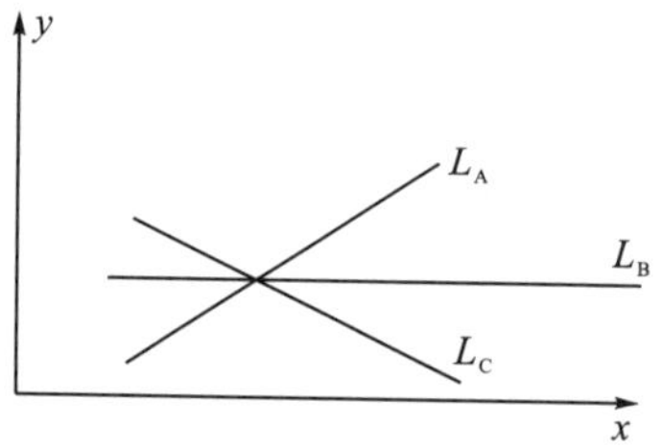

图1-20 破坏分配律法则的量子事件运算

1.6.2 互斥事件

一枚硬币要么朝上，要么朝下，这两种情况不可能同时发生，每抛掷一次必然有一个发生，那么这两个事件构成了互斥事件。

定义 14（互斥事件） 给定一组事件$A_1, A_2, \cdots, A_n$，它们分别对应子空间$L_1, L_2, \cdots, L_n$，若这些子空间满足：

$$L_i \wedge L_j = O \Leftrightarrow L_i \perp L_j \quad (i, j=1,2,\cdots,n) \tag{1-66}$$

并且：

$$\mathrm{Span}\left(L_1, L_2, \cdots, L_n\right) = H \tag{1-67}$$

那么，我们称这组事件互斥。

一组互斥事件往往对应同一个属性取不同的属性值。例如，硬币只有正反两个可能取值。有趣的是，在经典概率中，我们通常可以用一条线上的不同点对应不同取值，如一棵

树的高度有多种可能取值，这样所有的树高可以表示为一条直线。但是，在量子概率中，每一个属性值都对应着一条直线，这样 n 组属性值就对应着 n 条直线，并且这些属性值都是两两互斥的，也就是说这些直线两两垂直，并且所有这些可能的直线张成了一个 n 维 Hilbert 空间。图 1-21 展示了经典事件和量子事件表示的区别。

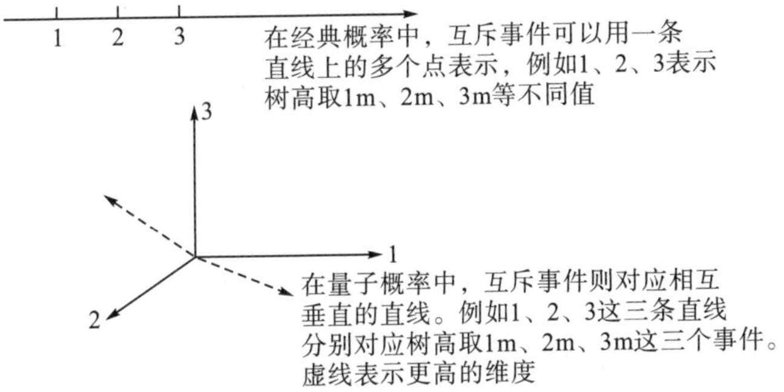

图 1-21　图示经典事件和量子事件表示的区别

1.6.3　概率与测量

在量子概率理论中，我们可以采用三个步骤来计算任意一个事件的概率。首先，确定一个状态来表示系统所处的环境和条件，我们用 $|z\rangle$ 来表示该状态，它是 Hilbert 空间 H 中的一个向量，并且这个向量的长度必须是 1，即

$$\langle z|z\rangle = 1 \tag{1-68}$$

这里，$\langle z|$ 表示向量 $|z\rangle$ 的共轭，而 $\langle z|z\rangle$ 则表示向量 $\langle z|$ 和 $|z\rangle$ 的内积。例如，若 $|z\rangle = (1+\mathrm{i}, 2-\mathrm{i})^{\mathrm{T}}$，则 $\langle z| = (1-\mathrm{i}, 2+\mathrm{i})$，那么有

$$\langle z|z\rangle = (1+\mathrm{i})(1-\mathrm{i}) + (2-\mathrm{i})(2+\mathrm{i}) = 2+5 = 7$$

其次，我们需要定义投影算符的概念。

定义 15（投影算符）　每个事件 A 都对应了一个投影算符 P_{A}，我们可以把状态向量 $|z\rangle$ 通过 P_{A} 的作用投射到事件 A 对应的子空间 L_{A} 上，因此，利用数学语言，投影算符可以表达为

$$P_{\mathrm{A}} : H \to L_{\mathrm{A}} \tag{1-69}$$

在几何上，投影算符就是求向量 $|z\rangle$ 到子空间 L_{A} 上的投影向量，因此，这个投影就构成了一个向量——$P_{\mathrm{A}}|z\rangle$。

这个概念可以用图 1-22 形象清晰地表达。

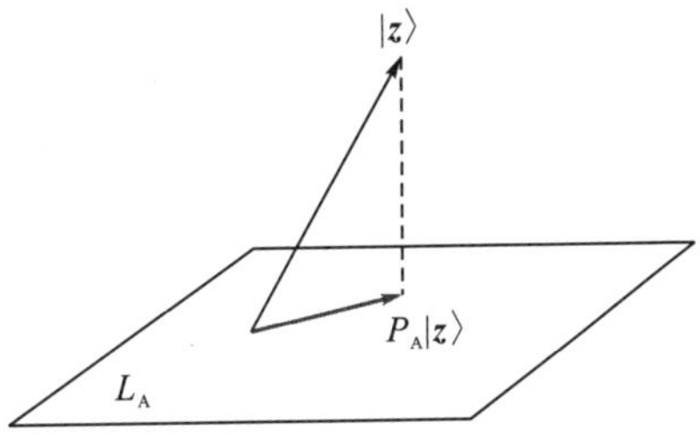

图 1-22　向量的投影

在图 1-22 中，原向量为$|z\rangle$，投影空间L_{A}为一个平面，则$|z\rangle$在其上的投影为粗线向量。

如果我们给H选定了一组基向量，并且$|z\rangle$也用基向量表示，那么投影算符P_{A}就对应了一个矩阵，称为投影矩阵，这个矩阵满足如下性质：

$$P_{\mathrm{A}}P_{\mathrm{A}}=P_{\mathrm{A}} \tag{1-70}$$

从几何意义上很容易理解这个性质：任何一个向量在事件 A 对应的线性子空间上投影之后得到的向量再往 A 上投影则必然保持不变。

最后，我们计算该投影向量(图 1-22 中粗线向量)的模平方即为事件 A 的发生概率：

$$\Pr(A)=\left|P_{\mathrm{A}}|z\rangle\right|^2=\langle z|P_{\mathrm{A}}|z\rangle \tag{1-71}$$

式中，$\Pr(A)$表达事件 A 发生的概率。

这里介绍的计算事件概率的算法与前面介绍的复数概率到经典概率的映射相同。在量子概率中，测量是一个十分重要的过程，它不仅决定了一个事件发生的概率，而且也改变了系统的状态。也就是说，如果我们测量过的状态是z的量子系统，并且得到事件 A 发生的概率，那么该量子系统的状态将变成：

$$z'=\frac{P_{\mathrm{A}}z}{|P_{\mathrm{A}}z|} \tag{1-72}$$

也就是说，我们将用事件 A 发生的概率$|P_{\mathrm{A}}z|$去重新归一化向量$P_{\mathrm{A}}z$，这样测量之后的状态z'又是一个长度为 1 的单位向量子。假如我们对状态z'再进行一次完全相同的测量，就可得到

$$\Pr(A)=|P_{\mathrm{A}}z'|^2=\left|P_{\mathrm{A}}\frac{P_{\mathrm{A}}z}{|P_{\mathrm{A}}z|}\right|^2=\frac{|P_{\mathrm{A}}P_{\mathrm{A}}z|^2}{|P_{\mathrm{A}}z|^2}=\frac{|P_{\mathrm{A}}z|^2}{|P_{\mathrm{A}}z|^2}=1 \tag{1-73}$$

所以，一旦测量P_{A}，得到事件 A 发生的概率之后，系统将一直呈现出事件 A 的状态且保持不变。有趣的是，在量子概率中，我们将测量与投影算符密切地联系了起来。一次测量，就是将某一个投影算符作用到一个状态向量上，测量的结果是让观察者得到一个确定的事件，同时也让被测向量完成一次投影，形成一个新的向量。

我们可以将量子概率的运算法则应用到一组互斥事件上，这就相当于将一个高维空间中的向量$|z\rangle$分别向一组相互垂直的直线投影，这样可以验证量子概率满足测度的一些性质，即如果$C=A\cup B$，并且$A\wedge B=\phi$（ϕ为空集），那么$\Pr(C)=\Pr(A)+\Pr(B)$。

1.6.4 不相容属性对及其测量区分顺序性

1.5.5 节已介绍了量子概率与经典概率最大的不同就是存在着不相容的属性对，也就是不能同时进行测量的两个属性。下面，我们给出不相容属性对的定义。

定义 16(不相容属性对) 假设属性M有m个不同的属性值$\{M_1,M_2,\cdots,M_m\}$，这些属性值张成了m维线性空间H，且$(M_i,M_j)=0,\ i、j\in\{1,2,\cdots,m\},i\neq j$。另有一个属性$N$，它也有$m$个属性值$\{N_1,N_2,\cdots,N_m\}$且$(N_i,N_j)=0,\ i、j\in\{1,2,\cdots,m\},i\neq j$，这些属性值对应的子空间也张成一个$m$维的线性空间$H'$，如果$H=H'$，则称$M$和$N$这两个属性不相容。

定义并没有从根源上为我们解惑，图 1-19 是最好的解释。假设$m=2$，这样M属性的

两个属性值$|\mathrm{U}\rangle$和$|\mathrm{D}\rangle$就张成了一个平面H。若M与N是不相容属性对，那么N属性的两个属性值$|\mathrm{L}\rangle$和$|\mathrm{R}\rangle$张成的二维空间H'也是H，这就意味着，N对应的是H中的另外一个坐标系；如图 1-19 所示，黑色的坐标系就表示M属性，蓝色的坐标系表示N属性。

下面考虑图 1-19 中的两组不同的测量，第一组是先测量事件M_1（即$|\mathrm{U}\rangle$）是否发生，再测量事件N_1（即$|\mathrm{L}\rangle$）是否发生，第二组是先测量N_1，再测量M_1。按照前面定义的测量规则，第一组测量相当于先把向量$|z\rangle$投影到M_1直线上，然后将M_1上的单位向量投影到x'上。这两种结果最终得到的系统状态是完全不同的，第一组测量最终得到的是$|N_1\rangle$上的单位向量，而第二组测量将得到$|M_1\rangle$上的单位向量。不同的测量顺序所导致的不同结果也会体现在投影算符上，即存在不等式：

$$P_{Mj}P_{Ni} \neq P_{Ni}P_{Mj} \tag{1-74}$$

不同的测量顺序会导致不同的测量结果，这正是量子概率不相容属性的一种特别的性质之一。

1.6.5　相容属性对及其测量不区分顺序性

如果两个属性M和N可以被同时测量，则它们就构成了相容的属性对。在数学上，相容的属性对可以用复合系统来表示。

定义 17（相容属性对）　假设属性M有m个不同的属性值$\{M_1, M_2, \cdots, M_m\}$，另有一个属性$N$，它有$n$个属性值$\{N_1, N_2, \cdots, N_n\}$，如果可以通过这两组属性中的属性值张成$m \times n$维空间$H$，并且$H$中的任一组基为以下每两个属性对的复合，即

$$M_i \otimes N_j \quad (i = 1, 2, \cdots, m;\ j = 1, 2, \cdots, n) \tag{1-75}$$

那么这两个属性值就是相容的。所以，这$m \times n$维的 Hilbert 空间就可以写成

$$H = \mathrm{Span}(\cdots, M_i \otimes N_j, \cdots) \quad (i = 1, 2, \cdots, m; j = 1, 2, \cdots, n) \tag{1-76}$$

下面，我们来测量相容属性对：假设有两个相容属性对，每个属性都具有 2 个可能的属性值（都用 0 和 1 来表示）。因此，全空间H就可以写成这两个属性对中任意两个属性值的组合张成的空间：

$$H = \mathrm{Span}(|00\rangle, |01\rangle, |10\rangle, |11\rangle) \tag{1-77}$$

在这些基中，写在左侧的表示第一个属性值。下面对第一个属性值等于 0 进行测量：当第一个属性等于 0，第二个属性还有 0 和 1 两种可能，因此二者结合就张成了一个二维的线性空间，并且$|00\rangle$和$|01\rangle$构成了这个二维子空间的基向量。所以，对第一个属性值测量就相当于把一个四维空间中的向量投影到二维的平面上。

相容属性对的测量是不区分顺序的。如果先对第一个属性值 0 进行测量，就会把四维投影到$|00\rangle$和$|01\rangle$构成的二维平面上，然后再对第二个属性值是否为 0 进行测量，相当于把向量投影到$|00\rangle$这个向量上面。反过来，如果先对第二个属性值是否为 0 进行测量，四维向量则投影到$|00\rangle$和$|10\rangle$构成的平面上，然后再对第一个属性值是否为 0 进行测量，就又把向量投影到$|00\rangle$这个向量上，所以，这两种不同顺序的测量是完全相同的。也就是说

相容的属性对是不区分顺序的。

实际上，假如我们用 n 个不相容属性对构成了一个庞大的系统，那么对这些属性的测量就是一个降维的过程，2^n 维中的向量会被逐渐压缩到一条直线上。然而，对不相容属性的测量却不会产生降维的现象。如图 1-19 所示，将一个二维空间中的向量投影到不相容属性值的某一个向量上，则这个向量仍然在二维空间中，并且还可以再次将其投影到这个空间中的另外一个不相容属性上。

1.6.6 量子概率与经典概率的区别

我们看到，量子概率无非是提供了另外一套不同于经典概率的概率运算法则，那么究竟量子概率与经典概率有什么区别和联系呢？

首先，对于一个属性的测量来说，量子概率和经典概率会得到完全相同的结果。进一步，对于相容的属性对来说，量子概率与经典概率仍然没有区别，换句话说，量子概率中的相容属性运算已经能够涵盖所有经典概率论的内容。

但是，对于不相容属性对来说，很多经典概率的运算法则都不再成立。同时量子概率还预言了一些经典概率中没有的新性质。表 1-5 列出了经典概率和量子概率的运算性质。

表 1-5　经典概率和量子概率的运算性质

性质	经典概率运算	不相容属性下事件 A 与 B 的量子概率运算
联合概率 $\Pr(A\wedge B)$	$\Pr(A\wedge B)=\Pr(B\wedge A)$	无定义
条件概率 $\Pr(A\mid B)$	$\Pr(A\mid B)=\dfrac{\Pr(A\wedge B)}{P(B)}$	$\dfrac{\lvert P_AP_B\lvert z\rangle\rvert^2}{\lvert P_B\lvert z\rangle\rvert^2}$
条件概率 $\Pr(B\mid A)$	$\Pr(B\mid A)=\dfrac{\Pr(A\wedge B)}{P(A)}$	$\dfrac{\lvert P_BP_A\lvert z\rangle\rvert^2}{\lvert P_A\lvert z\rangle\rvert^2}$
全概率公式	$\Pr(A)=\sum_i\Pr(A\lvert B_i)\Pr(B_i)$	不成立
条件概率互易性 $\Pr(A\mid B)$=$\Pr(B\mid A)$	不满足	满足
双向随机性 $\sum_i\Pr(A_i\lvert\ B_j)=\sum_j\Pr(A_i\lvert\ B_j)=1$	不满足	满足

虽然经典概率系统的性质都可以在量子概率的相容属性测量中找到对应，但是反过来，量子概率中的不相容属性对具备的性质则具有特殊性，所以说量子概率是比经典概率蕴含了更多内涵的概率运算系统。

1.7　量子测量——测量公设的量子信息学描述

在了解量子概率的过程中，“测量”多次被提到，此“测量”非传统意义上的测量，接下来，我们一同走进量子测量的神秘世界。

对于一个由状态$|\psi\rangle$描述的量子系统，可以由一组测量算符$\{M_m\}$描述，这里的算符本质都是一些比较特殊的矩阵，当它们作用在被测量系统的态空间上，可能的测量结果之一 m 发生的可能性为

$$p(m)=\langle y|M_m^{\dagger}M_m|y\rangle \tag{1-78}$$

测量后系统的状态为

$$\frac{M_m|y\rangle}{\sqrt{\langle y|M_m^{\dagger}M_m|y\rangle}} \tag{1-79}$$

测量算符需要满足完备性方程$\sum_m M_m^{\dagger}M_m=I$，即

$$\sum_m p(m)=\sum_m\langle y|M_m^{\dagger}M_m|y\rangle \tag{1-80}$$

这几个式子看上去非常复杂，也难懂，但是其原理是非常简单的，通过下面的例题可以对其进行更好的理解。

【例 4】用$\{|0\rangle,|1\rangle\}$测量量子态$|\varphi\rangle=\alpha|0\rangle+\beta|1\rangle$ $(|\alpha|^2+|\beta|^2=1)$。

解：$M_0=|0\rangle\langle 0|=\begin{bmatrix}1&0\\0&0\end{bmatrix}$，$M_1=|1\rangle\langle 1|=\begin{bmatrix}0&0\\0&1\end{bmatrix}$，显然$M_0^2=M_0$，$M_1^2=M_1$，所以根据归一化原理可得：$I=M_0^{\dagger}M_0+M_1^{\dagger}M_1=M_0+M_1$，且$|\varphi\rangle=\alpha|0\rangle+\beta|1\rangle$，故而有$p(0)=\langle\psi|M_0^{\dagger}M_0|\psi\rangle=\langle\psi|M_0|\psi\rangle=|\alpha|^2$，$p(1)=\langle\psi|M_1^{\dagger}M_1|\psi\rangle=\langle\psi|M_1|\psi\rangle=|\beta|^2$，即以$|\alpha|^2$的概率测得$|0\rangle$，以$|\beta|^2$的概率测得$|1\rangle$。

【例 5】用$\{|+\rangle,|-\rangle\}$测量量子态$|\varphi\rangle=\alpha|0\rangle+\beta|1\rangle$ $(|\alpha|^2+|\beta|^2=1)$。

解：先将$|\varphi\rangle$变形为

$$|\varphi\rangle=\frac{\alpha}{\sqrt{2}}(|+\rangle+|-\rangle)+\frac{\beta}{\sqrt{2}}(|+\rangle-|-\rangle)=\frac{\alpha+\beta}{\sqrt{2}}|+\rangle+\frac{\alpha-\beta}{\sqrt{2}}|-\rangle$$

$M_+=|+\rangle\langle +|=\begin{bmatrix}1&0\\0&0\end{bmatrix}$，$M_-=|-\rangle\langle -|=\begin{bmatrix}0&0\\0&1\end{bmatrix}$，显然$M_+^2=M_+$，$M_-^2=M_-$，所以根据归一化原理可得：$I=M_+^{\dagger}M_++M_-^{\dagger}M_-=M_++M_-$，且$|\varphi\rangle=\frac{\alpha+\beta}{\sqrt{2}}|+\rangle+\frac{\alpha-\beta}{\sqrt{2}}|-\rangle$，故而有

$$p(+)=\langle\psi|M_+^{\dagger}M_+|\psi\rangle=\langle\psi|M_+|\psi\rangle=\left|(\alpha+\beta)/\sqrt{2}\right|^2$$

$$p(-)=\langle\psi|M_-^{\dagger}M_-|\psi\rangle=\langle\psi|M_-|\psi\rangle=\left|(\alpha-\beta)/\sqrt{2}\right|^2$$

【例 6】任意二量子比特可以表示为：$|\varphi\rangle=\alpha_{00}|00\rangle+\alpha_{01}|01\rangle+\alpha_{10}|10\rangle+\alpha_{11}|11\rangle$，通过测定可以得到经典比特各种值的概率是多少？

解：

$$M_{00}=|00\rangle\langle 00|=\begin{bmatrix}1&0&0&0\\0&0&0&0\\0&0&0&0\\0&0&0&0\end{bmatrix},\ M_{01}=|01\rangle\langle 01|=\begin{bmatrix}0&0&0&0\\0&1&0&0\\0&0&0&0\\0&0&0&0\end{bmatrix}$$

$$M_{10}=|10\rangle\langle 10|=\begin{bmatrix}0&0&0&0\\0&0&0&0\\0&0&1&0\\0&0&0&0\end{bmatrix},\ M_{11}=|11\rangle\langle 11|=\begin{bmatrix}0&0&0&0\\0&0&0&0\\0&0&0&0\\0&0&0&1\end{bmatrix}$$

易得：

$$M_{00}^2=M_{00},\ M_{01}^2=M_{01},\ M_{10}^2=M_{10},\ M_{11}^2=M_{11}$$

$$I=M_{00}^{\dagger}M_{00}+M_{01}^{\dagger}M_{01}+M_{10}^{\dagger}M_{10}+M_{11}^{\dagger}M_{11}=M_{00}+M_{01}+M_{10}+M_{11}$$

因此，对于$|\varphi\rangle=\alpha_{00}|00\rangle+\alpha_{01}|01\rangle+\alpha_{10}|10\rangle+\alpha_{11}|11\rangle$（表 1-6），有

$$p(00)=\langle\psi|M_{00}^{\dagger}M_{00}|\psi\rangle=\langle\psi|M_{00}|\psi\rangle=|\alpha_{00}|^2$$

$$p(01)=\langle\psi|M_{01}^{\dagger}M_{01}|\psi\rangle=\langle\psi|M_{01}|\psi\rangle=|\alpha_{01}|^2$$

$$p(10)=\langle\psi|M_{10}^{\dagger}M_{10}|\psi\rangle=\langle\psi|M_{10}|\psi\rangle=|\alpha_{10}|^2$$

$$p(11)=\langle\psi|M_{11}^{\dagger}M_{11}|\psi\rangle=\langle\psi|M_{11}|\psi\rangle=|\alpha_{11}|^2$$

表 1-6　Bell 态的测定结果和出现概率

测定结果	出现概率
00	$\|\langle 00\|\varphi\rangle\|^2=\|a_{00}\|^2$
01	$\|\langle 01\|\varphi\rangle\|^2=\|a_{01}\|^2$
10	$\|\langle 10\|\varphi\rangle\|^2=\|a_{10}\|^2$
11	$\|\langle 11\|\varphi\rangle\|^2=\|a_{11}\|^2$

1.8　密度算符

密度算符(也称为密度矩阵)是对量子态的一种不同的描述方法。用密度算符描述量子系统在数学上完全等价于用态向量描述(即所有量子力学的假设都可以用密度算符的语言重新描述)，但密度算符在描述未知量子系统和复合量子系统方面更具有优越性。

定义 18(**系综**)　设量子系统以概率 p_i 处于状态 $|\phi_i\rangle$，称 $\{p_i,\ |\phi_i\rangle\}$ 为一个系综(ensemble)，其中 $p_i\geqslant 0$，且 $\sum_i p_i=1$，系统的密度算符为

$$\rho=\sum_i p_i|\phi_i\rangle\langle\phi_i| \tag{1-81}$$

它是一个迹为 1 的半正定厄米算符。

定义 19(纯态)　在密度算符的定义中，若系统以概率 1 处于某个态$|\phi\rangle$，即系统由一个态矢表示，则称该系统是一个纯态，其密度算符为$|\phi\rangle\langle\phi|$。

定义 20(混合态)　若定义中每一个概率 p_i 都不为 1，则说明系统只能由若干不同的态矢描述，每个子系统$|\phi_i\rangle$以一定的概率 p_i 出现，这样的系统称为混合态。

纯态与混合态的区别：纯态和混合态的最大区别是$\mathrm{tr}(\rho_{纯}^2)=1$，而$\mathrm{tr}(\rho_{混}^2)<1$。

接下来考察一个力学量 $\boldsymbol{F}$ 在纯态与混合态上的区别。设 $\boldsymbol{F}$ 是一个力学量(可观测量)，其对应的本征值和本征矢量分别为 f_i 和$|\varphi_i\rangle$，则 $\boldsymbol{F}$ 对应的算符 $\hat{F}$ 满足

$$\hat{F}|\varphi_i\rangle=f_i|\varphi_i\rangle \tag{1-82}$$

(1) 对于纯态$|\psi\rangle=c_1|\psi_1\rangle+c_2|\psi_2\rangle$，取 f_i 的概率为

$$p(f_i)=|\langle\varphi_i|\psi\rangle|^2=|c_1\langle\varphi_i|\psi_1\rangle+c_2\langle\varphi_i|\psi_2\rangle|^2 \tag{1-83}$$

力学量 $\boldsymbol{F}$ 取 f_i 值的概率为$p(f_i)=|\langle\varphi_i|\psi\rangle|^2=\langle\varphi_i|\psi\rangle\langle\psi|\varphi_i\rangle=\langle\varphi_i|\rho|\varphi_i\rangle$，是密度算符在算符 $\hat{F}$ 的第 i 个本征态上的平均值。

(2) 对于混合态，根据混合态的定义知，取 f_i 的概率为

$$p(f_i)=|\langle\varphi_i|\psi_1\rangle|^2\ p_1+|\langle\varphi_i|\psi_2\rangle|^2\ p_2 \tag{1-84}$$

1.8.1　具体到坐标表象

(1) 在纯态上$|\psi\rangle=c_1|\psi_1\rangle+c_2|\psi_2\rangle$。

坐标取 x_0 的概率密度为：$p(x_0)=|\langle\varphi_i|\psi\rangle|^2=|c_1\langle\varphi_i|\psi_1\rangle+c_2\langle\varphi_i|\psi_2\rangle|^2$。

(2) 在混合态上 $p(x_0)=|\psi_1(x_0)|^2\ p_1+|\psi_2(x_0)|^2\ p_2$。

可以看出，在纯态下，两个态之间发生干涉，而在混合态下，无干涉现象发生。纯态为概率幅的叠加，称为相干叠加，叠加的结果形成一个新的状态；混合态为概率的叠加，称为不相干叠加。

密度算符(密度矩阵或密度算子)在数学上等价于状态向量方法，但在某些量子力学的应用场景下利用起来更为方便。接下来，我们就介绍如何利用密度算符给出任意力学量 $\boldsymbol{F}$ 在该状态上取值的概率与平均值。

1.8.2　纯态下的密度算符

若对于一个归一化态矢(纯态)$|\psi\rangle$来说，$\boldsymbol{F}$ 是一个力学量可观测量。对应的本征值和本征矢量分别为 f_i 和$|\varphi_i\rangle$，算符 $\hat{F}$ 的测量平均值为

$$\langle\boldsymbol{F}\rangle=\langle\psi|\hat{F}|\psi\rangle \tag{1-85}$$

任选一组正交归一完备基$\{|i\rangle\}$，有

$$\langle\boldsymbol{F}\rangle=\sum_i\langle\psi|i\rangle\langle i|\hat{F}|\psi\rangle=\sum_i\langle i|\hat{F}|\psi\rangle\langle\psi|i\rangle \tag{1-86}$$

根据纯态下的密度算符为：$\rho=|\psi\rangle\langle\psi|$，则有

$$\langle \boldsymbol{F} \rangle = \sum_i \langle i|\hat{F}\hat{\rho}|i\rangle = \mathrm{tr}(\hat{F}\hat{\rho}) \tag{1-87}$$

注意对于密度算符 $\hat{\rho}$（在量子信息表述中常简写为 ρ），显然，密度算符是一个投影算符。

可见，密度算符可以给出任意力学量 $\boldsymbol{F}$ 在该状态上取值的概率与平均值，因此，纯态下的密度算符是可以代替态矢来描述纯态的一个算符。

1.8.3 混合态下的密度算符

对于前面定义的混合态 $\{p_i, |\psi_i\rangle\}$，一个物理量 $\boldsymbol{F}$ 的 平均值要通过两次求平均实现。

（1）进行量子力学平均，即求出力学量 $\boldsymbol{F}$ 在每个参与态 $|\psi_i\rangle$ 上的平均值 $\langle \varphi_i|\hat{F}|\varphi_i\rangle$。

（2）对其进行统计平均，即求出以各自概率出现的量子力学平均的平均(加权平均)

$$\langle \boldsymbol{F} \rangle = \sum_i p_i \langle \psi|\hat{F}|\psi\rangle \tag{1-88}$$

类似纯态的做法，可以得到

$$\langle \boldsymbol{F} \rangle = \sum_i \sum_j p_i \langle \psi_i|j\rangle\langle j|\hat{F}|\psi_i\rangle = \sum_j \langle j|\hat{F}[\sum_i |\psi_i\rangle p_i \langle \psi_i|]|j\rangle$$

定义 21 混合态下的密度算符为

$$\hat{\rho} = \sum_i |\psi_i\rangle p_i \langle \psi_i|,\ \sum_i p_i = 1 \tag{1-89}$$

则力学量 $\boldsymbol{F}$ 的平均值可以写成

$$\langle \boldsymbol{F} \rangle = \sum_j \langle j|\hat{F}[\sum_i |\psi_i\rangle p_i \langle \psi_i|]|j\rangle = \sum_j \langle j|\hat{F}\hat{\rho}|j\rangle = \mathrm{tr}(\hat{F}\hat{\rho}) \tag{1-90}$$

力学量 $\boldsymbol{F}$ 的取值概率为

$$p(f_i) = \sum_j |\langle \varphi_i|\psi_j\rangle|^2 p_j = \sum_j \langle \varphi_i|\psi_j\rangle p_j \langle \psi_j|\varphi_i\rangle = \langle \varphi_i|\rho|\varphi_i\rangle \tag{1-91}$$

注意到：上述两式与纯态有同样的形式，只是两种密度算符的定义不同。

1.8.4 密度算符的性质

性质 1 对于密度算符 ρ，有

$$\mathrm{tr}\,\rho = 1$$

$$\mathrm{tr}\,\rho^2 \begin{cases} = 1 \longrightarrow \text{纯态} \\ < 1 \longrightarrow \text{混合态} \end{cases} \tag{1-92}$$

性质 2 密度算符是厄米算符：

$$\rho^\dagger = (\textstyle\sum_i p_i |\phi_i\rangle\langle \phi_i|)^\dagger = \sum_i p_i |\phi_i\rangle\langle \phi_i| = \rho \tag{1-93}$$

若混合态是由一系列相互正交的态构成的，则密度算符的本征态就是参与混合态的那些态 $|\phi_i\rangle$，相应的本征值就是权重 p_i，即

$$\rho|\phi_i\rangle = p_i|\phi_i\rangle \tag{1-94}$$

性质 3　密度算符是半正定：

$$\langle\phi|\rho|\phi\rangle=\langle\phi|(\sum_i p_i|\phi_i\rangle\langle\phi_i|)|\phi\rangle=\sum_i p_i\langle\phi|\phi_i\rangle\langle\phi_i|\phi\rangle=\sum_i p_i|\langle\phi|\phi_i\rangle|^2\geqslant 0 \tag{1-95}$$

性质 4　密度算符可以进行谱分解。

1.8.5　量子力学性质的密度算符描述

1) 第一公设(态描述)

任意孤立的物理系统与 Hilbert 空间相关联。系统可以由作用在状态空间的密度算符完全描述。密度算符 ρ 是一个半正定、迹为 1 的算符。如果系统以概率 p_i 处于状态 ρ_i，则系统的密度算符为 $\sum_i p_i\rho_i$。

2) 第二公设(态演化)

若系统在某时刻状态为 ρ，经过一段时间变为 ρ'，则必有某幺正矩阵 $\boldsymbol{U}$，使得 $\rho'=\boldsymbol{U}\rho\boldsymbol{U}^\dagger$。

3) 第三公设(测量公设)

若系统在测量前的状态是 ρ，测量由算符 $\{M_i\}$ 描述，其中 i 表示可能出现的测量结果，测量算符满足完备性关系 $\sum_i M_i^\dagger M_i=I$，则测量得到 i 的概率为

$$p(i)=\mathrm{tr}(M_i^\dagger M_i\rho) \tag{1-96}$$

4) 第四公设(态空间扩展公设)

复合系统的状态空间是物理系统状态空间的张量积。若复合系统的子系统编号分别为 1～n，每个子系统 i 处于态 ρ_i，则复合系统态为 $\rho_1\otimes\rho_2\otimes\cdots\otimes\rho_n$。

密度算符在描述量子力学方面与态矢量等价，但是在描述未知状态的量子系统和复合系统的子系统这两个方面上，具有较为突出的作用。

1.8.6　约化密度算符

对于一个大的量子体系而言，我们感兴趣的物理量只与体系的一部分有关。约化密度算符是分析复合量子系统不可缺少的工具。

定义 22(约化密度算符)　假设有物理系统 A 和 B，其状态由密度算符 ρ^{AB} 描述，取密度算符 ρ^{AB} 对于子系统 B(A)的偏迹数，可以得到子系统 A(B)的约化密度算符为

$$\rho^{\mathrm{A}}=\mathrm{tr}_{\mathrm{B}}(\rho^{\mathrm{AB}})\qquad \rho^{\mathrm{B}}=\mathrm{tr}_{\mathrm{A}}(\rho^{\mathrm{AB}}) \tag{1-97}$$

式中，tr_{B} 是一个算符映射，称为在系统 B 上的偏迹(partial trace)。

定义 23(偏迹)　偏迹定义为

$$\begin{aligned}\rho^{\mathrm{B}}&=\mathrm{tr}_{\mathrm{A}}(\rho^{\mathrm{AB}})=\mathrm{tr}_{\mathrm{A}}(|\boldsymbol{a}_1\rangle\langle\boldsymbol{a}_2|\otimes|\boldsymbol{b}_1\rangle\langle\boldsymbol{b}_2|)=|\boldsymbol{b}_1\rangle\langle\boldsymbol{b}_2|\mathrm{tr}_{\mathrm{A}}(|\boldsymbol{a}_1\rangle\langle\boldsymbol{a}_2|)=|\boldsymbol{b}_1\rangle\langle\boldsymbol{b}_2|\langle\boldsymbol{a}_2|\boldsymbol{a}_1\rangle\\ \rho^{\mathrm{A}}&=\mathrm{tr}_{\mathrm{B}}(\rho^{\mathrm{AB}})=\mathrm{tr}_{\mathrm{B}}(|\boldsymbol{a}_1\rangle\langle\boldsymbol{a}_2|\otimes|\boldsymbol{b}_1\rangle\langle\boldsymbol{b}_2|)=|\boldsymbol{a}_1\rangle\langle\boldsymbol{a}_2|\mathrm{tr}_{\mathrm{B}}(|\boldsymbol{b}_1\rangle\langle\boldsymbol{b}_2|)=|\boldsymbol{a}_1\rangle\langle\boldsymbol{a}_2|\langle\boldsymbol{b}_2|\boldsymbol{b}_1\rangle\end{aligned} \tag{1-98}$$

式中，$|\boldsymbol{a}_1\rangle$ 和 $|\boldsymbol{a}_2\rangle$ 是空间 A 中任意两个向量；$|\boldsymbol{b}_1\rangle$ 和 $|\boldsymbol{b}_2\rangle$ 是空间 B 中任意两个向量。

一般来说，复合系统处于纯态，其子系统也可能为混合态。例如，前面提到的 Bell 态是一个两量子比特系统纯态：

$$\left|\psi^{+}\right\rangle=(1/\sqrt{2})(\left|0^{(1)}\right\rangle\left|1^{(2)}\right\rangle+\left|1^{(1)}\right\rangle\left|0^{(2)}\right\rangle) \tag{1-99}$$

其密度算符为

$$\begin{aligned}\rho=\left|\psi^{+}\right\rangle\left\langle\psi^{+}\right|=\frac{1}{2}(&\left|0^{(1)}\right\rangle\left|1^{(2)}\right\rangle\left\langle1^{(2)}\right|\left\langle0^{(1)}\right|+\left|0^{(1)}\right\rangle\left|1^{(2)}\right\rangle\left\langle0^{(2)}\right|\left\langle1^{(1)}\right|\\&+\left|1^{(1)}\right\rangle\left|0^{(2)}\right\rangle\left\langle1^{(2)}\right|\left\langle0^{(1)}\right|+\left|1^{(1)}\right\rangle\left|0^{(2)}\right\rangle\left\langle0^{(2)}\right|\left\langle1^{(1)}\right|)\end{aligned} \tag{1-100}$$

描述量子比特 1 的密度算符为

$$\begin{aligned}\rho^{(1)}&=\mathrm{tr}_{(2)}\rho\\&=\mathrm{tr}_{(2)}\frac{1}{2}(\left|0^{(1)}\right\rangle\left|1^{(2)}\right\rangle\left\langle1^{(2)}\right|\left\langle0^{(1)}\right|+\left|0^{(1)}\right\rangle\left|1^{(2)}\right\rangle\left\langle0^{(2)}\right|\left\langle1^{(1)}\right|+\left|1^{(1)}\right\rangle\left|0^{(2)}\right\rangle\left\langle1^{(2)}\right|\left\langle0^{(1)}\right|+\left|1^{(1)}\right\rangle\left|0^{(2)}\right\rangle\left\langle0^{(2)}\right|\left\langle1^{(1)}\right|)\\&=\frac{1}{2}(\left|0^{(1)}\right\rangle\left\langle0^{(1)}\right|\left\langle1^{(2)}\middle|1^{(2)}\right\rangle+\left|0^{(1)}\right\rangle\left\langle1^{(1)}\right|\otimes\left\langle0^{(2)}\middle|1^{(2)}\right\rangle+\left|1^{(1)}\right\rangle\left\langle0^{(1)}\right|\otimes\left\langle1^{(2)}\middle|0^{(2)}\right\rangle+\left|1^{(1)}\right\rangle\left\langle1^{(1)}\right|\otimes\left\langle0^{(2)}\middle|0^{(2)}\right\rangle)\\&=\frac{1}{2}(\left|0^{(1)}\right\rangle\left\langle0^{(1)}\right|+\left|1^{(1)}\right\rangle\left\langle1^{(1)}\right|)\end{aligned} \tag{1-101}$$

显然，该密度算符的平方迹小于 1，且它表示的状态不能用一个态矢表示，是一个混合态。

参 考 文 献

曾谨言，2000. 量子力学: 卷 I [M]. 第五版. 北京：科学出版社.

赖红，2020. 线性代数及其应用[M]. 北京：科学出版社.

张江, 2010.当概率成为复数: 量子概率简介.[EB/OL].http://www.swarmagents.cn/bs/upload/download.asp?id=220.

周世勋，2009. 量子力学教程[M]. 第二版. 北京：高等教育出版社.

Griffiths D J，Schroeter D F，2018. Introduction to Quantum Mechanics[M]. Cambridge：Cambridge University Press.

Nakahara M，2008. Quantum Computing: From Linear Algebra to Physical Realizations[M]. Boca Raton: CRC Press.

Nielsen M A，Chuang I L，2001. Quantum computation and quantum information[J]. Physics Today，54(2): 60.

Pathak A，2013. Elements of Quantum Computation and Quantum Communication[M]. London: Taylor & Francis.

Scherrer R，2006. Quantum Mechanics: An Accessible Introduction[M]. New Delhi: Pearson Education India.

第2章 量子算法

2.1 什么是量子算法?

比方说我们求解一个问题，一个 1kg 的铁球，从 3m 高的地方丢下来，多久接触地面？经典计算机的算法会利用物理学公式直接计算，而量子计算却是“模拟真实情况”，模拟一个铁球实际丢几次的情况。由第 1 章我们知道，量子有种特性叫叠加态，用二进制的说法就是同时表示 0 和 1。如果有 5 个量子都处于叠加态，那么就包含了 00000～11111(二进制) 所有数字的叠加，我们想要的答案，当然在里面。而我们使用的量子算法，类似于一种实验过程，发挥其物理特性，按我们设计的算法退出叠加态，有些退成了 A，有些退成了 B，最后测量到的 ABBAA(01100)就是计算结果。由于量子算法利用了量子的物理特性，所以我们可以让叠加态的量子高概率地塌陷到我们想要的结果上。

关键理解点：目前量子计算机不能脱离经典计算机独立存在，因为量子计算机的计算过程其实就是把算法设计成一个实验，而实验才是提速的原因，其本质就是换个思路把传统的计算设计成实验，然后观察实验结果。所以，全过程应该是用经典计算机进行一些状态的预处理，然后转化为合适的实验让量子计算机实现，实验完成后再用经典计算机处理实验结果，如果结果不理想(因为实验会有误差)，那就再做一次实验，最终获得想要的结果。量子计算机和经典计算机的一些属性如表 2-1 所示。

表 2-1　量子计算机和经典计算机的一些属性

属性	经典计算机	量子计算机
信息	逻辑比特	量子比特
门电路	逻辑门	量子逻辑门
基本操作	与或非	幺正操作
计算可逆性	不可逆计算	可逆计算
管理控制程序	操作系统 Windows、Linux 和 Mac 等	量子算法
计算模型	图灵机	量子图灵机

除此之外，根据摩尔定律，集成电路上可容纳的晶体管数目每隔 18～24 个月增加一倍，性能也相应增加一倍。例如，对于当前智能手机的 CPU 芯片来说，业内已经能够达到 5nm 的工艺节点，但是随着芯片元件集成度的不断提高，芯片内部单位体积内散热能力也相应降低，又因为现有材料散热速度优先，就会因“热耗效应”产生计算上限；另一方面，随着元器件尺寸的不断缩小，在纳米甚至更小尺度下经典计算世界的物理规律将不

再适用，进而产生“尺寸效应”；受到来自这两个方面的阻碍，再加之信息化社会的计算数据每日都在海量剧增，人类必须另觅他途，寻找新的计算方式，进而诞生了量子计算机与量子算法。

众所周知，经典算法理论本身和量子力学毫无关系，也完全不依靠物理学。但现在，量子算法利用量子力学许多基本特性，如相干叠加性、并行性、纠缠性、测量坍缩等，这些纯物理性质可为计算效率的提高带来极大帮助，形成一种崭新的计算模式。有些问题(如非结构化搜索问题和大数分解问题)依据经典计算复杂性理论，是不存在有效算法的，但在量子算法的框架里却找到了有效算法[如格罗弗(Grover)算法和肖尔(Shor)算法]。物理学和数学发展的历史都原本是物理学需要利用和依靠数学，现在则是量子力学的物理原理第一次帮助数学去突破数学理论原有的限制：通过量子计算，物理学在真正意义上帮助、发展和改进了计算数学。由此，经典计算复杂性理论需要做出重大修改，以便容纳这种崭新的量子计算理论。接下来就将学习量子计算领域中三个经典量子算法——Grover 算法、Shor 算法和 HHL(Harrow-Hassidim-Lloyd，哈罗-哈西迪姆-劳埃德)算法。

2.2 Grover 算法

2.2.1 背景介绍

遍历搜寻问题的任务是从一个海量元素的无序集合中，找到满足某种要求的元素。要验证给定元素是否满足要求很容易，但反过来查找这些合乎要求的元素则很费事，因为这些元素并没有按要求进行有序的排列，并且数量又很大。在经典算法中，只能按逐个元素试下去，这也正是“遍历搜寻”这一名称的由来。

量子计算机比传统计算机具有的众多优势之一是其可以优越的速度搜索数据库。1996 年，计算机科学家 Grover 提出一个量子搜索算法，通常称为 Grover 算法。该算法指的是从 N 个未分类的元素中寻找出某个特定的元素，即非结构化搜索(图 2-1)。由于很多问题都可以看作一个搜索问题，如寻找对称密码[数据加密标准(data encryption standard，DES)，高级加密标准(advanced encryption standard，AES)等]的正确密钥，搜索方程的最佳参数等，因此 Grover 算法的用途十分广泛。在量子计算领域中的影响仅次于 Shor 算法。该算法可以二次加速非结构化搜索问题，但其用途远不止于此。它可以用作一般技巧或子例程，以获得各种其他算法的二次运行时间改进，称为幅度放大技巧。

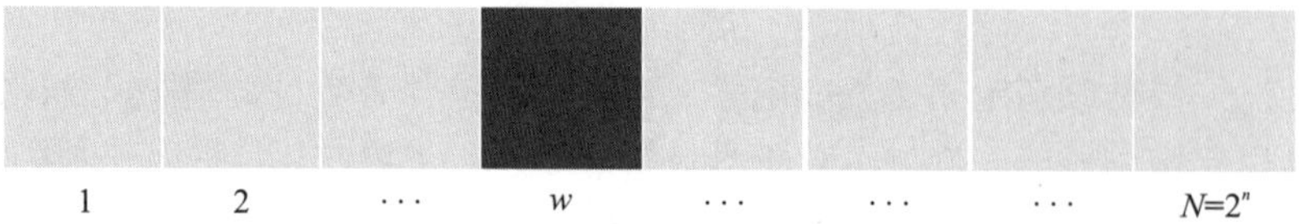

图 2-1 从 N 个未分类的元素中寻找出某个特定元素

在图 2-1 中，大量数据排成一行，我们希望找到类似图中深色框代表的元素，当然，也有可能不止一个，要使用经典计算找到深色框(标记元素)，则平均要检查 $N/2$ 次，最坏的情况是检查 $N-1$ 个元素，即经典搜索算法的时间复杂度为 $O(N)$。但是，在量子计算机上，我们可以使用 Grover 算法的幅度放大技巧以大约 $\sqrt{N}$ 的步长找到标记元素，即 Grover 算法的时间复杂度为 $O(\sqrt{N})$。二次加速确实能节省大量搜索长列表中标记元素的时间。另外，该算法不使用列表的内部结构，这使其具有通用性。这就是为什么它可以为许多经典问题提供二次量子加速的原因。

2.2.2　经典搜索算法的一般形式

一个有 N 个元素的搜索空间，为每个元素添加索引 $0\sim N-1$，假设 $N=2^n$，不满足就补齐，这样索引就可以用一个 n 比特寄存器存储，如图 2-2 所示。

图 2-2　经典搜索算法的示意图

搜索过程可以用如下一个数学函数来描述：

$$f(x)=\begin{cases}1, & \text{索引}x\text{对应的元素符合条件，}\\0, & \text{索引}x\text{对应的元素不符合条件。}\end{cases}$$

这里自变量 x 是整数 $0\sim N-1$，代表搜索空间的索引，遍历索引 $0\sim N-1$，计算 $f(x)$ 的值，找出符合条件的元素(表 2-2)，但需要满足如下两个假设：①根据索引可以很容易地访问搜索空间中的元素，这里很容易是指以数组存储该表格即可；②对每个元素，可以很轻易[在 $O(1)$ 时间内]地判断它是否为搜索问题的答案，做出此判断的黑箱叫作 Oracle(黑匣子、数据库、预言)。

表 2-2　索引的 n bit 二进制形式和元素的对应关系

索引	索引的 n bit 二进制形式	元素
0	00…00	元素 0
1	00…01	元素 1
2	00…10	元素 2
⋮	⋮	⋮
$N-2$	11…10	元素 $N-2$
$N-1$	11…11	元素 $N-1$

【例 1】假设有一个映射 f:{0,1}，当 $N=4$ 时，假如 $f(0)=0, f(1)=1, f(2)=0, f(3)=1$，我们的目的就是找到 $f(x)=1$ 的解，这就是一个搜索问题。在这个例题中，索引 1、3 就是

搜索解，而且只要搜索到一个解即可。

2.2.3 Grover 算法中的 Oracle

假设被查找的集合为：$\{|i\rangle\}=\{|0\rangle,|1\rangle,\cdots,|N-1\rangle\}$，且有一个量子 Oracle 可以识别搜索问题的解，并通过 Oracle 的计算结果 $f(x)$ 利用二进制加法编码到一个 Oracle 量子比特 $|q\rangle$ 上，$|x\rangle$（称作索引态）是由 n 个量子比特组成的量子态，可以将 Oracle 定义为

$$|x\rangle|q\rangle\xrightarrow{\text{Oracle}}|x\rangle|q\oplus f(x)\rangle \tag{2-1}$$

式中，$|q\rangle$ 是一个结果寄存器。这里的 Oracle 具有如下三个特性：①接收索引态（及其叠加态）输入，能够分辨该索引对应的元素是否符合条件；②量子 Oracle 判断的结果 $f(x)$ 将编码到一个 Oracle 量子比特 $|q\rangle$ 上；③Oracle 的操作对应一个酉变换，算符为 O，可以并行处理叠加态。

在量子搜索算法中，当选择 $|q\rangle$ 的初始态为 $(|0\rangle-|1\rangle)/\sqrt{2}$ 时，则有以下结论：

(1) Oracle 输出为 1 时，得到 $|x\rangle(|0\rangle-|1\rangle)/\sqrt{2}\rightarrow-|x\rangle(|0\rangle-|1\rangle)/\sqrt{2}$，即增加了系数 -1；

(2) Oracle 输出为 0 时，得到 $|x\rangle(|0\rangle-|1\rangle)/\sqrt{2}\rightarrow|x\rangle(|0\rangle-|1\rangle)/\sqrt{2}$，即保持不变。

因此，Oracle 可以换一种表示方式，即

$$|x\rangle\left(\frac{|0\rangle-|1\rangle}{\sqrt{2}}\right)\xrightarrow{\text{Oracle}}(-1)^{f(x)}|x\rangle\left|\frac{|0\rangle-|1\rangle}{\sqrt{2}}\right\rangle \tag{2-2}$$

由此可得，Oracle 的作用是通过改变解的相位，标记搜索问题的解。

2.2.4 Grover 算法中的阿达马（Hadamard）变换

$H^{\otimes n}$ 表示对 n 个 qubit（量子比特）同时做阿达马门操作（图 2-3），H 表示 Hadamard。回忆第 1 章学过的阿达马门的矩阵表示为 $\boldsymbol{H}=\frac{1}{\sqrt{2}}\begin{bmatrix}1&1\\1&-1\end{bmatrix}$，且有

$$\boldsymbol{H}|0\rangle=\begin{bmatrix}1&1\\1&-1\end{bmatrix}\begin{bmatrix}1\\0\end{bmatrix}=\frac{1}{\sqrt{2}}\begin{bmatrix}1\\1\end{bmatrix}=\frac{|0\rangle+|1\rangle}{\sqrt{2}},\quad \boldsymbol{H}|1\rangle=\begin{bmatrix}1&1\\1&-1\end{bmatrix}\begin{bmatrix}0\\1\end{bmatrix}=\frac{1}{\sqrt{2}}\begin{bmatrix}1\\-1\end{bmatrix}=\frac{|0\rangle-|1\rangle}{\sqrt{2}}。$$

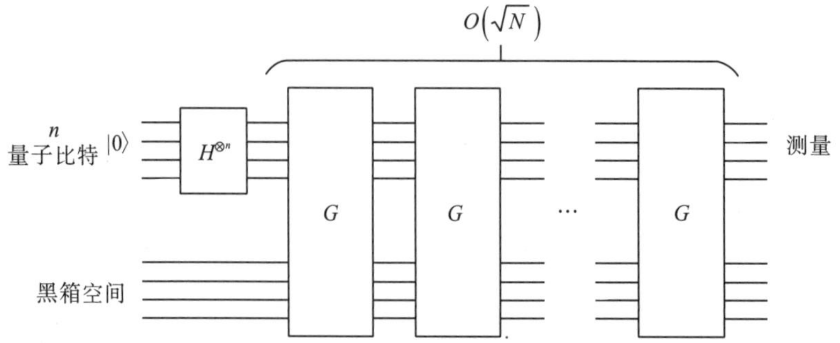

图 2-3 Grover 算法的电图示意图

$H^{\otimes n}$ 的目的是构建索引的等权重叠加态，让 0~ $N-1$ 共 N 个索引以等权重出现在同一个叠加态中，只有这样才能进行量子并行处理，详细解释如下：

$$H^{\otimes 1}|0\rangle=\begin{bmatrix}1 & 1\\ 1 & -1\end{bmatrix}\begin{bmatrix}1\\ 0\end{bmatrix}=\frac{1}{\sqrt{2}}\begin{bmatrix}1\\ 1\end{bmatrix}=\frac{|0\rangle+|1\rangle}{\sqrt{2}}$$

$$\begin{aligned}
H^{\otimes 2}|00\rangle &=\frac{|0\rangle+|1\rangle}{\sqrt{2}}\otimes\frac{|0\rangle+|1\rangle}{\sqrt{2}}=\frac{|00\rangle+|01\rangle+|10\rangle+|11\rangle}{\sqrt{2^2}}=\frac{|0\rangle+|1\rangle+|2\rangle+|3\rangle}{\sqrt{2^2}}\\
H^{\otimes 3}|000\rangle &=\frac{|0\rangle+|1\rangle}{\sqrt{2}}\otimes\frac{|0\rangle+|1\rangle}{\sqrt{2}}\otimes\frac{|0\rangle+|1\rangle}{\sqrt{2}}\\
&=\frac{|000\rangle+|001\rangle+|010\rangle+|011\rangle+|100\rangle+|101\rangle+|110\rangle+|111\rangle}{\sqrt{2^3}}\\
&=\frac{|0\rangle+|1\rangle+|2\rangle+|3\rangle+|4\rangle+|5\rangle+|6\rangle+|7\rangle}{\sqrt{2^3}}\\
&\vdots\\
H^{\otimes n}|00\cdots 0\rangle &=\sum_{x=0}^{N-1}\frac{1}{\sqrt{2^n}}|x\rangle=\frac{1}{\sqrt{N}}\sum_{x}|x\rangle=|\psi\rangle
\end{aligned} \tag{2-3}$$

当查询寄存器由初态经过阿达马门后，其将变成所有可能情况的等额叠加态，即包含着所有搜索问题的解与非搜索问题的解，记为

$$|0\rangle^{\otimes n}\xrightarrow{\text{阿达马}}|\psi\rangle=\frac{1}{\sqrt{N}}\sum_{x}|x\rangle \tag{2-4}$$

2.2.5　Grover 迭代的内部操作细节

Grover 迭代的内部操作示意图如图 2-4 所示。

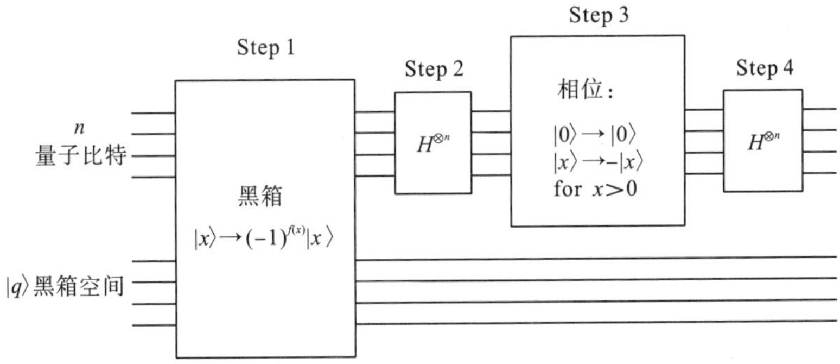

图 2-4　Grover 迭代的内部操作示意图

Step1：当 $|q\rangle$ 的初始态为 $(|0\rangle-|1\rangle)/\sqrt{2}$ 时，Oracle 的效果等价于施加如下酉变换：$|x\rangle\left(\frac{|0\rangle-|1\rangle}{\sqrt{2}}\right)\xrightarrow{\text{Oracle}}(-1)^{f(x)}|x\rangle\left|\frac{|0\rangle-|1\rangle}{\sqrt{2}}\right\rangle$，用算符 O 来表示第一步。

Step2：n 个 qubit 的阿达马变换。

Step3：N 个索引态中，若是 $|0\rangle$ 态，则保持不变，若是其他态，则增加一个 -1 相位；其算符表示为：$2|0\rangle\langle 0|-\boldsymbol{I}=\begin{bmatrix} 1 & 0 \\ 0 & -1 \end{bmatrix}$ ［豪斯霍尔德(Householder)算符］。

Step4：n 个 qubit 的阿达马变换。

将 Step2～Step4 结合后的效应为

$$H^{\otimes n}(2|0\rangle\langle 0|-\boldsymbol{I})H^{\otimes n}=2H^{\otimes n}|0\rangle\langle 0|H^{\otimes n}-\boldsymbol{I}=2|\psi\rangle\langle\psi|-\boldsymbol{I} \tag{2-5}$$

于是一次 Grover 迭代的操作算符 G 等价于

$$G=(2|\psi\rangle\langle\psi|-\boldsymbol{I})O \tag{2-6}$$

2.2.6 Grover 算法的二维几何表示

将所有非搜索问题 $(N-M)$ 的解定义为一个量子态 $|\alpha\rangle$，记为

$$|\alpha\rangle=\frac{1}{\sqrt{N-M}}\sum_{\substack{i=0\\ i\neq x}}^{N-M}|i\rangle \tag{2-7}$$

那么，将所有搜索问题 M 的解定义为一个量子态 $|\beta\rangle$，且 $|\alpha\rangle$ 与 $|\beta\rangle$ 正交，初态 $|\psi\rangle$ 可重新表示为

$$|\psi\rangle=\sqrt{\frac{N-M}{N}}|\alpha\rangle+\sqrt{\frac{M}{N}}|\beta\rangle \tag{2-8}$$

此时，初态 $|\psi\rangle$ 属于 $|\alpha\rangle$ 与 $|\beta\rangle$ 张成的空间，如图 2-5 所示，可以用平面向量表示这三个量子态。

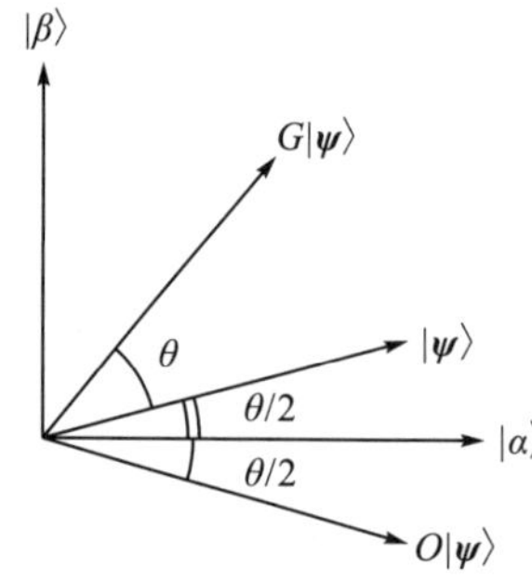

图 2-5 量子态在平面上的表示

我们已经知道 Oracle 的作用是通过改变解的相位，标记搜索问题的解，相当于在 $|\beta\rangle$ 内每一个态前均增加一个负号，将所有的负号提出来，有

$$|\psi\rangle\xrightarrow{\text{Oracle}}\sqrt{\frac{N-M}{N}}|\alpha\rangle-\sqrt{\frac{M}{N}}|\beta\rangle \tag{2-9}$$

对应在图 2-5 所示的二维坐标系中，Oracle 作用后相当于将 $|\psi\rangle$ 做关于 $|\alpha\rangle$ 轴的对称操作(第一种对称操作)；此时，还不能将量子态从 $|\psi\rangle$ 变为 $|\beta\rangle$，还需要另一种对称操作，

即量子态关于$|\psi\rangle$的对称操作(第二种对称操作)，即首先将量子态经过一个阿达马门，然后再对量子态进行一个相位变换，$|0\rangle^{\otimes n}$态的系数保持不变，其他的量子态的系数增加一个负号，相当于$2|0\rangle\langle 0|-\boldsymbol{I}=\begin{bmatrix}1 & 0\\ 0 & -1\end{bmatrix}$变换。如果取$|0\rangle=\begin{bmatrix}1\\ 0\end{bmatrix}$，不难发现$2|0\rangle\langle 0|-\boldsymbol{I}$对应于 Pauli 算符$\sigma_z$，即$\boldsymbol{Z}$门演算。最后，再经过一个阿达马门。此时，便实现了将量子态关于$|\psi\rangle$对称的操作。这两种对称操作，合在一起称为一次 Grover 迭代(图 2-6)。

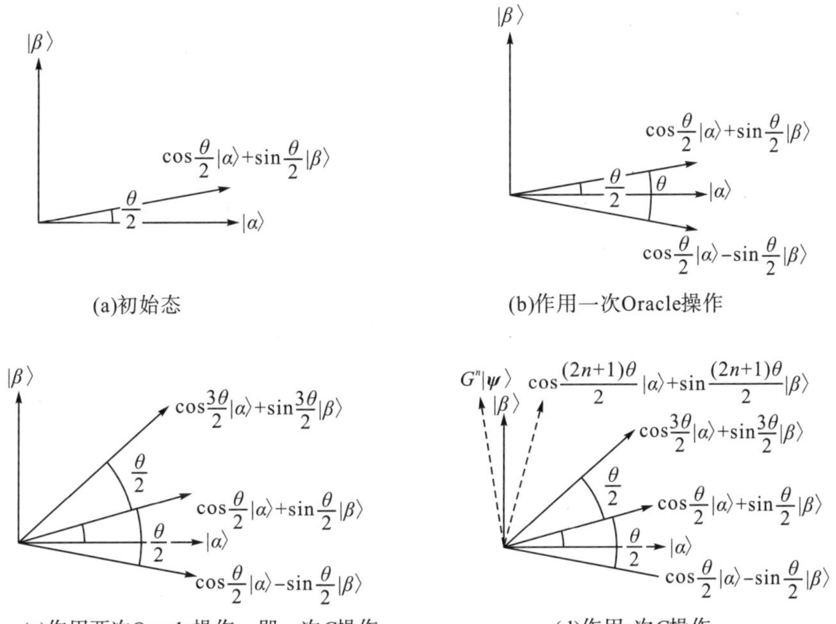

图 2-6　基于离散变量的 Grover 量子搜索算法的几何示意图

假设初态$|\psi\rangle$可以表示为

$$|\psi\rangle=\cos\frac{\theta}{2}|\alpha\rangle+\sin\frac{\theta}{2}|\beta\rangle \tag{2-10}$$

对比前面初态$|\psi\rangle$的表示，不难发现$\cos\frac{\theta}{2}=\sqrt{\frac{N-M}{N}},\sin\frac{\theta}{2}=\sqrt{\frac{M}{N}}$。再根据图 2-6，不难看出，每一次 Grover 迭代，可以使量子态逆时针旋转θ [即$G^1|\psi\rangle=\cos\left(\frac{3\theta}{2}\right)|\alpha\rangle+\sin\left(\frac{3\theta}{2}\right)|\beta\rangle$]，原因如下：在$|\alpha\rangle$和$|\beta\rangle$为基底的二维 Hilbert 空间中，$\boldsymbol{O}$的矩阵形式为$\begin{bmatrix}1 & 0\\ 0 & -1\end{bmatrix}$，$2|\psi\rangle\langle\psi|-\boldsymbol{I}$的矩阵形式为$2\begin{bmatrix}\cos\frac{\theta}{2}\\ \sin\frac{\theta}{2}\end{bmatrix}\begin{bmatrix}\cos\frac{\theta}{2} & \sin\frac{\theta}{2}\end{bmatrix}-\begin{bmatrix}1 & 0\\ 0 & 1\end{bmatrix}=\begin{bmatrix}\cos\theta & \sin\theta\\ \sin\theta & -\cos\theta\end{bmatrix}$，于是$\boldsymbol{G}=(2|\psi\rangle\langle\psi|-\boldsymbol{I})\boldsymbol{O}$的

矩阵形式为$\begin{bmatrix}\cos\theta & \sin\theta \\ \sin\theta & -\cos\theta\end{bmatrix}\begin{bmatrix}1 & 0 \\ 0 & -1\end{bmatrix}=\begin{bmatrix}\cos\theta & -\sin\theta \\ \sin\theta & \cos\theta\end{bmatrix}$，这正是二维平面内逆时针旋转$\theta$的操作。那么，进行$k$次 Grover 迭代后，末态为

$$\boldsymbol{G}^k|\psi\rangle=\cos\left(\frac{2k+1}{2}\theta\right)|\alpha\rangle+\sin\left(\frac{2k+1}{2}\theta\right)|\beta\rangle \tag{2-11}$$

我们的目的是经过若干次 Grover 迭代操作后，$|\psi\rangle$尽可能接近$|\beta\rangle$，即$\sin\frac{2k+1}{2}\theta\approx\sin\frac{\pi}{2}=1$，那么需要逆时针旋转$\frac{\pi-\theta}{2}$，因为$\cos\frac{\pi-\theta}{2}=\sin\frac{\theta}{2}=\sqrt{\frac{M}{N}}$，也就是需要旋转$\frac{\arccos\left(\sqrt{\frac{M}{N}}\right)}{\theta}$次。取$N\gg M$的情况，$\sin\frac{\theta}{2}\approx\frac{\theta}{2}\Rightarrow\frac{\theta}{2}\approx\sqrt{\frac{M}{N}}$即$\theta\approx2\sqrt{\frac{M}{N}},\arccos\left(\sqrt{\frac{M}{N}}\right)\approx\frac{\pi}{2}$，则需要迭代$\frac{\pi}{4}\sqrt{\frac{N}{M}}$，即时间复杂度为$O\left(\sqrt{\frac{N}{M}}\right)$。注意$\frac{\arccos\left(\sqrt{\frac{M}{N}}\right)}{\theta}\approx\frac{\pi}{4}\sqrt{\frac{N}{M}}$并不一定是整数，且实际上$|\psi\rangle$只能尽可能接近$|\beta\rangle$（图 2-6），无法真的变成$|\beta\rangle$，但我们可以估计出概率幅误差最大为$\frac{M}{N}=\sin^2\frac{\theta}{2}$，所以量子搜索算符实际上是一种概率性算法。

结合振幅示意图 2-7～图 2-9，可以更加清晰地看出 Grover 算法的一次迭代过程。

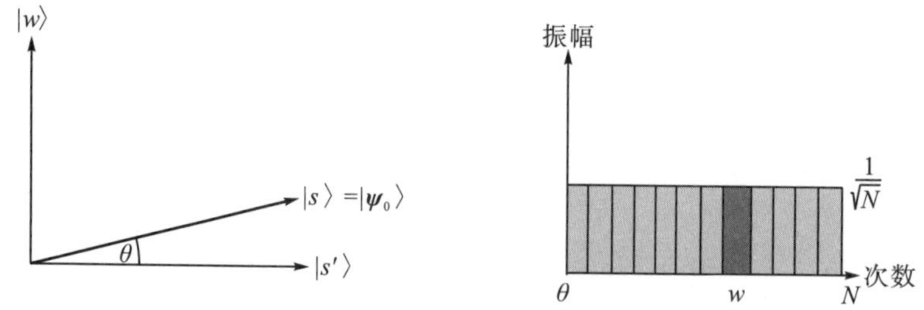

图 2-7 初始未经变换和迭代的二维图(左)和振幅图(右)

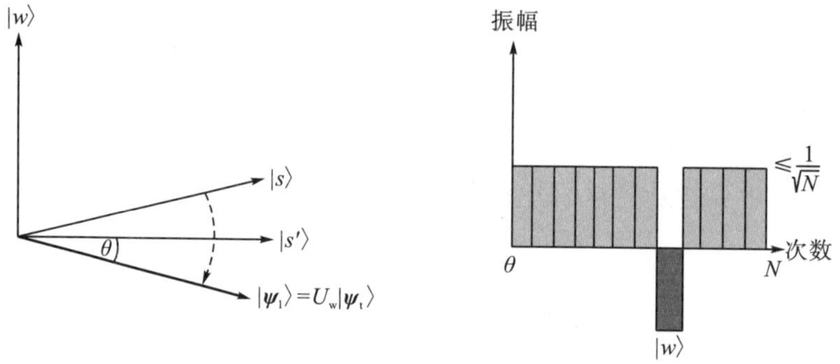

图 2-8 Oracle 作用后第一种翻转(左)及此时虚线表示的平均振幅(右)

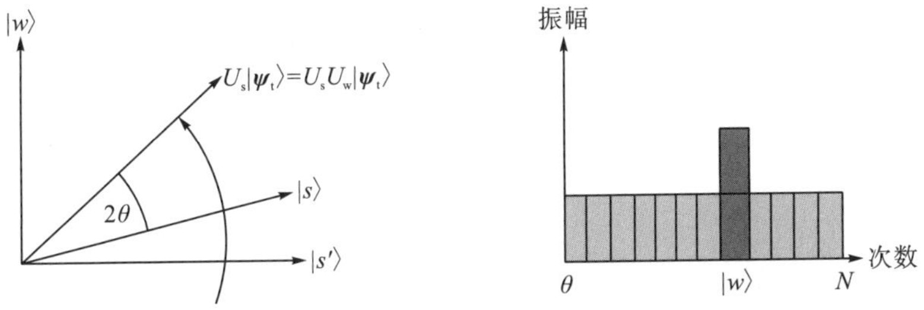

图 2-9　经过第二种翻转操作，第一次迭代末态结果靠近 $|w\rangle$ 轴

2.3　Shor 算法

1994 年，应用数学家 Shor 提出了一个实用的量子算法，通常称为 Shor 算法。Shor 算法的重要之处在于可以结合量子计算机破解被最广泛使用的公开密钥加密方法——RSA（Rivest-Shamir-Adelman，李维斯特-萨莫尔-阿德曼）加密算法。其思想是将整数质因子分解问题转化为求解量子傅里叶变换的周期，将多个输入制备为量子态叠加，进行并行处理和操作，从而达到了量子加速的目的，它的主要应用也在密码学领域。

2.3.1　RSA 公钥密码体系及安全性

公钥密码系统的安全性主要取决于构造算法所依赖的数学问题，它要求加密函数具有单向性（即求逆的困难性），因而密码分析者要从公开密钥得到秘密密钥，对于目前经典计算机的计算能力来说是不可行的。

RSA 算法的核心思想可以简单描述为：两个素数相乘很容易，但是反过来分解为两个素数相乘却很困难，特别是需要分解的数非常大。比如，得到104322269 和1998585857 的乘积很容易：

$$104322269\times1998585857=208497011393549533$$

但是反过来分解，则非常困难：

$$208497011393549533=104322269\times1998585857$$

了解了以上知识后，不妨学习一下 RSA 算法的原理。

RSA 密码体系的基本原理是：找到两个大素数 p 和 q（进行素性检查），并计算

$$n=p\times q,\quad \varphi(n)=(p-1)(q-1) \tag{2-12}$$

(1) 随机选择一个小于 $\varphi(n)$ 但与 $\varphi(n)$ 互素的正整数，选取公钥 e，计算私钥 d 利用 $ed=1\bmod\varphi(n)$，得到公钥为 $\{n,e\}$，私钥为 $\{p,q,d\}$。

(2) 宣布公钥 $(e,\ n)$，满足条件 $\gcd(\varphi(\text{n}),e)=1$。

(3) 加密：利用加密密钥 e 将明文 m 加密，即 $m^e\bmod(n)=y$。

(4) 解密：利用解密密钥 d，

$$y=m^e\bmod(n)\Rightarrow y^d=(m^e)^d\bmod(n)=m^{ed}\bmod(n)=m \tag{2-13}$$

例如，需要传递的明文为$m=13$，根据上述过程，构造公钥和私钥。

令$p=3$，$q=5$，那么有$n=p\times q=15$，$\varphi=(p-1)\times(q-1)=8$。取满足条件的$e=7$，那么$d=7$（注：现实中的RSA中的加密密钥和解密密钥未必相等），因此公钥为$(7,15)$，私钥为$(7,15)$。利用公钥加密得到的数据是$y=13^7\bmod 15=7$，再对其进行解密为$m=7^7\bmod 15=13$。

2.3.2 Shor算法理论分析

完整的Shor算法是需要经典计算机和量子计算机协作完成的，其中量子计算机实现一个周期查找的函数，经典计算机负责整个算法流程的控制，以及调用量子算法。我们可以简单地将Shor算法分成两个部分：①第一部分是将因子分解问题转化成周期问题，这部分可以用传统方式实现；②第二部分则是使用量子手段来搜寻这个周期，这一部分是Shor算法中体现量子加速的主要部分。

1）因数分解

假设待分解的整数为N，分解步骤为：

(1)选择$1<a<N$中的任意数字；

(2)计算$\gcd(a,N)$，要满足$\gcd(a,N)=1$，即a与N互质，否则，返回第(1)步；

(3)构造函数$f(x)=a^x\bmod N$，并且寻找最小周期r，使得$f(x+r)=f(x)$（该步骤为量子计算部分，即将问题转化为$a^r=1\bmod N$）；

(4)若r为奇数，则返回第(1)步；

(5)若r为偶数，则有$a^r=1\bmod N\Rightarrow(a^{\frac{r}{2}}+1)(a^{\frac{r}{2}}-1)=kN$。若$a^{\frac{r}{2}}\bmod N=-1$，返回第(1)步；若$a^{\frac{r}{2}}\bmod N\neq-1$，则所求的质因数为$p=\gcd\left(a^{\frac{r}{2}}+1,N\right)$，$q=\gcd\left(a^{\frac{r}{2}}-1,N\right)$，至此，完成分解。

Shor算法的关键之处在于将“素数因子分解问题”转化为利用量子傅里叶变换求解$f(x)$的周期，所以只要找到该周期，就能完成分解。

【例2】利用Shor算法对$N=15$进行分解。

不妨取$a=7$，其满足$\gcd(7,15)=1$，因此构造函数为$f(x)=7^x\bmod 15$，有：

$$f(0)=7^0\bmod 15=1,f(1)=7^1\bmod 15=7,f(2)=7^2\bmod 15=4,f(3)=7^3\bmod 15=13,$$
$$f(4)=7^4\bmod 15=1,f(5)=7^5\bmod 15=7,f(6)=7^6\bmod 15=4,f(7)=7^7\bmod 15=13,$$
$$f(8)=7^8\bmod 15=1,f(9)=7^9\bmod 15=7,f(10)=7^{10}\bmod 15=4,f(11)=7^{11}\bmod 15=13,$$
$$f(12)=7^{12}\bmod 15=1,f(13)=7^{13}\bmod 15=7,f(14)=7^{14}\bmod 15=4,f(15)=7^{15}\bmod 15=13$$

不难看出，周期$r=4$，且$a^{\frac{r}{2}}\bmod N=7^{\frac{4}{2}}\bmod 15=4\neq1$，那么有

$$p=\gcd(50,15)=5,\quad q=\gcd(48,15)=3$$

传统计算机储存的是数据，而量子计算机储存的是分解后的结果，这一步不需要任何计算成本。量子计算机在分解的时候其实就是储存的过程，每个正交状态对应一个素数，存储的过程自然就分解了这个数。尽量不要把1，0的传统概念套上去，并不利于理解。

比如 15 怎么在量子态下表示？首先找到对应的正交态，这自然是素数了，15=3×5，那么 $|15\rangle=|3\rangle+|5\rangle$ 就可以了，这里的正交态对应的就是传统的 1，0。

2) 周期求取与量子傅里叶变换(quantum Fourier transform，QFT)

对两组有 m 个量子比特的存储器进行控制非门操作变换得到纠缠状态：

$$\sum_{i=0}^{2^m-1}|x_i\rangle\otimes|f(x_i)\rangle, f(x)=a^x \bmod N \tag{2-14}$$

对量子位进行傅里叶变换，即

$$\mathrm{QFT}:|x\rangle\to\frac{1}{\sqrt{2^m}}\sum_{k=0}^{2^m-1}\mathrm{e}^{2\pi\mathrm{i}kx/2^m}|k\rangle \tag{2-15}$$

可以看出，量子傅里叶变换就是将态前面的叠加系数变为原叠加系数的离散傅里叶变换。

将两个寄存器 R_1 和 R_2 初始化为 0，即

$$|\Psi_0\rangle=|R_1\rangle|R_2\rangle=|0\rangle|0\rangle=|00\cdots\rangle|00\cdots\rangle \tag{2-16}$$

式中，R_1 存放函数的输入变量并通过 H 变换将这些输入变量制备成等权重叠加态，R_2 存放计算结果，即有

$$H:|\Psi_0\rangle\to|\Psi_1\rangle=\frac{1}{\sqrt{2^m}}\sum_{x=0}^{2^m-1}|x\rangle|0\rangle \tag{2-17}$$

然后，对 $|R_1\rangle$ 作控制非门操作变换，并将结果存入 R_2，有

$$U_f:|\Psi_1\rangle\to|\Psi_2\rangle=\frac{1}{\sqrt{2^m}}\sum_{x=0}^{2^m-1}|x\rangle|0\oplus f(x)\rangle=\frac{1}{\sqrt{2^m}}\sum_{x=0}^{2^m-1}|x\rangle|f(x)\bmod N\rangle \tag{2-18}$$

此时，R_1 和 R_2 处于纠缠状态。

利用 $f(x)$ 的周期性 $f(x)=f(x+r)=f(x+2r)=\cdots$，有

$$\begin{aligned}\frac{1}{\sqrt{2^m}}\sum_{x=0}^{2^m-1}|x\rangle|a^x\bmod N\rangle&=\frac{1}{\sqrt{2^m}}\sum_{x=0}^{r-1}(|x\rangle+|x+r\rangle+\cdots+|x+(n-1)r\rangle)|f(x)\bmod N\rangle\\&=\frac{1}{\sqrt{r}}\sum_{x=0}^{r-1}\frac{1}{\sqrt{n}}\sum_{j=0}^{n-1}|x+jr\rangle|f(x)\bmod N\rangle\end{aligned} \tag{2-19}$$

对存储 $f(x)$ 的寄存器进行测量得到一个态 $f(x_0)$，那么测量后的系统量子态为

$$|\psi\rangle=\frac{1}{\sqrt{n}}\sum_{j=0}^{n-1}|x_0+jr\rangle f(x_0) \tag{2-20}$$

此时两个寄存器是分离态，不再是纠缠态。对寄存器 R_1 做量子傅里叶变换。Shor 算法的核心就是利用了量子傅里叶变换的并行性。这里我们先介绍一下“离散傅里叶变换”。

(1) 离散傅里叶变换。

一组复数序列：$\{f(0),f(1),\cdots,f(j),\cdots,f(N-1)\}$

离散傅里叶序列：$\{\tilde{f}(0),\tilde{f}(1),\cdots,\tilde{f}(j),\cdots,\tilde{f}(N-1)\}$

离散傅里叶变换：$\tilde{f}(k)=\frac{1}{\sqrt{N}}\sum_{j=0}^{N-1}\mathrm{e}^{\mathrm{i}\frac{2\pi k}{N}j}f(j)$，其中 $\frac{2\pi k}{N}$，$(k=0,1,\cdots,N-1)$，一般称为波矢。

(2) 量子傅里叶变换。定义作用于 $N(N=2^n)$ 个量子比特寄存器上的幺正算符 F:

$$F(|j\rangle)=\frac{1}{\sqrt{2^n}}\sum_{k=0}^{2^n-1}\mathrm{e}^{\mathrm{i}\frac{2\pi j}{2^n}k}|k\rangle \tag{2-21}$$

是量子傅里叶变换。

任意一个量子态:

$$|\psi\rangle=\sum_j f(j)|j\rangle \tag{2-22}$$

做量子傅里叶变换可得

$$\begin{aligned}F(|\psi\rangle)&=\sum_j f(j)|j\rangle=\sum_j f(j)F(|j\rangle)=\sum_j f(j)\frac{1}{\sqrt{2^n}}\sum_{k=0}^{2^n-1}\mathrm{e}^{\mathrm{i}\frac{2\pi j}{2^n}k}|k\rangle\\&=\sum_{k=0}^{2^n-1}\left[\frac{1}{\sqrt{2^n}}\sum_j \mathrm{e}^{\mathrm{i}\frac{2\pi j}{2^n}k}f(j)\right]|k\rangle=\sum_{k=0}^{2^n-1}\tilde{f}(k)|k\rangle\end{aligned} \tag{2-23}$$

(3) Shor 算法原理。我们回到对寄存器 R_1 做量子傅里叶变换。变换之前，先明确一下寄存器 R_1 可以表示为 $|\phi\rangle=\frac{1}{\sqrt{n}}\sum_{j=0}^{n-1}|x_0+jr\rangle$，按前面刚介绍的量子傅里叶变换的定义:

$$F(|x_0+jr\rangle)=\frac{1}{\sqrt{2^n}}\sum_{k=0}^{2^n-1}\mathrm{e}^{\mathrm{i}\frac{2\pi k}{2^n}(x_0+jr)}|k\rangle \tag{2-24}$$

所以，

$$\begin{aligned}F(|\phi\rangle)&=\frac{1}{\sqrt{n}}\sum_{j=0}^{n-1}\left(\frac{1}{\sqrt{N}}\sum_{j=0}^{N-1}\mathrm{e}^{\mathrm{i}\frac{2\pi k}{N}x_0}\mathrm{e}^{\mathrm{i}\frac{2\pi k}{N}jr}|k\rangle\right)=\frac{1}{\sqrt{N}}\sum_{j=0}^{N-1}\mathrm{e}^{\mathrm{i}\frac{2\pi k}{N}x_0}|k\rangle\left(\frac{1}{\sqrt{n}}\sum_{j=0}^{n-1}\mathrm{e}^{\mathrm{i}\frac{2\pi k}{N}jr}\right)\\&=\frac{1}{\sqrt{N}}\sum_{j=0}^{N-1}\mathrm{e}^{\mathrm{i}\frac{2\pi k}{N}x_0}|k\rangle\left(\frac{1}{\sqrt{n}}\sum_{j=0}^{n-1}\mathrm{e}^{\mathrm{i}\frac{2\pi k}{n}jr}\right)\end{aligned} \tag{2-25}$$

注意式 (2-25) 的括号里面进一步可写为

$$\sum_{j=0}^{n-1}\mathrm{e}^{\mathrm{i}\frac{2\pi k}{n}j}=n\delta_{\mathrm{mod}(k,n),0} \tag{2-26}$$

其中，mod (k,n) 为取余计算，最终有

$$F(|\phi\rangle)=\frac{1}{\sqrt{N}}\sum_{j=0}^{N-1}\mathrm{e}^{\mathrm{i}\frac{2\pi k}{N}x_0}|k\rangle(\sqrt{n}\delta_{\mathrm{mod}(k,n),0})=\frac{1}{\sqrt{r}}\sum_{k=0}^{r-1}\mathrm{e}^{\mathrm{i}\frac{2\pi k}{r}x_0}|kn\rangle \tag{2-27}$$

注意这时候，量子相干性选择了一些特定的频率(我们在后面的例子中会明显看出)。

我们发现，这时候如果对 $F(|\phi\rangle)$ 做测量，将以等概率给出 r 个 $|kn\rangle$，测量结果为 $kn=c$(注意，我们的测量结果只会是一个数 c，无法单独得到 k 和 n):

$$\frac{c}{N}=\frac{kn}{N}=\frac{k}{r} \tag{2-28}$$

上述过程可解释为将 $\frac{c}{N}$ 化为不可约分数，则分母即为 r。数论告诉我们此事发生的概率为 $\frac{1}{\log\log r}$。若 $\gcd(k,r)\neq 1$，则计算失败，重新计算。若 $\gcd(k,r)=1$，则可以求出 r。最大的 r 记为所求的 $f(x)$ 的周期。

将 Shor 算法用于例 2 可得

$$|\Psi_3\rangle=\frac{1}{\sqrt{2^4}}\sum_{x=0}^{2^4-1}|x\rangle|a^x \bmod N\rangle=\frac{1}{\sqrt{2^4}}(|0,1\rangle+|1,7\rangle+|2,4\rangle+|3,13\rangle+|4,1\rangle+\cdots+|15,13\rangle)$$

$$=\frac{1}{\sqrt{2^4}}\left[(|0\rangle+|4\rangle+|8\rangle+|12\rangle)\otimes|1\rangle+\cdots\right]$$

利用投影算符 $P_{|1\rangle}=|1\rangle\langle 1|$（图 2-10），有

$$|\Psi_4\rangle=\frac{1}{\sqrt{2^4}}=\frac{1}{\sqrt{2^4}}(|0\rangle+|4\rangle+|8\rangle+|12\rangle)\otimes(|1\rangle\langle 1|)|1\rangle$$

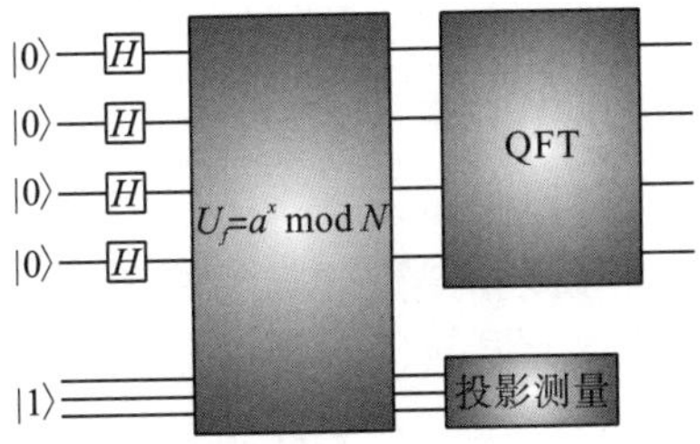

图 2-10　当 n=15 时，Shor 算法的量子逻辑门组合

已知，对 $|x\rangle$ 做傅里叶变换为

$$\text{QFT}:|x\rangle\to\frac{1}{\sqrt{2^m}}\sum_{k=0}^{2^m-1}e^{2\pi ikx/2^m}|k\rangle=\frac{1}{\sqrt{2^4}}\sum_{k=0}^{2^4-1}e^{2\pi ikx/16}|k\rangle$$

那么对 $|0\rangle$，$|4\rangle$，$|8\rangle$，$|12\rangle$ 分别做傅里叶变换，有

$$\text{QFT}:|0\rangle\to\frac{1}{\sqrt{2^4}}(e^{2\pi i0\cdot 0/16}|0\rangle+e^{2\pi i1\cdot 0/16}|1\rangle+\cdots+e^{2\pi i15\cdot 0/16}|15\rangle)=\frac{1}{\sqrt{2^4}}(|0\rangle+|1\rangle+|2\rangle+\cdots+|15\rangle)$$

$$\text{QFT}:|4\rangle\to\frac{1}{\sqrt{2^4}}(e^{2\pi i0\cdot 4/16}|0\rangle+e^{2\pi i1\cdot 4/16}|1\rangle+\cdots+e^{2\pi i15\cdot 4/16}|15\rangle)=\frac{1}{\sqrt{2^4}}(|0\rangle+i|1\rangle-|2\rangle+\cdots+i|15\rangle)$$

$$\text{QFT}:|8\rangle\to\frac{1}{\sqrt{2^4}}(e^{2\pi i0\cdot 8/16}|0\rangle+e^{2\pi i1\cdot 8/16}|1\rangle+\cdots+e^{2\pi i15\cdot 8/16}|15\rangle)=\frac{1}{\sqrt{2^4}}(|0\rangle-|1\rangle+|2\rangle+\cdots-|15\rangle)$$

$$\text{QFT}:|12\rangle\to\frac{1}{\sqrt{2^4}}(e^{2\pi i0\cdot 12/16}|0\rangle+e^{2\pi i1\cdot 12/16}|1\rangle+\cdots+e^{2\pi i15\cdot 12/16}|15\rangle)=\frac{1}{\sqrt{2^4}}(|0\rangle-i|1\rangle-|2\rangle\cdots-i|15\rangle)$$

将上述四个式子相加可得

$$\frac{1}{\sqrt{4}}(|0\rangle+|4\rangle+|8\rangle+|12\rangle)$$

由此，可以得到周期为 $r=4$，且 $a^{\frac{r}{2}} \bmod N=7^{\frac{4}{2}} \bmod 15=4\neq 1$，那么有 $p=\gcd(50,15)=5$，$q=\gcd(48,15)=3$。

Shor 算法不能保证每次运行都能得到正确的结果。假设成功的概率是 $1-j$，通过重复 k 次实验，至少成功一次的概率为 $1-j^k$。

3) Shor 算法的有效性

Shor 算法并不能保证每次运行都得到正确的结果，当计算成功给出一个数，可以除 N，即能验证得到的结果是不是 N 的因子。假设成功的概率是$1-j$，我们通过重复 k 次试验，则至少成功一次的概率是$1-j^k$。不难看出，可以通过增加试验的次数来提高试验成功的概率。所以，Shor 算法是一种随机算法。

目前，Shor 算法已经极大地推进了量子计算机的发展，也促进了物理上实现量子计算机的现实化。量子计算及其密码体系已经改变了目前对计算机的认识，同时，量子计算已经迅速发展成一个新的研究领域，在将来可以为我们提供更多有价值的进展。

2.4 HHL 算法

求解线性方程是一个基本的数学问题，在工程领域有广泛的应用。2008 年，哈罗(Harrow)、哈西迪姆(Hassidim)和劳埃德(Lloyd)三位学者提出了一种可以在 $O(\log_2{}^N)$ 时间复杂度内求解线性方程组的量子算法，称其为 HHL 算法。由于机器学习算法中的某些求参过程同样可看作是该类问题，因此学者们已经将 HHL 算法应用到机器学习算法中，如 K-means 聚类、支持向量机和数据拟合等，进而达到算法加速的目的。

2.4.1 基本假设

HHL 算法是一个用量子计算机解决线性问题 $\boldsymbol{A}x=\boldsymbol{b}$ 最优解的算法。

(1) 态$|b\rangle$容易制备。

(2) $\boldsymbol{A}$ 是 n 阶厄米矩阵。

(3) 求解是稀疏的。

(4) 输入：一个$n\times n$的矩阵 $\boldsymbol{A}$ 和一个 n 维向量 $\boldsymbol{b}$。

输出：n 维向量 x，满足 $\boldsymbol{A}x=\boldsymbol{b}$。

(5) 令 $v_1,v_2,\cdots,v_n$ 和 $\lambda_1,\lambda_2,\cdots,\lambda_n$ 分别是 $\boldsymbol{A}$ 的特征向量和对应的特征值。

HHL 算法可以分为三个步骤，如图 2-11 所示。

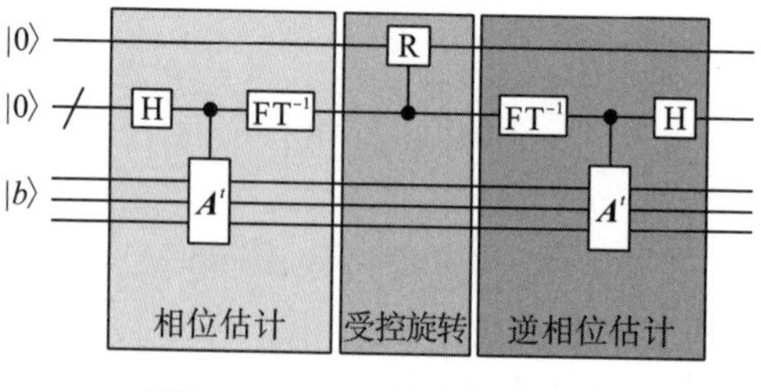

图 2-11　HHL 算法的演示图

注：H 为阿达马门，FT^{-1} 为傅里叶逆变换，R 为旋转门，$A^{t}>e^{iA^{t}}$。

2.4.2 制备过程

第一步：(初始化) 高效制备工作系统初态 $|b\rangle$ 和辅助系统初态 $|\Phi_0\rangle$。

第二步：利用 $|\Phi_0\rangle$ 控制的酉算符 U 在 $|b\rangle$ 上执行相位估计，即对 $|b\rangle$ 中的每一位做 H 变换：得到 $\sum_{i=1}^{N}\beta_i|v_i\rangle|\lambda_i\rangle$ (忽略归一化系数)。$|b\rangle$ 被分解为 $\boldsymbol{A}$ 的本征基矢的线性组合，表示为 $|b\rangle=\sum_{i=1}^{N}\beta_i|v_i\rangle$。

第三步：在整个量子系统再加一个辅助比特并在辅助比特上进行 $|\lambda_i\rangle$ 控制的旋转操作，即应用受控 U 变换得到新的量子比特 $\sum_{i=1}^{N}\beta_i|v_i\rangle|\lambda_i\rangle\left(\frac{1}{\lambda_i}|0\rangle+\sqrt{1-\frac{1}{\lambda_i^2}}|1\rangle\right)$。

第四步：通过相位估计的逆变换 (逆傅里叶变换) 将 $|\lambda_i\rangle$ 态变为 $|\Phi_0\rangle\,|b\rangle$。

第五步：不断放大 $|0\rangle$ 部分，当观测到辅助比特处于 $|0\rangle$ 时算法成功，此时系统对应的输出态是 $\sum_{i=1}^{N}\beta_i\frac{1}{\lambda_i}|v_i\rangle=|x\rangle$。态矢量就是线性方程组 $\boldsymbol{A}x=\boldsymbol{b}$ 的解 x。

2.4.3 量子计算算法的一般步骤

设 $f:\{0,1\}^n\to\{0,1\}^m$，量子计算算法一般分为三个步骤。

第一步：利用 n 维零向量产生一个状态叠加：

$$\boldsymbol{A}=\frac{1}{\sqrt{2^n}}\sum_{x=0}^{2^n-1}|x,0^m\rangle \tag{2-29}$$

第二步：以该状态叠合 $\boldsymbol{A}$ 为输入，利用量子计算机一次完成对 $f(x)$ 的全部输出的并行计算问题，得到向量：

$$\boldsymbol{F}(\boldsymbol{A})=\frac{1}{\sqrt{2^n}}\sum_{x=0}^{2^n-1}|x,f(x)\rangle \tag{2-30}$$

第三步：数据加工，即利用多项式时间的量子变换，对量子向量 $\boldsymbol{F}(\boldsymbol{A})$ 进行变换，以保证所需结果能以很高的概率观察出来。

第四步："观察"和判断，"观察"实际的结果，并利用观察结果完成给定的任务。

2.5 设计量子算法的方法学

设计量子算法的关键在于：要保证算法的每个步骤符合量子力学的要求，并最终保证其求解速度比经典算法更快，发挥量子计算并行性快速解决问题的优势。在数学上通常是关于函数的某种全局属性，所谓全局属性，即依赖函数在某个区间中多个点处的函数值，如函数的周期，再如图 2-12 中的 $P(f)$ 。

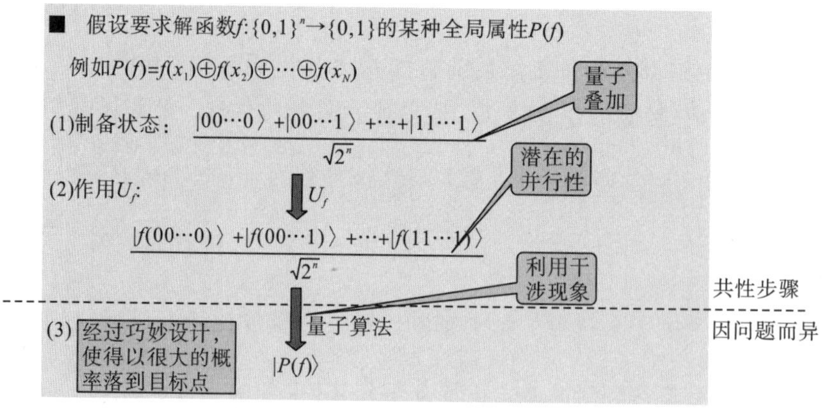

图 2-12 量子算法的基本框架

图 2-12 中给出了量子算法的基本框架，为了简约，图 2-12 中去掉了一些严谨的细节。一个量子算法大致可以分为三个阶段：

(1) 制备一个叠加态，它表示函数自变量值的线性组合；

(2) 作用 $P(f)$ [函数 f 所对应的线性算符(矩阵)]，根据线性特点，它会分别作用在每一个基态上，把函数对每一个自变量的值计算出来，即体现潜在的并行性；

(3) 提取想要的信息。通过巧妙的设计，利用干涉现象使得系统最后状态能以很大的概率落到目标点 $|P(f)\rangle$，算法设计的巧妙性就体现在这一步。

参 考 文 献

郭国平，陈昭昀，郭光灿，2020. 量子计算与编程入门[M]. 北京：科学出版社.

Grover L K, 1996. A fast quantum mechanical algorithm for database search[C]. Proceedings of the 28th Annual ACM Symposium on Theory of Computing, Philadelphia：212-219.

Harrow A W, Hassidim A, Lloyd S, 2009. Quantum algorithm for linear systems of equations[J]. Physical Review Letters, 103: 150502.

National Academies of Sciences, Engineering and Medicine, 2019. Quantum Computing: Progress and Prospects[M]. Washington D.C.: National Academies Press.

Shor P W, 1997. Polynomial−time algorithms for prime factorization and discrete logarithms on a quantum computer[J]. SIAM J Comput, 26: 1484-1509.

第3章 张量基础

数据向量化容易破坏像素之间的空间关联性，且数据维数较大时需要很高的计算复杂度和存储代价，而张量作为一种有效的数据容器，可以有效避免这一问题(图 3-1)。在处理现实中的很多问题时，很多复杂且庞大的物体都可以用张量来表示，张量分解和张量网络在计算机视觉、大数据分析、特征提取及降维等方面已经成为一个热门的研究领域。我们在第 6 章的量子机器学习中，会发现张量网络也能发挥举足轻重的作用。

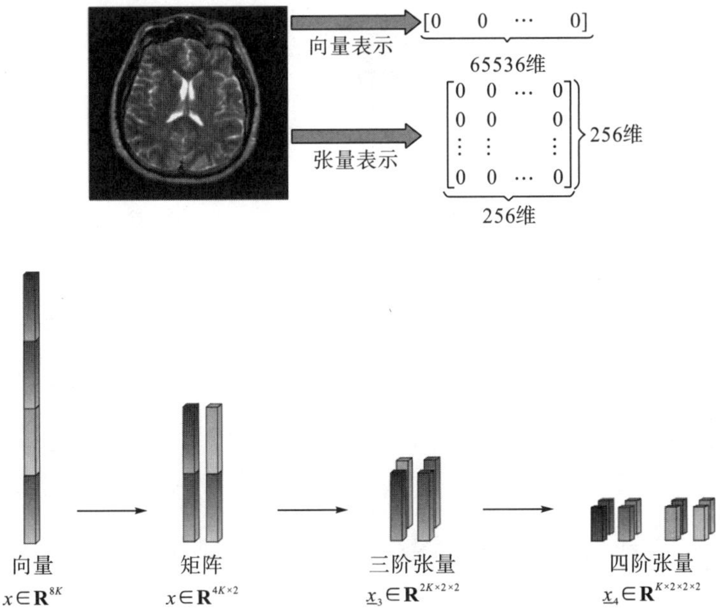

图 3-1 示例图像和数据的不同表示形式

3.1 张量的定义

定义 1(**张量**) 一个 N 阶 $(I_1, I_2, \cdots, I_N)$ 维实张量 $A \in \mathbf{R}^{I_1 \times I_2 \times \cdots \times I_N}$，是一个大小为 $I_1 \times I_2 \times \cdots \times I_N$ 的多维数组，其元素由 $\prod_{n=1}^{N} I_n$ 个实数组成，即

$$A = (a_{i_1 i_2 \cdots i_N}), \quad a_{i_1 i_2 \cdots i_N} \in \mathbf{R} \tag{3-1}$$

式中，$i_n = 1, 2, \cdots, I_n$；$n = 1, 2, \cdots, N$。

从多重线性代数的角度看，张量是向量、矩阵在数学形式上的更高阶推广(图 3-2 和图 3-3)，更高阶的张量可以视作相应的多维数组。在张量中，我们特别规定这个多维数组的每一维为模式(mode)或阶(order)，每个阶(模式)上的元素数量为维数(dimension)。为了区分多维数组中的维数与张量中的维数，特别规定本书中以阶(模式)表示多维数组的维数，维数表示对应模式中元素的数量，这一点需要特别注意，魔方可以看作是三阶张量，但是其维数并不是确定的，有二维的，也有三维的，甚至是高维的。例如，图 3-3(a)中的向量可以看作是一阶张量，其维数是 5。

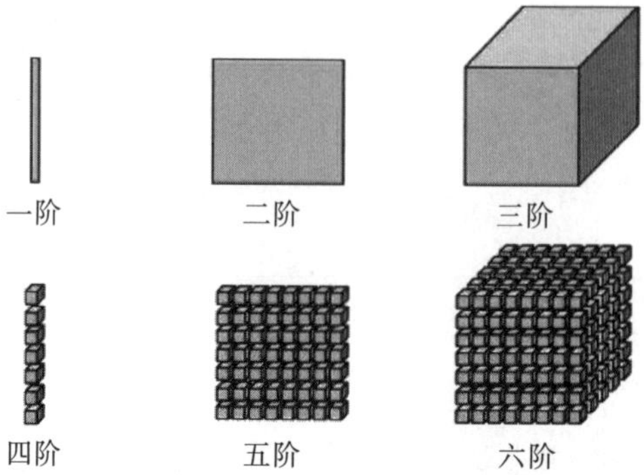

图 3-2　几种阶数递增张量示例

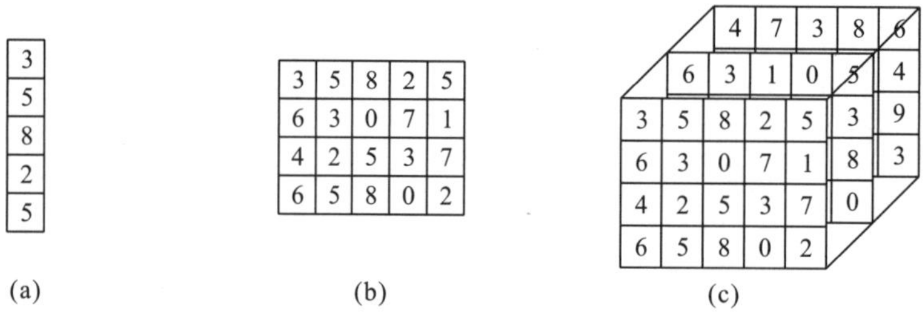

图 3-3　(a)一阶张量，也即向量；(b)二阶张量，也即矩阵；(c)三阶张量

3.1.1　生活实例的张量解释

例如，可以将一个居民的四种属性存储在一阶张量，也就是数组中，如图 3-4 所示。

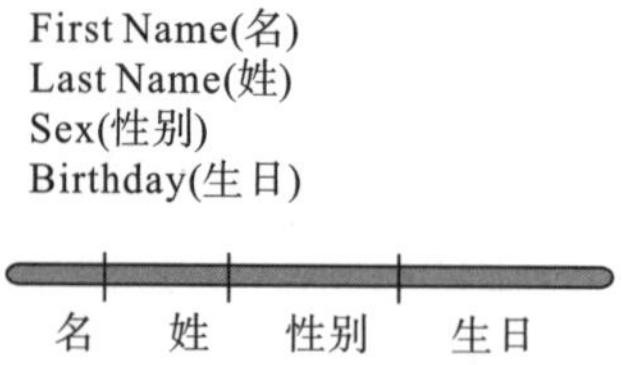

图 3-4　居民信息的四种属性的一阶张量存储

同一个小区的所有居民属性组成了表示该小区居民信息的二阶张量，也就是一个矩阵，如图 3-5 所示。

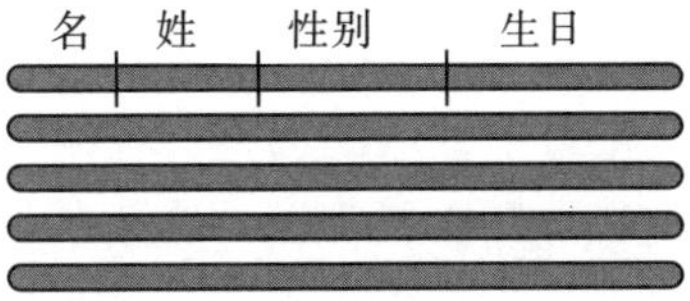

图 3-5　同一个小区的居民信息的二阶张量存储

同一街道的三个小区居民信息又构成了一个表示该街道居民信息的三阶张量，如图 3-6 所示。

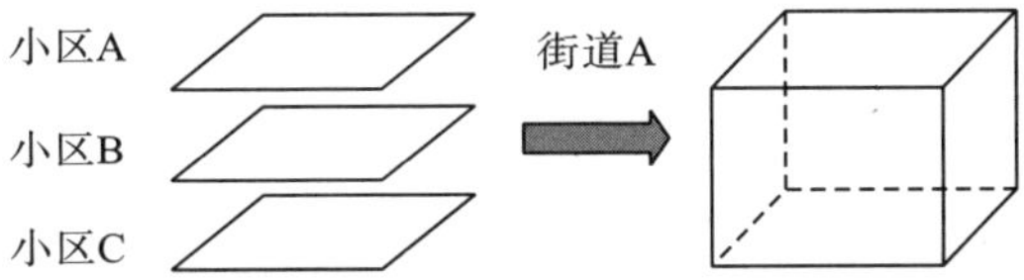

图 3-6　同一街道的三个小区居民信息的三阶张量存储

同一住宅区的三个街道居民信息又可以构成表示该片区居民信息的四阶张量，如图 3-7 所示。

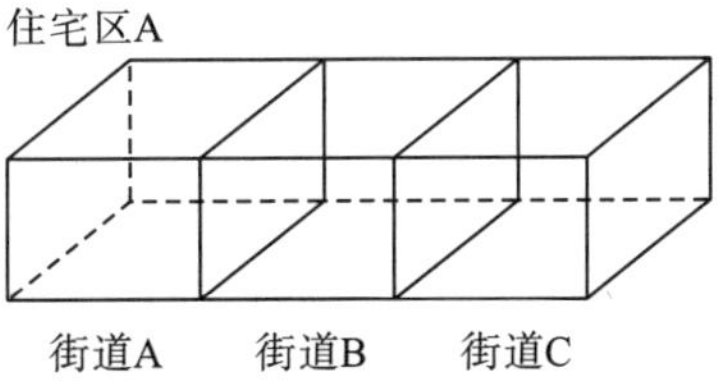

图 3-7　同一住宅区的三个街道居民信息的四阶张量存储

类似地，同一城市多个住宅区居民信息又可以构成表示该城市居民信息的五阶张量。

3.1.2　计算机中的张量表示

张量在计算机中表示如下。

一阶张量(向量)：[5,10,15,30,25]。

二阶张量(矩阵)：[[5,10,15,30,25],[20,30,65,70,90],[7,80,95,20,30]]。

三阶张量：

[[[5,10,15,30,25],[20,30,65,70,90],[7,80,95,20,30]],
[[3,1,5,0,45],[12,−2,6,7,90],[18,−9,95,120,30]],
[[17,13,25,30,15],[23,36,9,7,80],[1,−7,−5,22,3]]]。

其中，阶是张成所属张量空间的向量空间的个数，可以理解成“[”的个数(深度)。

3.2 张量的纤维和切片

定义 2 纤维(fiber)是指从张量中抽取的向量。在矩阵中固定其中一个阶的指标，可以得到行或者列。类似地，固定其他阶，只保留一个阶的指标变化，可以得到有纤维的概念。比如在上述例子中，从小区居民信息中抽取一位居民个人信息，是从二阶张量中抽取向量；从住宅区居民信息中抽取一位居民个人信息，是从三阶张量中抽取向量；从城市居民信息中抽取一位居民信息，则是从四阶张量中抽取向量，如图 3-8 所示。

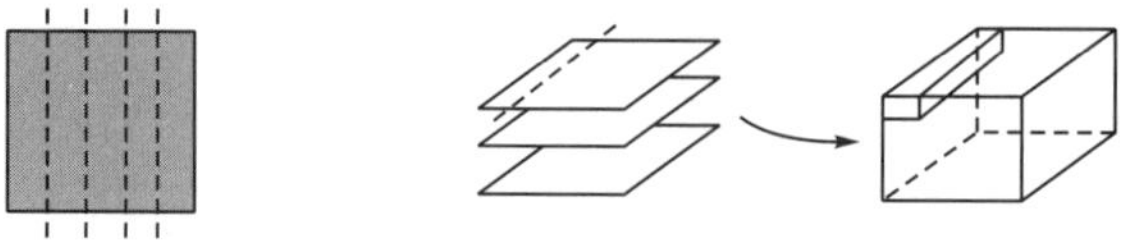

图 3-8 二阶张量和三阶张量的纤维

定义 3 切片(slice)的操作是指在张量中抽取矩阵的操作。在张量中如果保留两个阶的指标变化，其他阶的指标不变可以得到一个矩阵，这个矩阵即为该三阶张量的切片，如图 3-9(a)所示，且切片还可以从三阶张量的三个不同方向来进行，即又进一步分为水平切片、侧面切片和正面切片，如图 3-9(b)所示。

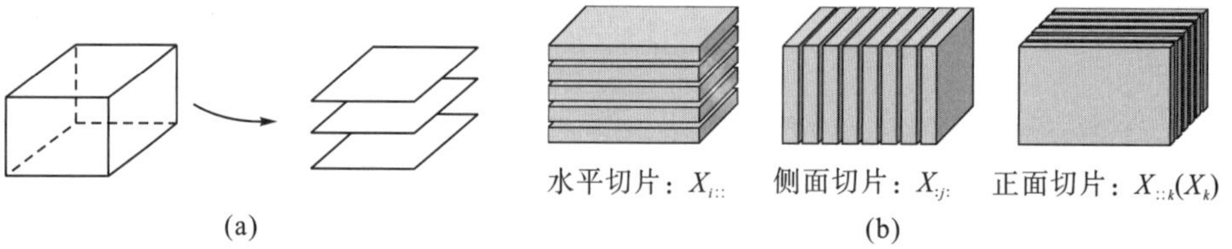

图 3-9 张量中抽取矩阵/切片

定义 4 通过固定张量部分阶的指标，并变化其他阶的指标，得到的部分元素形成该张量的子张量。

如果只变化某指定两个阶的指标，固定张量其他所有阶的指标，则得到的部分称为张量的切片；如果只变化某指定一个阶的指标，固定张量其他所有阶的指标，则得到的部分称为张量的纤维；如果固定张量所有阶的指标，则得到的部分称为张量元素。指标的灵活控制使得我们可以获取张量中的任意结果。张量的纤维可视为向量，张量的切片可视为矩阵。

3.3 矩阵化——张量展开

定义 5 张量展开是指将张量中的所有元素按照某种规则排列成矩阵的过程。

因此，张量展开也被称为张量矩阵化。矩阵化就是将一个张量变换成一个矩阵。可以根据纤维的方向来进行不同的矩阵化，如图 3-10 所示。

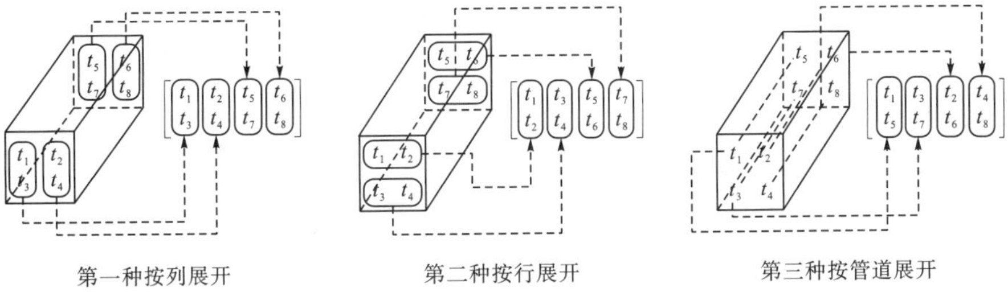

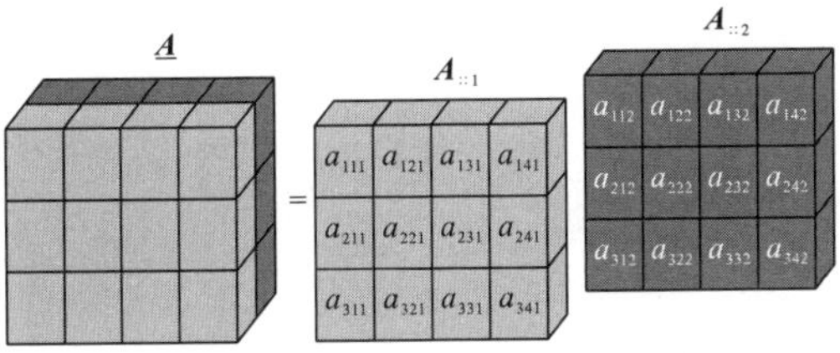

$$A_{(1)}=\left[\begin{array}{cccc|cccc} a_{111} & a_{121} & a_{131} & a_{141} & a_{112} & a_{122} & a_{132} & a_{142} \\ a_{211} & a_{221} & a_{231} & a_{241} & a_{212} & a_{222} & a_{232} & a_{242} \\ a_{311} & a_{321} & a_{331} & a_{341} & a_{312} & a_{322} & a_{332} & a_{342} \end{array}\right]$$

$$A_{(2)}=\left[\begin{array}{ccc|ccc} a_{111} & a_{211} & a_{311} & a_{112} & a_{212} & a_{312} \\ a_{121} & a_{221} & a_{321} & a_{122} & a_{222} & a_{322} \\ a_{131} & a_{231} & a_{331} & a_{132} & a_{232} & a_{332} \\ a_{141} & a_{241} & a_{341} & a_{142} & a_{242} & a_{342} \end{array}\right]$$

$$A_{(3)}=\left[\begin{array}{ccc|ccc|ccc|ccc} a_{111} & a_{211} & a_{311} & a_{121} & a_{221} & a_{321} & a_{131} & a_{231} & a_{331} & a_{141} & a_{241} & a_{341} \\ a_{112} & a_{212} & a_{312} & a_{122} & a_{222} & a_{322} & a_{132} & a_{232} & a_{332} & a_{142} & a_{242} & a_{342} \end{array}\right]$$

图 3-10　三阶张量矩阵化操作

【例 1】将下面张量 $\boldsymbol{X}$ 矩阵化。

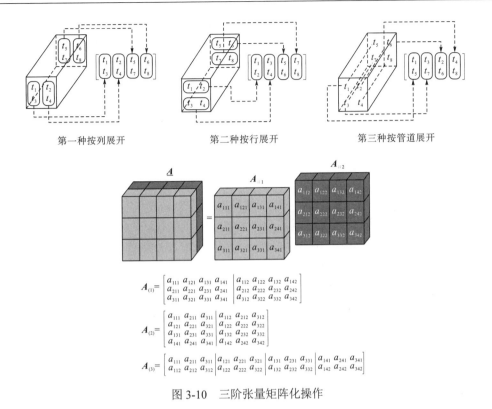

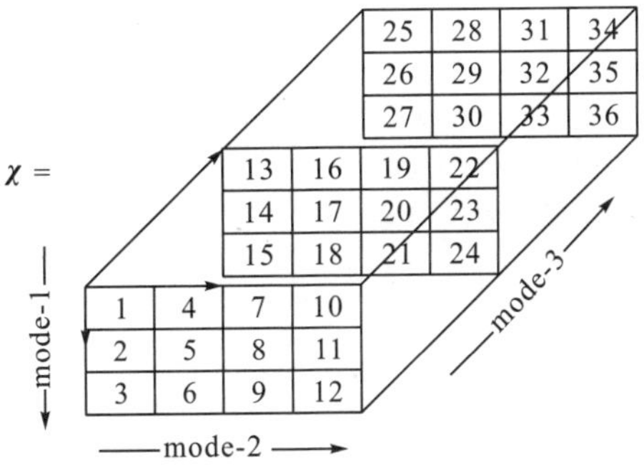

解：沿 mode-1（列）做张量展开得到的矩阵为

$$\boldsymbol{X}_{(1)}=\begin{bmatrix} 1 & 4 & 7 & 10 & 13 & 16 & 19 & 22 & 25 & 28 & 31 & 34 \\ 2 & 5 & 8 & 11 & 14 & 17 & 20 & 23 & 26 & 29 & 32 & 35 \\ 3 & 6 & 9 & 12 & 15 & 18 & 21 & 24 & 27 & 30 & 33 & 36 \end{bmatrix}$$

沿 mode-2（行）做张量展开得到的矩阵为

$$\boldsymbol{X}_{(2)}=\begin{bmatrix} 1 & 2 & 3 & 13 & 14 & 15 & 25 & 26 & 27 \\ 4 & 5 & 6 & 16 & 17 & 18 & 28 & 29 & 30 \\ 7 & 8 & 9 & 19 & 20 & 21 & 31 & 32 & 33 \\ 10 & 11 & 12 & 22 & 23 & 24 & 34 & 35 & 36 \end{bmatrix}$$

沿 mode-3(管道)做张量展开得到的矩阵为

$$\boldsymbol{X}_{(3)}=\begin{bmatrix}1&2&3&4&5&6&7&8&9&10&11&12\\13&14&15&16&17&18&19&20&21&22&23&24\\25&26&27&28&29&30&31&32&33&34&35&36\end{bmatrix}$$

例 1 是基于三阶张量的矩阵化操作，一般情况下，对于更高阶的张量，先降维再矩阵化是更为简单且常见的操作顺序，当然更高阶的张量也可以直接进行矩阵化，但会带来麻烦。

3.4 张 量 乘 法

线性代数中与矩阵相关的乘法有两种，其一是矩阵与矩阵相乘，其二是数与矩阵进行数乘，张量的相关乘法却有多种。

3.4.1 张量内积

定义 6 张量内积是指两个相同大小的张量 $\boldsymbol{A}$、$\boldsymbol{B}$ 的内积 $\langle \boldsymbol{A}, \boldsymbol{B}\rangle$，为它们对应元素相乘再相加后的值。

【例 2】计算下列两个张量的内积。

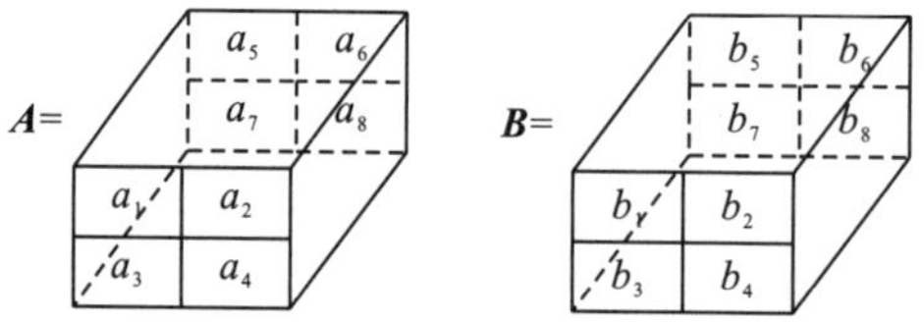

解：$\langle \boldsymbol{A},\boldsymbol{B}\rangle = a_1b_1+a_2b_2+a_3b_3+a_4b_4+a_5b_5+a_6b_6+a_7b_7+a_8b_8$

3.4.2 张量乘以矩阵

先将张量矩阵化，再将张量和矩阵相乘，注意不同的 mode-n 矩阵化会使得相乘结果不同。乘法原理可用图 3-11 表示。

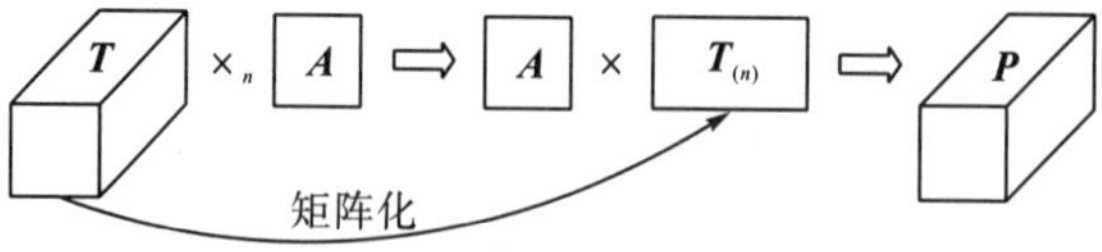

图 3-11 张量乘以矩阵过程

【例 3】计算下列张量 $\boldsymbol{T}$ 乘以矩阵 $\boldsymbol{A}$ 的结果，其中 $\boldsymbol{A}=\begin{bmatrix}a&b\\c&d\end{bmatrix}$。

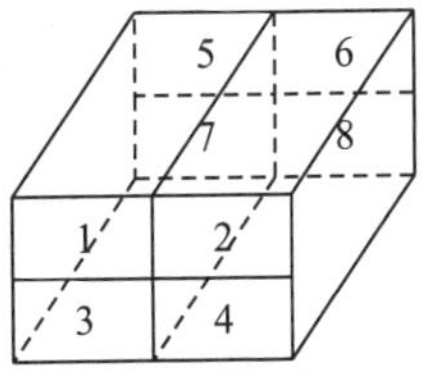

解：首先对张量 $\boldsymbol{T}$ 进行 mode-1 方向的矩阵化得

$$\boldsymbol{T}_{(1)}=\begin{bmatrix}1&2&5&6\\3&4&7&8\end{bmatrix}$$

再进行矩阵相乘得：

$$\boldsymbol{P}=\boldsymbol{T}\times_1\boldsymbol{A}\sim\boldsymbol{P}_{(1)}=\boldsymbol{A}\boldsymbol{T}_{(1)}=\begin{bmatrix}a&b\\c&d\end{bmatrix}\begin{bmatrix}1&2&5&6\\3&4&7&8\end{bmatrix}$$
$$=\begin{bmatrix}a+3b&2a+4b&5a+7b&6a+8b\\c+3d&2c+4d&5c+7d&6c+8d\end{bmatrix}$$

按原矩阵化方法还原新张量得

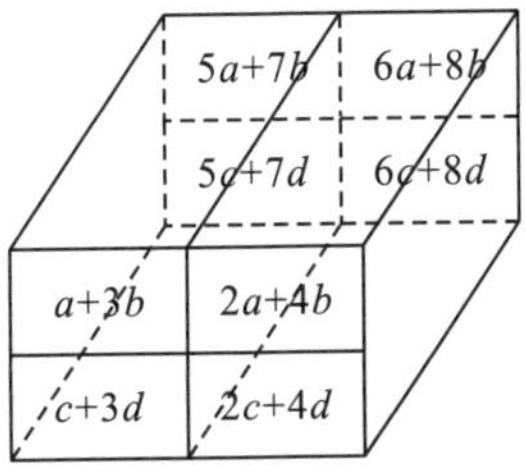

3.4.3　张量 Kronecker 积

数学上，Kronecker(克罗内克)积是两个任意大小的矩阵间的运算。Kronecker 积是张量积的特殊形式，以德国数学家利奥波德·克罗内克命名。

定义 7　对于矩阵 $\boldsymbol{A}=(a_{ij})_{m_1\times m_2}$ 和 $\boldsymbol{B}=(b_{ij})_{n_1\times n_2}$，则矩阵 $\boldsymbol{A}$ 和矩阵 $\boldsymbol{B}$ 的 Kronecker 积定义为

$$\boldsymbol{A}\otimes\boldsymbol{B}=\begin{bmatrix}a_{11}B&a_{12}B&\cdots&a_{1m_2}B\\a_{21}B&a_{22}B&\cdots&a_{2m_2}B\\\vdots&\vdots&&\vdots\\a_{m_11}B&a_{m_12}B&\cdots&a_{m_1m_2}B\end{bmatrix}\tag{3-2}$$

式中，$\otimes$ 为 Kronecker 积运算符。Kronecker 积在张量计算中非常常见，作为张量积的一种特殊形式，它是衔接矩阵计算和张量计算的桥梁，新矩阵的大小为 $m_1n_1\times m_2n_2$。

【例 4】给定矩阵 $\boldsymbol{A}=\begin{bmatrix}1&2\\3&4\end{bmatrix}$，$\boldsymbol{B}=\begin{bmatrix}5&6&7\\8&9&10\end{bmatrix}$，计算二者的 Kronecker 积。

解：

$$A\otimes B=\begin{bmatrix}1\times\begin{bmatrix}5&6&7\\8&9&10\end{bmatrix}&2\times\begin{bmatrix}5&6&7\\8&9&10\end{bmatrix}\\3\times\begin{bmatrix}5&6&7\\8&9&10\end{bmatrix}&4\times\begin{bmatrix}5&6&7\\8&9&10\end{bmatrix}\end{bmatrix}$$

$$=\begin{bmatrix}5&6&7&10&12&14\\8&9&10&16&18&20\\15&18&21&20&24&28\\24&27&30&32&36&40\end{bmatrix}$$

当给定两个向量，如$\boldsymbol{a}=\begin{bmatrix}1\\2\end{bmatrix},\boldsymbol{b}=\begin{bmatrix}3\\4\end{bmatrix}$，则它们的 Kronecker 积为

$$\boldsymbol{a}\otimes\boldsymbol{b}=\begin{bmatrix}1\\2\end{bmatrix}\otimes\begin{bmatrix}3\\4\end{bmatrix}=\begin{bmatrix}1\otimes\begin{bmatrix}3\\4\end{bmatrix}\\2\otimes\begin{bmatrix}3\\4\end{bmatrix}\end{bmatrix}=\begin{bmatrix}3\\4\\6\\8\end{bmatrix}$$

然而，向量$\boldsymbol{a}$、$\boldsymbol{b}$的外积却为$\boldsymbol{a}\circ\boldsymbol{b}=\boldsymbol{a}\boldsymbol{b}^{\mathrm{T}}=\begin{bmatrix}1\\2\end{bmatrix}\begin{bmatrix}3&4\end{bmatrix}=\begin{bmatrix}3&4\\6&8\end{bmatrix}$(外积一般用符号“$\circ$”表示)，是一个大小为$2\times2$的矩阵。这时，我们发现 Kronecker 积与外积并不相同。虽然严格意义上的 Kronecker 积的计算结果和外积不同，但这种不同仅仅体现在每个元素的摆放位置不同，而且对于列向量$\boldsymbol{a}$、$\boldsymbol{b}$而言，$\boldsymbol{a}\otimes\boldsymbol{b}^{\mathrm{T}}$等价于$\boldsymbol{a}\boldsymbol{b}^{\mathrm{T}}$，确实可以用来计算外积。若给定向量$\boldsymbol{a}=\begin{bmatrix}a_1\\a_2\end{bmatrix},\boldsymbol{b}=\begin{bmatrix}b_1\\b_2\\b_3\end{bmatrix},\boldsymbol{c}=\begin{bmatrix}c_1\\c_2\end{bmatrix}$，则它们的外积为$\boldsymbol{a}\circ\boldsymbol{b}\circ\boldsymbol{c}=\boldsymbol{c}*(\boldsymbol{a}\otimes\boldsymbol{b}^{\mathrm{T}})=\boldsymbol{c}*(\boldsymbol{a}\boldsymbol{b}^{\mathrm{T}})=\begin{bmatrix}c_1\\c_2\end{bmatrix}*\left(\begin{bmatrix}a_1\\a_2\end{bmatrix}\begin{bmatrix}b_1&b_2&b_3\end{bmatrix}\right)=\begin{bmatrix}c_1\\c_2\end{bmatrix}*\begin{bmatrix}a_1b_1&a_1b_2&a_1b_3\\a_2b_1&a_2b_2&a_2b_3\end{bmatrix}$式中，“$*$”运算为$\boldsymbol{c}$中第一个元素与矩阵$\boldsymbol{a}\boldsymbol{b}^{\mathrm{T}}$相乘生成张量的第一个正面切片(frontal slice)，按此得到张量的如下两个切片：

$$\boldsymbol{T}(:,:,1)=\begin{bmatrix}a_1b_1c_1&a_1b_2c_1&a_1b_3c_1\\a_2b_1c_1&a_2b_2c_1&a_2b_3c_1\end{bmatrix},\boldsymbol{T}(:,:,2)=\begin{bmatrix}a_1b_1c_2&a_1b_2c_2&a_1b_3c_2\\a_2b_1c_2&a_2b_2c_2&a_2b_3c_2\end{bmatrix}$$

一般地，为了更直观地体现出张量构成的几何意义，我们对于任意多个向量的外积，构造其计算公式为

$$a_1\circ a_2\circ\cdots\circ a_n=a_n*(a_1\otimes a_2^{\mathrm{T}}\otimes\cdots\otimes a_{n-1}^{\mathrm{T}})$$

注意：本书主要把注意力放在了三阶张量及其运算的详细介绍上。这是因为三阶张量恰恰是应用当中最为广泛也往往是足够满足我们需求的张量。

3.4.4 张量 Hadamard 积

定义 8 对于两个同型矩阵(即二阶张量)$\boldsymbol{A}\in\mathbf{R}^{I\times J}$，$\boldsymbol{B}\in\mathbf{R}^{I\times J}$，它们的 Hadamard 积

运算法则定义为

$$A \circledast B = \begin{bmatrix} a_{11}b_{11} & a_{12}b_{12} & \cdots & a_{1J}b_{1J} \\ a_{21}b_{21} & a_{22}b_{22} & \cdots & a_{2J}b_{2J} \\ \vdots & \vdots & & \vdots \\ a_{I1}b_{I1} & a_{I2}b_{I2} & \cdots & a_{IJ}b_{IJ} \end{bmatrix} \in \mathbf{R}^{I\times J} \tag{3-3}$$

注意：Hadamard 积只限于二阶张量即矩阵的运算，必须是同型矩阵，与传统矩阵相乘不同。

3.4.5 Khatri-Rao 积

定义 9 给定大小为 $I\times K$ 的矩阵 $\boldsymbol{A}=(\boldsymbol{a}_1,\boldsymbol{a}_2,\cdots,\boldsymbol{a}_k)$ 和大小为 $J\times K$ 的矩阵 $\boldsymbol{B}=(\boldsymbol{b}_1,\boldsymbol{b}_2,\cdots,\boldsymbol{b}_k)$，则矩阵 $\boldsymbol{A}$ 和矩阵 $\boldsymbol{B}$ 的 Khatri-Rao（卡特里-拉奥）积为

$$\boldsymbol{A}\odot\boldsymbol{B}=(\boldsymbol{a}_1\otimes\boldsymbol{b}_1,\boldsymbol{a}_2\otimes\boldsymbol{b}_2,\cdots,\boldsymbol{a}_k\otimes\boldsymbol{b}_k) \tag{3-4}$$

注意：Khatri-Rao 积的符号为$\odot$，且 Khatri-Rao 积只限于二阶张量（即矩阵）的运算。该乘积法则（图 3-12）也是针对矩阵而言，但需要保证两矩阵的列数相同，且不满足交换律。

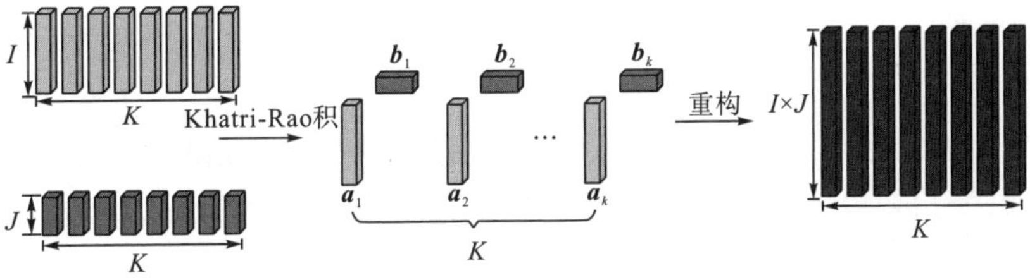

图 3-12　Khatri-Rao 积流程示意图

【例 5】对于矩阵 $\boldsymbol{A}=\begin{bmatrix}1&2\\3&4\end{bmatrix}=(\boldsymbol{a}_1,\boldsymbol{a}_2)$，$\boldsymbol{B}=\begin{bmatrix}5&6\\7&8\\9&10\end{bmatrix}=(\boldsymbol{b}_1,\boldsymbol{b}_2)$，求二者的 Khatri-Rao 积。

解：

$$\boldsymbol{A}\odot\boldsymbol{B}=(\boldsymbol{a}_1\otimes\boldsymbol{b}_1,\boldsymbol{a}_2\otimes\boldsymbol{b}_2)=\begin{bmatrix}\begin{bmatrix}1\\3\end{bmatrix}\otimes\begin{bmatrix}5\\7\\9\end{bmatrix} & \begin{bmatrix}2\\4\end{bmatrix}\otimes\begin{bmatrix}6\\8\\10\end{bmatrix}\end{bmatrix}$$

$$=\begin{bmatrix}5&12\\7&16\\9&20\\15&24\\21&32\\27&40\end{bmatrix}$$

3.5 超对称和超对角

定义 10 各个阶的维数都相等的三阶张量称为立方张量。

超对称：当立方张量中的任何一个元素的指标被置换(permutation)后元素值不变时，我们称这个张量为超对称。

例如，对于立方张量 $\boldsymbol{X} \in \mathbf{R}^{I \times I \times I}$ 来说，如果满足等式：

$$x_{ijk} = x_{ikj} = x_{jik} = x_{jki} = x_{kij} = x_{kji} \quad (i,j,k=1,2,\cdots,I) \tag{3-5}$$

则这个立方张量是超对称的。

注意：①超对称张量类似于线性代数里面的对称矩阵（$x_{ij} = x_{ji}, \forall i,j=1,2,\cdots,I$）；②若张量只在某些 mode 下符合对称的条件，这时候我们称该张量在对应的 mode 下对称。例如，三阶张量 $\boldsymbol{X} \in \mathbf{R}^{I \times I \times K}$ 的正面切片对称时，我们称该张量在 mode-1 和 mode-2 之下对称(即展开 1 和展开 2 的情况，固定剩余维数的情况下，所获得的切片是对称的)，具体为

$$\boldsymbol{X}_k = \boldsymbol{X}_k^{\mathrm{T}}，\ k=1,2,\cdots,K \tag{3-6}$$

如果一个张量 $\boldsymbol{X} \in \mathbf{R}^{I_1 \times I_2 \times \cdots \times I_N}$ 的任何元素只有在 $i_1 = i_2 = \cdots = i_N$ 时不为 0，则称为对角张量。

超对角：如果对角张量同时是立方的，则只有超对角线(superdiagonal)所经过的元素不为 0，其超对角线如图 3-13(a)所示，具体的例子如图 3-13(b)所示。

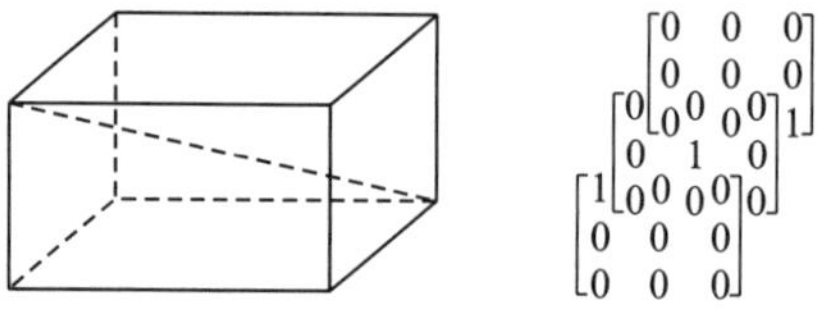

(a) (b)

图 3-13 张量的(超)对角

3.6 张 量 的 秩

定义 11 秩一张量是指当且仅当 N 阶张量 $\boldsymbol{X} \in \mathbf{R}^{I_1 \times I_2 \times \cdots \times I_N}$ 能被写成 N 个向量的外积，即

$$\boldsymbol{X} = \boldsymbol{a}^{(1)} \circ \boldsymbol{a}^{(2)} \circ \cdots \circ \boldsymbol{a}^{(N)} \tag{3-7}$$

注意：$\boldsymbol{a}^{(n)} \in R^{I_n}, n=1,2,\cdots,N$；符号$\circ$表示向量的外积。

图 3-14 给出了一个三阶秩一张量 $\boldsymbol{X} = \boldsymbol{a}^{(1)} \circ \boldsymbol{a}^{(2)} \circ \boldsymbol{a}^{(3)}$ 的图解。

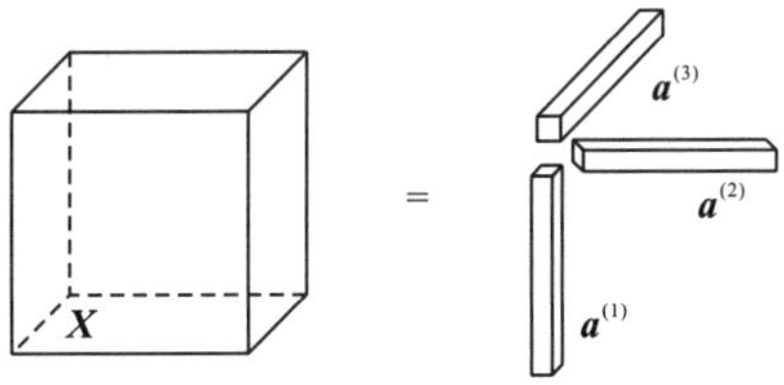

图 3-14　三阶秩一张量分解示意图

【例 6】对于如下三阶张量，判断其秩是否为 1，若是，写出其三个外积向量，反之说明理由。

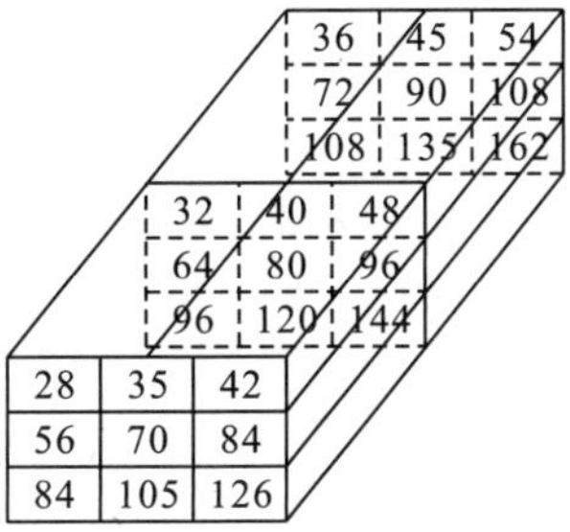

解：已知张量 $=\begin{bmatrix}1\\2\\3\end{bmatrix}\circ\begin{bmatrix}4\\5\\6\end{bmatrix}\circ\begin{bmatrix}7\\8\\9\end{bmatrix}=\begin{bmatrix}7\\8\\9\end{bmatrix}*(\begin{bmatrix}1\\2\\3\end{bmatrix}\begin{bmatrix}4\\5\\6\end{bmatrix}^{\mathrm{T}})=\begin{bmatrix}7\\8\\9\end{bmatrix}*\left(\begin{bmatrix}1\\2\\3\end{bmatrix}\begin{bmatrix}4 & 5 & 6\end{bmatrix}\right)$

显然，这就是一个秩为 1 的张量。

【例 7】对于如下三阶张量，判断其秩是否为 1，若是，写出其三个外积向量，反之说明理由。

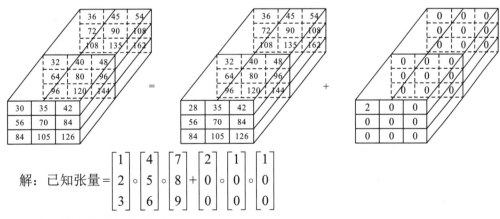

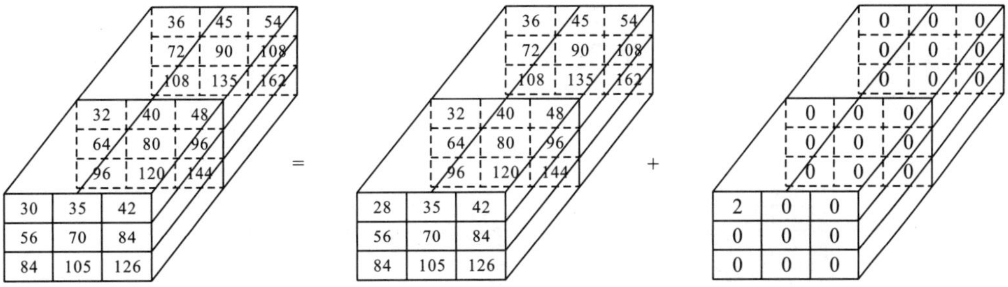

解：已知张量 $=\begin{bmatrix}1\\2\\3\end{bmatrix}\circ\begin{bmatrix}4\\5\\6\end{bmatrix}\circ\begin{bmatrix}7\\8\\9\end{bmatrix}+\begin{bmatrix}2\\0\\0\end{bmatrix}\circ\begin{bmatrix}1\\0\\0\end{bmatrix}\circ\begin{bmatrix}1\\0\\0\end{bmatrix}$

此时，这个张量的秩就是 2。

故有如下结论：

如果一个张量能够以一个秩一张量的和表示，那么其秩则为 1。

如果一个张量能够以两个秩一张量的和表示，那么其秩则为 2。

如果一个张量能够以三个秩一张量的和表示，那么其秩为 3。

以此类推，我们可给出张量的秩的定义。

定义 12 张量的秩用秩一张量之和来精确表示张量 $\boldsymbol{X}$ 所需要的秩一张量的最小数目，其秩就为这个最小数目，称为张量的秩，通常记作 rank($\boldsymbol{X}$)。

虽然理论上是这样，但是在真正的高阶张量求秩的时候还是非常棘手的，目前没有特定的算法可以直接得到某给定张量的秩，一般都使用下面介绍的 CP 分解。

3.7 张 量 分 解

作为大型数据的高阶存储载体，整体处理并不明智，需要对其进行分解，故而张量分解也是学习张量的主要内容之一。本节我们重点介绍三种张量分解，即：①CANDECOMP(canonical decomposition，典型分解)和 PARAFAC(parallel factors，平行因子)组成的CP 分解；②带权 CP 分解；③Tucker(塔克)分解。

3.7.1 CP 分解

CP 分解是一种对高维张量进行拆分的方法，其核心思想是用有限个秩一张量的和来近似地表示该张量。这种方法被很多人独立地发现，但最早由希区柯克提出，不考虑历史因素限制，我们将其称为 CP 分解法。本节着重介绍 CP 分解以及相关应用。

1. CP 分解的张量形式

定义 13 CP 分解指将张量 $\boldsymbol{X}\in\mathbf{R}^{I_1\times I_2\times\cdots\times I_N}$ 转变为 R 个秩一张量的线性组合，即

$$\boldsymbol{X}=\sum_{r=1}^{R}\boldsymbol{a}_r^{(1)}\circ\boldsymbol{a}_r^{(2)}\circ\cdots\circ\boldsymbol{a}_r^{(N)} \tag{3-8}$$

例如，将一个三阶张量进行 CP 分解之后(图 3-15)，其结果如下：

$$\boldsymbol{X}\approx[\![\boldsymbol{A},\ \boldsymbol{B},\ \boldsymbol{C}]\!]=\sum_{r=1}^{R}\boldsymbol{a}_r\circ\boldsymbol{b}_r\circ\boldsymbol{c}_r \tag{3-9}$$

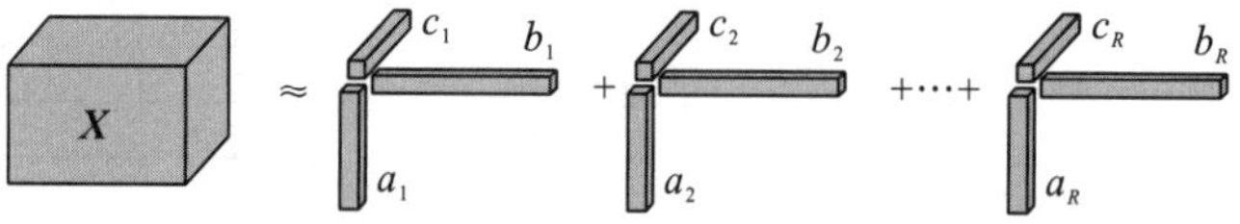

图 3-15 三阶张量的 CP 分解示意图

定义 14 张量经过CP 分解后的各个秩一张量中对应的向量组成的矩阵称为因子矩阵(factor matrices)。

由因子矩阵的定义可知，图 3-15 中三阶张量 $\boldsymbol{X}$ 的因子矩阵为

$$\boldsymbol{A}=(a_1,a_2,\cdots,a_R),\boldsymbol{B}=(b_1,b_2,\cdots,b_R),\boldsymbol{C}=(c_1,c_2,\cdots,c_R) \tag{3-10}$$

【例 8】以二阶张量矩阵 $\boldsymbol{A}=\begin{bmatrix}1&3&5\\2&4&6\end{bmatrix}$ 为例，写出它的因子矩阵。

解：

$$\begin{aligned}\boldsymbol{A}&=\begin{bmatrix}1&3&5\\2&4&6\end{bmatrix}\\&=\begin{bmatrix}1\\2\end{bmatrix}\circ\begin{bmatrix}1\\3\\5\end{bmatrix}+\begin{bmatrix}0\\1\end{bmatrix}\circ\begin{bmatrix}0\\-2\\-4\end{bmatrix}\end{aligned}$$

显然，因子矩阵分别为 $\begin{bmatrix}1&0\\2&1\end{bmatrix}$ 和 $\begin{pmatrix}1&0\\3&-2\\5&-4\end{pmatrix}$。

利用因子矩阵，CP 分解可以被等价写作矩阵形式。例如利用因子矩阵，一个三阶张量的 CP 分解可以写成如下 Khatri-Rao（卡特里-拉奥）积的形式：

$$\begin{aligned}\boldsymbol{X}_{(1)}&\approx\boldsymbol{A}(\boldsymbol{C}\odot\boldsymbol{B})^{\mathrm{T}}\\\boldsymbol{X}_{(2)}&\approx\boldsymbol{B}(\boldsymbol{C}\odot\boldsymbol{A})^{\mathrm{T}}\\\boldsymbol{X}_{(3)}&\approx\boldsymbol{C}(\boldsymbol{B}\odot\boldsymbol{A})^{\mathrm{T}}\end{aligned}\tag{3-11}$$

注意，其左侧都是张量对应模式（mode）的矩阵化。

【例 9】求下列张量的 Khatri-Rao 积的形式。

$$\boldsymbol{X}=\begin{bmatrix}a_1\\a_2\end{bmatrix}\circ\begin{bmatrix}b_1\\b_2\end{bmatrix}\circ\begin{bmatrix}c_1\\c_2\end{bmatrix}=$$

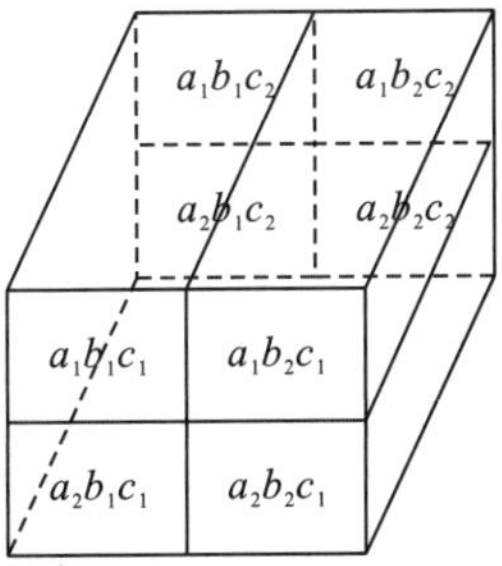

解：

$$\boldsymbol{X}_{(1)}=\begin{bmatrix}a_1\\a_2\end{bmatrix}\left[\begin{bmatrix}c_1\\c_2\end{bmatrix}\odot\begin{bmatrix}b_1\\b_2\end{bmatrix}\right]^{\mathrm{T}}$$

$$\boldsymbol{X}_{(2)}=\begin{bmatrix}b_1\\b_2\end{bmatrix}\left[\begin{bmatrix}c_1\\c_2\end{bmatrix}\odot\begin{bmatrix}a_1\\a_2\end{bmatrix}\right]^{\mathrm{T}}$$

$$\boldsymbol{X}_{(3)}=\begin{bmatrix}c_1\\c_2\end{bmatrix}\left[\begin{bmatrix}b_1\\b_2\end{bmatrix}\odot\begin{bmatrix}a_1\\a_2\end{bmatrix}\right]^{\mathrm{T}}$$

2. CP 分解的计算

前面从较直观的角度介绍了一系列 CP 分解的相关内容，知道了其核心思想是用有限个秩一张量的和来近似地表示该张量，随之而来的问题就是，这里的“有限个”是多少个？

计算 CP 分解面临的首要问题是如何确定秩一张量的个数。实践中，通常的做法是根据经验进行尝试，直到得到原始张量一个较好的逼近，如果给定了张量秩 R 的值，则有许多方法可以计算 CP 分解，下面介绍的交替最小二乘法便是其中之一。

定义 15 交替最小二乘(alternating least squares，ALS)算法是一种迭代方法，即在每一次迭代中交替优化因子矩阵时假设其他因子矩阵已知。

ALS 算法其实是我们在高等数学中学过的拉格朗日极值定理的升华，我们先回顾拉格朗日极值定理。在数学最优化问题中，拉格朗日乘数法(以数学家约瑟夫•路易斯•拉格朗日命名)是一种寻找变量受一个或多个条件所限制的多元函数的极值的方法。这种方法将一个有 n 个变量与 k 个约束条件的最优化问题转换为一个有 $n+k$ 个变量的方程组的极值问题，其变量不受任何约束。这种方法引入了一种新的标量未知数，即拉格朗日乘数：约束方程的梯度(gradient)的线性组合里每个矢量的系数。由于 ALS 算法是拉格朗日极值定理的升华，以下面例题回顾拉格朗日极值定理，为理解 ALS 算法做铺垫。

【例 10】已知 $4x^2+y^2+xy=1$，求 $2x+y$ 的最大值。

解：先令 $f(x,y)=2x+y$ 为目标函数，$g(x,y)=4x^2+y^2+xy-1=0$ 是条件函数，构造拉格朗日函数：

$$\begin{aligned}L(x,y,\lambda)&=f(x,y)+\lambda g(x,y)\\&=2x+y+\lambda(4x^2+y^2+xy-1)\end{aligned}$$

由于 $g(x,y)=0$，所以 $L(x,y,\lambda)$ 和 $f(x,y)$ 相同，求 $f(x,y)$ 的最大值，即求 $L(x,y,\lambda)$ 的最大值，在无条件求极值时，通常是对每个变量求偏导，然后使得每个偏导同时为零，得到驻点，再进行判断。

下面对 $L(x,y,\lambda)$ 各个变量求偏导使其为零：

$$L'_x(x,y,\lambda)=f'_x(x,y)+\lambda g'_x(x,y)=0 \tag{3-11A}$$

$$L'_y(x,y,\lambda)=f'_y(x,y)+\lambda g'_y(x,y)=0 \tag{3-11B}$$

$$L'_\lambda(x,y,\lambda)=g(x,y)=0 \tag{3-11C}$$

由式(3-11A)和式(3-11B)得

$$\frac{f'_x(x,y)}{g'_x(x,y)}=\frac{f'_y(x,y)}{g'_y(x,y)} \tag{3-11D}$$

式中，$g'_x(x,y),\ g'_y(x,y)\neq 0$，计算整理得 $y=2x$，再代入式(3-11C)得 $x=\pm\frac{\sqrt{10}}{10},y=\pm\frac{\sqrt{10}}{5}$，所以 $f(x,y)_{\max}=\frac{2\sqrt{10}}{5}$。

由此可推导，交替最小二乘(ALS)算法如下所述。

先以三阶张量 $\boldsymbol{X}$ 为例，假定其秩 R 是已知的，根据损失函数最小的原理，目标为

$$\min_{\hat{X}}\left\|\boldsymbol{X}-\hat{\boldsymbol{X}}\right\| \quad \text{s.t.}\ \hat{\boldsymbol{X}}=\sum_{r=1}^{R}\lambda_r a_r\circ b_r\circ c_r=[\![\lambda;\boldsymbol{A},\boldsymbol{B},\boldsymbol{C}]\!] \tag{3-12}$$

注意，这里的 $\boldsymbol{A}$、$\boldsymbol{B}$、$\boldsymbol{C}$ 还是之前使用 CP 分解中的因子矩阵，其中，当 $\boldsymbol{B}$、$\boldsymbol{C}$ 固定时，ALS 算法的一个子问题就是求解

$$\min_{A}\left\| X_{(1)} - A\mathrm{diag}(\lambda)(C \odot B)^{\mathrm{T}} \right\|_F \tag{3-13}$$

即因为

$$(C \odot B)^{\mathrm{T}}(C \odot B)=C^{\mathrm{T}}C \circledast B^{\mathrm{T}}B,\ \text{所以}[(C \odot B)^{\mathrm{T}}]^{\dagger} = (C \odot B)(C^{\mathrm{T}}C \circledast B^{\mathrm{T}}B)^{\dagger} \tag{3-14}$$

有

$$A\mathrm{diag}(\lambda) = X_{(1)}[(C \odot B)^{\mathrm{T}}]^{\dagger} = X_{(1)}(C \odot B)(C^{\mathrm{T}}C \circledast B^{\mathrm{T}}B)^{\dagger} \tag{3-15}$$

再通过归一化方法分别求出 A 和 λ 即可。

对于更高阶张量的 ALS 算法如图 3-16 所示。

输入：张量$x \in \mathbf{R}^{I_1 \times \cdots \times I_N}$，秩一张量的个数$R$。

1.初始化$A^{(n)} \in \mathbf{R}^{I_n \times R}, n \in [N]$。

2.repeat

3.for $n=1,\cdots,N$ do

4.$V \rightarrow A^{(1)\mathrm{T}}A^{(1)} \circledast \cdots \circledast A^{(n-1)\mathrm{T}}A^{(n-1)} \circledast A^{(n+1)\mathrm{T}}A^{(n+1)} \circledast \cdots \circledast A^{(N)\mathrm{T}}A^{(N)\mathrm{T}}A^{(N)}$;

5.$A^{(n)} \leftarrow X^{(n)}(A^{(n)} \odot \cdots \odot A^{(n+1)} \odot A^{(n-1)} \odot \cdots \odot A^{(1)})V^{+}$;

6.$\lambda_i \leftarrow \|a_i^{(n)}\|, a_i^{(n)} \leftarrow \dfrac{a_i^{(n)}}{\lambda_i}, i \in [R]$;

7. end for

8.until满足停止准则。

9.return $\lambda, A^{(1)}, A^{(2)}, \cdots, A(N)$。

图 3-16　高阶张量的 ALS 算法步骤

注意：

(1) ALS 算法并不能保证收敛到一个极小点，甚至不一定能收敛到稳定点，它只能找到一个目标函数不再下降的点。

(2) 算法的初始化可以是随机的，也可以将因子矩阵初始化为对应展开的奇异向量，如将 A 初始化为 X_1 的前 R 个左奇异向量。

ALS 算法在音乐推荐软件上的应用举例如下所述。

ALS 算法可以应用在音乐软件上，处理用户数据，做出相应的歌曲推荐，其大致流程如下：

(1) 接受给用户歌曲推荐的请求。

(2) 获取用户的历史记录(包括用户听歌历史、收藏、分享的歌曲)。

(3) 根据历史记录中的歌曲获取相似风格的歌曲。

(4) 权重排序。

(5) 返回结果。

其中，ALS 算法主要在第(3)步中发挥作用。

推荐所使用的数据可以抽象成一个 $m \times n$ 的矩阵 A，A 的每一行代表 m 个用户对所有歌曲的评分，n 列代表每首歌曲的对应得分。从实际使用情况来讲，A 是个“拉长”的矩阵，用户很少，歌曲很多。而且 $\boldsymbol{A}$ 是个稀疏矩阵，一个用户只是对听过所有歌曲中的一小部分有评分。通过矩阵分解方法，可以把这个低秩的矩阵，分解成两个小矩阵 $\boldsymbol{X}_{m\times F}$、$\boldsymbol{Y}_{n\times F}$ 的外积，即

$$\boldsymbol{A}_{m\times n}=\boldsymbol{X}_{m\times F}\circ\boldsymbol{Y}_{n\times F}=\boldsymbol{X}_{m\times F}\boldsymbol{Y}_{n\times F}^{\mathrm{T}} \tag{3-16}$$

现在假设有 5 个听众，有 5 首歌曲，那么 $\boldsymbol{A}$ 就变为一个 5×5 的矩阵，如表 3-1 所示。

表 3-1　ALS 用户订阅矩阵

	痴心绝对	小酒窝	红豆	明天你好	浮夸
听众 1	5			4	
听众 2		6			3
听众 3	3		7		
听众 4				4	
听众 5		4			6

假设有 3 个影响因子，则设 $\boldsymbol{X}$、$\boldsymbol{Y}$ 矩阵如表 3-2 和表 3-3 所示。

表 3-2　ALS 听众-特征矩阵

	性格	教育程度	兴趣爱好
听众 1	x_{11}	x_{12}	x_{13}
听众 2	x_{21}	x_{22}	x_{23}
听众 3	x_{31}	x_{32}	x_{33}
听众 4	x_{41}	x_{42}	x_{43}
听众 5	x_{51}	x_{52}	x_{53}

表 3-3　ALS 歌曲-特征矩阵

	痴心绝对	小酒窝	红豆	明天你好	浮夸
性格	y_{11}	y_{12}	y_{13}	y_{14}	y_{15}
教育程度	y_{21}	y_{22}	y_{23}	y_{24}	y_{25}
兴趣爱好	y_{31}	y_{32}	y_{33}	y_{34}	y_{35}

实际的求解过程中所用的数学方法就是二元函数求极值的方法。具体操作是把一个变量固定，然后对另一个变量求导数，再求得极值；然后固定另一个变量，再求得极值。我们仿照最小二乘法，首先固定用户矩阵，求歌曲矩阵的极值。然后固定歌曲矩阵，求得用户矩阵的极值。交替使用这两种方法，可以得到损失函数的最小值。具体为固定矩阵 $\boldsymbol{Y}$，则 $\boldsymbol{X}=\boldsymbol{A}\boldsymbol{Y}(\boldsymbol{Y}^{\mathrm{T}}\boldsymbol{Y})^{-1}$。得到 $\boldsymbol{X}$ 之后，再反求出 $\boldsymbol{Y}$，不断地交替迭代，最终使得 $\boldsymbol{X}\boldsymbol{Y}^{\mathrm{T}}$ 与 $\boldsymbol{A}$ 的平方误差小于指定阈值，停止迭代，得到最终的 $\boldsymbol{X}$ 和 $\boldsymbol{Y}$，最终综合地向用户推荐。

3. CP 分解的应用

CP 分解已经在高光谱图像处理、信号处理、视频处理、语音处理、计算机视觉、机器学习等领域得到了广泛的应用。下面详细介绍 CP 分解在高光谱图像处理中的应用。

高光谱图像(hyperspectral imaging spectroscopy，HIS)是 20 世纪 80 年代以来新兴的一种新型成像技术，它包括了可见光和不可见光范围，由几十到几百个连续光谱窄波段构成，形成了一种数据立方体结构的图像。高光谱图像可以看作一个三阶张量，图像的空间域和光谱域构成了数据的三个维数。采用低秩 CP 分解对高光谱图像去噪后，低秩的部分被认为是无噪声的部分，即信号主成分剩下的部分被认为是噪声成分，如图 3-17 所示。

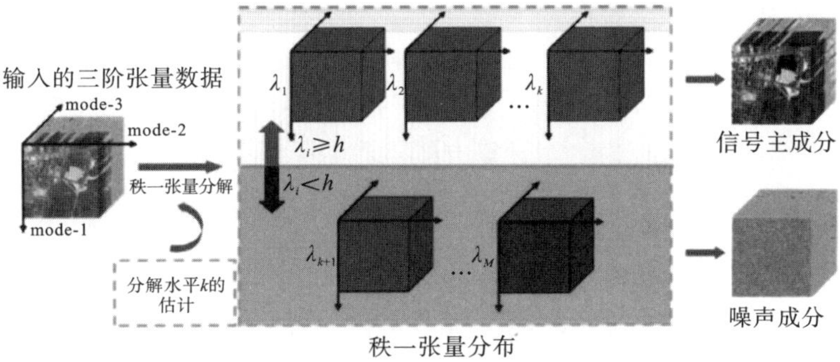

图 3-17　CP 分解高光谱图像的噪声数据示意图

从图 3-18 中可以看到一个高光谱图像数据 X 可以由两部分组成，即

$$X = S + N$$

其中，S 是低秩的部分即干净的图像，N 是噪声的部分(这里的噪声包括白噪声、高斯噪声等)。可以通过对原始数据 X 进行低秩 CP 分解来得到 S。在 Urban(城市的)数据上进行去噪得到去噪前的数据和去噪之后的数据图如图 3-19 所示。从图 3-19 中可以看到，采用 CP 分解对高光谱图像进行去噪后的效果图，与原图对比相对清晰。除上述例子中，张量分解应用在图像等高维数据处理方面展现了得天独厚的优势之外，在神经网络拟合以及医疗数据分析等领域也发挥着不可小觑的作用。

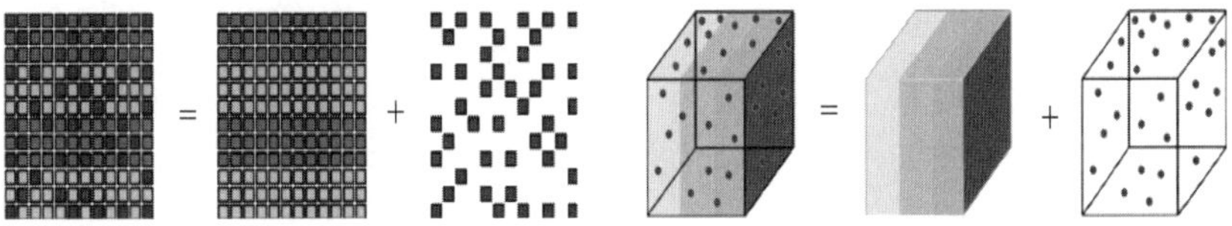

图 3-18　高光谱图像数据 CP 分解得噪声数据和无噪声图像数据

(a) (b)

图 3-19 高光谱图像采用 CP 分解原图(a)与去噪后(b)对比

3.7.2 带权 CP 分解

通常情况下，CP 分解后得到的一系列秩一张量是不同的，而在实际数据处理中，它们发挥的作用也不尽相同，同时为了计算方便，通常假设因子矩阵的列是单位长度的，从而需要引入一个权重向量 $\lambda \in \mathbf{R}^R$，使三阶张量 CP 分解变为

$$\boldsymbol{X} \approx [\![\lambda; \boldsymbol{A}, \boldsymbol{B}, \boldsymbol{C}]\!] \equiv \sum_{r=1}^{R} \lambda_r a_r \circ b_r \circ c_r$$

即带权 CP 分解，其中，$\lambda_r \in \mathbf{R}$, 且 $\|a_r\| = \|b_r\| = \|c_r\| = 1$, $(r=1,2,\cdots,R)$。

这时，例 7 中的 CP 分解就可以换成如下带权 CP 分解：

$$\begin{bmatrix}1\\2\\3\end{bmatrix} \circ \begin{bmatrix}4\\5\\6\end{bmatrix} \circ \begin{bmatrix}7\\8\\9\end{bmatrix} + \begin{bmatrix}2\\0\\0\end{bmatrix} \circ \begin{bmatrix}1\\0\\0\end{bmatrix} \circ \begin{bmatrix}1\\0\\0\end{bmatrix} = 14\sqrt{1067} \begin{bmatrix}1/\sqrt{14}\\2/\sqrt{14}\\3/\sqrt{14}\end{bmatrix} \circ \begin{bmatrix}4/\sqrt{77}\\5/\sqrt{77}\\6/\sqrt{77}\end{bmatrix} \circ \begin{bmatrix}7/\sqrt{194}\\8/\sqrt{194}\\9/\sqrt{194}\end{bmatrix} + 2\begin{bmatrix}1\\0\\0\end{bmatrix} \circ \begin{bmatrix}1\\0\\0\end{bmatrix} \circ \begin{bmatrix}1\\0\\0\end{bmatrix}$$

同理，对于高阶张量其带权 CP 分解为

$$\boldsymbol{X} \approx [\![\lambda; \boldsymbol{A}^{(1)}, \boldsymbol{A}^{(2)}, \cdots, \boldsymbol{A}^{(N)}]\!] \equiv \sum_{r=1}^{R} \lambda_r a_r^{(1)} \circ a_r^{(2)} \circ \cdots \circ a_r^{(N)}$$

式中，$\lambda_r \in \mathbf{R}$, $a_r^{(n)} \in \mathbf{R}^{I_n}$.

在这种情况下，mode-n 矩阵化的版本即其 Khatri-Rao 积的展开形式为

$$\boldsymbol{X}_{(n)} \approx \boldsymbol{A}^{(n)} \mathrm{diag}(\lambda) (\boldsymbol{A}^{(N)} \odot \cdots \odot \boldsymbol{A}^{(n+1)} \odot \boldsymbol{A}^{(n-1)} \odot \cdots \odot \boldsymbol{A}^{(1)})^{\mathrm{T}}$$

式中，$n=1,2,\cdots,N$。

3.7.3 Tucker 分解

定义 16 Tucker 分解是一种高阶的主成分分析，也是高阶奇异值分解，它将张量 $\boldsymbol{X} \in \mathbf{R}^{I_1 \times \cdots \times I_N}$ 分解成一个核张量 $\boldsymbol{G} \in \mathbf{R}^{R_1 \times \cdots \times R_N}$ 和 N 个矩阵 $\boldsymbol{A}^{(n)} \in \mathbf{R}^{I_n \times R_n}$ 的 mode-n 乘积(用 $\times_n, n=1,2,\cdots,N$)表示，即

$$\boldsymbol{X} = \boldsymbol{G} \times_1 \boldsymbol{A}^{(1)} \times_2 \cdots \times_N \boldsymbol{A}^{(N)} \tag{3-17}$$

例如，对于三阶张量 $\boldsymbol{X}\in\mathbf{R}^{I\times J\times K}$ 来说，其 Tucker 分解为(图 3-20)：

$$\boldsymbol{X}\approx\sum_{r=1}^{R}[\![\boldsymbol{G}_r;\boldsymbol{A}_r,\boldsymbol{B}_r,\boldsymbol{C}_r]\!]$$

式中，$\boldsymbol{G}\in\mathbf{R}^{P\times Q\times R}$ 就是核心张量，因子矩阵 $\boldsymbol{A}\in\mathbf{R}^{I\times P},\boldsymbol{B}\in\mathbf{R}^{J\times Q},\boldsymbol{C}\in\mathbf{R}^{K\times R}$ 通常是正交的，可以视为沿相应阶的主成分，其中的每一个数字代表了不同主成分之间的联系程度。

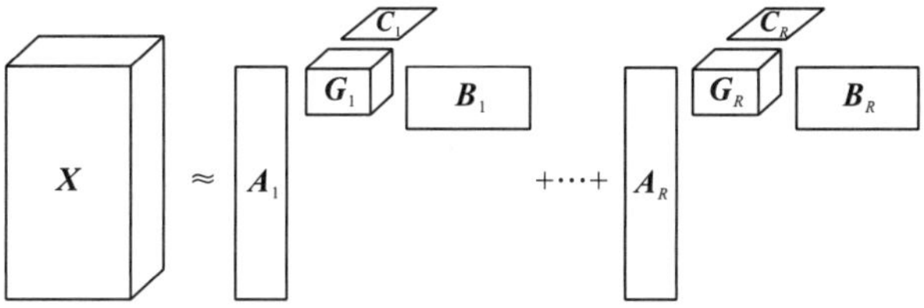

图 3-20　三阶张量的 Tucker 分解示意图

容易看出，CP 分解是 Tucker 分解的一种特殊形式：如果核心张量 $\boldsymbol{G}$ 是对角的，且 $P=Q=R$，则 Tucker 分解就退化成了加权 CP 分解，如图 3-21 所示。

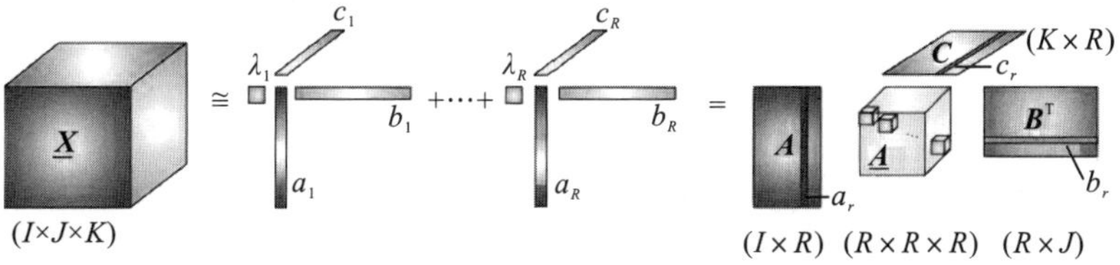

图 3-21　Tucker 分解与 CP 分解之间的联系示意图

三阶 Tucker 分解的矩阵展开形式为

$$\begin{aligned}\boldsymbol{X}_{(1)}&\approx\boldsymbol{A}\boldsymbol{G}_{(1)}(\boldsymbol{C}\otimes\boldsymbol{B})^{\mathrm{T}}\\\boldsymbol{X}_{(2)}&\approx\boldsymbol{B}\boldsymbol{G}_{(2)}(\boldsymbol{C}\otimes\boldsymbol{A})^{\mathrm{T}}\\\boldsymbol{X}_{(3)}&\approx\boldsymbol{C}\boldsymbol{G}_{(3)}(\boldsymbol{B}\otimes\boldsymbol{A})^{\mathrm{T}}\end{aligned}\tag{3-18}$$

回顾前面三阶 CP 分解 Khatri-Rao 积的展开形式，会发现三阶 Tucker 分解的展开形式有两点不同，一是多了一个 $\boldsymbol{G}_{(i)},i=1,2,3$，它代表的是三个切片核心张量，二是公式 Khatri-Rao 积变成了张量积，但对应的 $\boldsymbol{X}_{(i)},i=1,2,3$，也是与其对应的原张量切片。同样可得 N 阶张量的 Tucker 分解的矩阵展开形式为

$$\boldsymbol{X}_{(n)}=\boldsymbol{A}^{(n)}\boldsymbol{G}_{(1)}(\boldsymbol{A}^{(N)}\otimes\cdots\otimes\boldsymbol{A}^{(n+1)}\otimes\boldsymbol{A}^{(n-1)}\otimes\cdots\otimes\boldsymbol{A}^{(1)})^{\mathrm{T}}\tag{3-19}$$

特别地，对于一个三阶张量，若固定其一个因子矩阵为单位阵，就得到 Tucker 分解的一个重要特例，即 Tucker2 分解

$$\boldsymbol{X}=\boldsymbol{G}\times_1\boldsymbol{A}\times_2\boldsymbol{B}=[\boldsymbol{G};\boldsymbol{A},\boldsymbol{B},\boldsymbol{E}]\tag{3-20}$$

若是固定两个因子矩阵 $\boldsymbol{C}=\boldsymbol{E},\boldsymbol{B}=\boldsymbol{E}$，就得到 Tucker1 分解，此时 Tucker 分解就退化成了普通的二维高阶主成分分析(principal component analysis，PCA)，即

$$\boldsymbol{X}=\boldsymbol{G}\times_1\boldsymbol{A}=[\boldsymbol{G};\boldsymbol{A},\boldsymbol{E},\boldsymbol{E}]\tag{3-21}$$

这也从侧面证明了张量 Tucker1 分解就是 PCA。

Tucker 分解的计算有几种比较常见的方法。第一种是高阶奇异值分解(higher-order singular value decomposition，HOSVD)算法，这是矩阵的奇异值分解(singular value decomposition，SVD)算法在高维空间的扩展。第二种是高阶正交迭代(higher-order orthogonal iteration，HOOI)算法，该算法以 HOSVD 分解得到的结果为初始输入，然后利用前面介绍的 ALS 算法迭代计算得到 Tucker 分解，因此该算法克服了 HOSVD 分解“不一定得到最优解”的弊端。跟 SVD 一样，HOSVD 中的核心张量代表着原始张量的某些特征，而因子矩阵代表着这些特征的重要程度。例如，图 3-22 示意了一个三阶张量模型高阶奇异值分解及其重构，形象地描述了原始张量、核心张量、因子矩阵和重构的近似张量之间的关系。

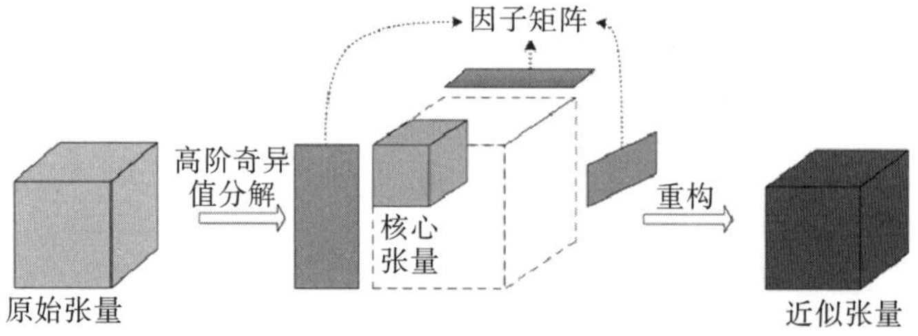

图 3-22　三阶张量的高阶奇异值分解及其重构示意图

在高阶奇异值分解过程中，其伴随矩阵 $\boldsymbol{A}^{(1)},\boldsymbol{A}^{(2)},\cdots,\boldsymbol{A}^{(N)}$ 是针对原始张量在各阶 n 展开矩阵中通过奇异值分解得到的截断的左奇异向量矩阵，这些矩阵也称为张量区的截断正交基空间。

注意：①HOSVD 的本质是利用 SVD 对每个阶做一次 Tucker1 分解(截断或者不截断)；②HOSVD 不能保证得到一个较好的近似，但 HOSVD 的结果可以作为一个其他迭代算法(如 HOOI)的很好的初始解。

奇异值分解是在机器学习领域广泛应用的算法，它不仅可以用于降维算法中的特征分解，还可以用于推荐系统，以及自然语言处理等领域。一方面，奇异值分解是很多机器学习算法的基石；另一方面，为了更好地理解 HOSVD，下面将详细介绍奇异值分解及其性质。在介绍奇异值分解之前，先介绍正交矩阵和特征值分解(eigen value decomposition，EVD)。

1. 正交矩阵

如果一个矩阵满足以下两个条件，则称其为正交矩阵：

(1) 该矩阵是一个方阵；

(2) 与自身转置矩阵的乘积等于单位矩阵，即 $\boldsymbol{A}\boldsymbol{A}^{\mathrm{T}}=\boldsymbol{A}^{\mathrm{T}}\boldsymbol{A}=\boldsymbol{E}$。

且正交矩阵有如下相关性质：

(1) 正交矩阵 $\boldsymbol{A}$ 的转置也是正交矩阵；

(2) 正交矩阵 $\boldsymbol{A}$ 的各行各列都是单位向量且两两正交；

(3) $\det(\boldsymbol{A})=\pm 1$；

(4) $\boldsymbol{A}^{\mathrm{T}}=\boldsymbol{A}^{-1}$。

2. 特征值分解(EVD)

线性代数告诉我们，如果矩阵 $\boldsymbol{A}$ 是一个 $m\times m$ 的实对称方阵，那么它可以被分解成如下的形式：

$$\boldsymbol{A}=\boldsymbol{Q}\boldsymbol{\Sigma}\boldsymbol{Q}^{\mathrm{T}}=\boldsymbol{Q}\begin{bmatrix}\lambda_1 & 0 & \cdots & 0\\ 0 & \lambda_2 & \cdots & 0\\ \vdots & \vdots & & \vdots\\ 0 & 0 & \cdots & \lambda_m\end{bmatrix}\boldsymbol{Q}^{\mathrm{T}} \tag{3-22}$$

式中，$\boldsymbol{Q}=(q_1,q_2,\cdots,q_m)$ 为正交阵，即有 $\boldsymbol{Q}\boldsymbol{Q}^{\mathrm{T}}=\boldsymbol{E}$；$\boldsymbol{\Sigma}$ 为对角矩阵，λ_i 称为特征值，$\boldsymbol{q}_i$ 是 λ_i 对应特征向量，且 $\boldsymbol{A}\boldsymbol{q}_i=\lambda_i\boldsymbol{q}_i$，$\boldsymbol{q}_i{}^{\mathrm{T}}\boldsymbol{q}_j=\begin{cases}1, i=j\\ 0, i\neq j\end{cases}$。

上述的特征值分解是线性代数中非常著名的一个问题，但是它有着较为严格的条件，即必须是实对称方阵，当目标矩阵不再是实对称方阵的时候，又该如何分解呢？下面的内容恰好为我们提供了新的思路。

3. 奇异值分解(SVD)

定义 17 对于一个 $m\times n$ 的实矩阵，可以将其分解成如下形式：

$$\boldsymbol{A}=\boldsymbol{U}\boldsymbol{\Sigma}\boldsymbol{V}^{\mathrm{T}} \tag{3-23}$$

式中，$\boldsymbol{U}$ 和 $\boldsymbol{V}$ 均为单位正交阵，$\boldsymbol{U}$ 称为左奇异矩阵，$\boldsymbol{V}$ 称为右奇异矩阵；$\boldsymbol{\Sigma}$ 依然是对角矩阵，且 $\boldsymbol{U}\in\mathbf{R}^{m\times m},\boldsymbol{\Sigma}\in\mathbf{R}^{m\times n},\boldsymbol{V}\in\mathbf{R}^{n\times n}$，一般地，$\boldsymbol{\Sigma}$ 写成如下形式：

$$\boldsymbol{\Sigma}=\begin{bmatrix}\sigma_1 & 0 & \cdots & 0 & \cdots & 0\\ 0 & \sigma_2 & \cdots & 0 & \cdots & 0\\ \vdots & \vdots & \ddots & \vdots & \cdots & \vdots\\ 0 & \cdots & 0 & \sigma_r & \cdots & 0\\ 0 & \cdots & 0 & 0 & \cdots & 0\\ \vdots & \vdots & \vdots & \vdots & \vdots & \vdots\\ 0 & \cdots & 0 & 0 & \cdots & 0\end{bmatrix}_{m\times n}$$

上述分解规律可以用图 3-23 表示。

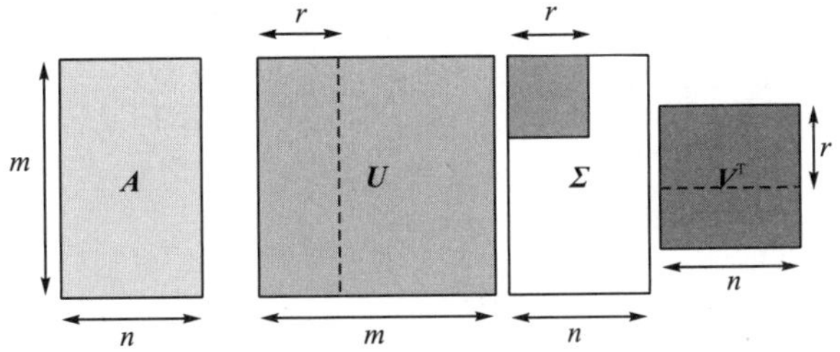

图 3-23 SVD 分解示意图

下面通过例题学习如何求解一个非方阵的奇异值分解。

【例 11】对于一个给定矩阵 $\boldsymbol{A}=\begin{bmatrix}1 & 1\\ 1 & 1\\ 0 & 0\end{bmatrix}$，求其奇异值分解的结果。

解：第一步计算左奇异矩阵 $\boldsymbol{U}$，通过 $\boldsymbol{A}\boldsymbol{A}^{\mathrm{T}}=\begin{bmatrix}2 & 2 & 0\\ 2 & 2 & 0\\ 0 & 0 & 0\end{bmatrix}$ 的特征分解，易得特征值为 0、0、4，对应的特征向量分别为 $\left[\frac{1}{\sqrt{2}},\frac{1}{\sqrt{2}},0\right]^{\mathrm{T}}$、$\left[-\frac{1}{\sqrt{2}},\frac{1}{\sqrt{2}},0\right]^{\mathrm{T}}$、$[0,0,1]^{\mathrm{T}}$，进而可得

$$\boldsymbol{U}=\begin{bmatrix}\frac{1}{\sqrt{2}} & -\frac{1}{\sqrt{2}} & 0\\ \frac{1}{\sqrt{2}} & \frac{1}{\sqrt{2}} & 0\\ 0 & 0 & 1\end{bmatrix}$$

第二步计算右奇异矩阵 $\boldsymbol{V}$，同样先计算 $\boldsymbol{A}^{\mathrm{T}}\boldsymbol{A}$，再进行特征分解，得到特征值为 4、0，对应的特征向量分别为 $\left[\frac{1}{\sqrt{2}},\frac{1}{\sqrt{2}}\right]^{\mathrm{T}}$、$\left[-\frac{1}{\sqrt{2}},\frac{1}{\sqrt{2}}\right]^{\mathrm{T}}$，进而易得

$$\boldsymbol{V}=\begin{bmatrix}\frac{1}{\sqrt{2}} & -\frac{1}{\sqrt{2}}\\ \frac{1}{\sqrt{2}} & \frac{1}{\sqrt{2}}\end{bmatrix}$$

最后再计算 $\boldsymbol{\Sigma}$，$\boldsymbol{\Sigma}_{mn}=\begin{bmatrix}\Sigma_1 & 0\\ 0 & 0\end{bmatrix}$，其中 $\Sigma_1=\mathrm{diag}(\sigma_1,\sigma_2,\cdots,\sigma_r)$ 是将第一、二步求出的非零特征值从大到小排列后开根号的值，这里的 $\boldsymbol{\Sigma}$ 为

$$\boldsymbol{\Sigma}=\begin{bmatrix}2 & 0\\ 0 & 0\\ 0 & 0\end{bmatrix}$$

最终得到的奇异值分解为

$$\boldsymbol{A}=\boldsymbol{U}\boldsymbol{\Sigma}\boldsymbol{V}^{\mathrm{T}}=\begin{bmatrix}\frac{1}{\sqrt{2}} & -\frac{1}{\sqrt{2}} & 0\\ \frac{1}{\sqrt{2}} & \frac{1}{\sqrt{2}} & 0\\ 0 & 0 & 0\end{bmatrix}\begin{bmatrix}2 & 0\\ 0 & 0\\ 0 & 0\end{bmatrix}\begin{bmatrix}\frac{1}{\sqrt{2}} & -\frac{1}{\sqrt{2}}\\ \frac{1}{\sqrt{2}} & \frac{1}{\sqrt{2}}\end{bmatrix}^{\mathrm{T}}=\begin{bmatrix}1 & 1\\ 1 & 1\\ 0 & 0\end{bmatrix}$$

4. 奇异值分解的数学意义与应用原理

奇异值包含了矩阵的“本质信息”，而一个矩阵的“本质信息”具体指什么?这是个很抽象的概念，在不同的应用领域自然有不同的解释，而从矩阵本身的角度尽量直观地解释，即奇异值分解的结果，解释了矩阵的“奇异程度”。

线性代数告诉我们非满秩的矩阵就是奇异矩阵，但是并未提到某个衡量标准能够量化哪个矩阵更不满秩，或者更奇异。来看下面两个矩阵：

$$A=\begin{bmatrix}1&1&1\\2&2&2\\6&6&7\end{bmatrix}\quad B=\begin{bmatrix}1&1&1\\2&2&2\\1&11&7\end{bmatrix}$$

仔细观察上述两个矩阵，不难看出二者的秩都为 2，但 A 矩阵显得更奇异，因为其第三行只需要将 7 改成 6，秩就为 1，秩越低，越奇异。为了追本溯源，从 A、B 奇异值分解后的如下对角矩阵看是否有迹可循：

$$\Sigma_A=\begin{bmatrix}11.66&0&0\\0&0.27&0\\0&0&0\end{bmatrix}\quad \Sigma_B=\begin{bmatrix}13.48&0&0\\0&2.04&0\\0&0&0\end{bmatrix}$$

式中，$\sigma_{A_1}/\sum_{i=1}^{3}\sigma_{A_i}=98\%\quad \sigma_{B_1}/\sum_{i=1}^{3}\sigma_{B_i}=87\%$，我们似乎找到了与假设相匹配的理由，与主成分分析(PCA)或者图像压缩的原理相似，Σ 的“头部”集中了更多的“质量”，越远离“头部”的奇异值对恢复矩阵的影响越小，这说明：一个矩阵越“奇异”，其越少的奇异值蕴含了越多的矩阵信息，矩阵的信息熵越小[这也符合我们的认知，矩阵越“奇异”，其行(或列)向量彼此越线性相关，越能彼此互相解释，矩阵所携带的信息自然也越少]。

5. 奇异值分解补充理解

上述推导和证明的奇异值分解方法都是完全奇异值分解，但是实际在图像处理算法中使用的是奇异值分解的紧凑形式和截断形式。紧奇异值分解是与原始矩阵等秩的奇异值分解，截断奇异值分解是比原始矩阵低秩的奇异值分解，简单了解一下即可。

定义 18 对于 $m\times n$ 的实矩阵 A，秩为 $\mathrm{rank}(A)=r\leqslant\min(m,n)$，那么矩阵 A 的紧奇异值分解为

$$A=U_r\Sigma_rV_r^{\mathrm{T}} \tag{3-24}$$

定义 19 对于 $m\times n$ 的实矩阵 A，秩为 $\mathrm{rank}(A)=r$，由于 $0<k<r$，则截断奇异值分解为

$$A\approx U_k\Sigma_kV_k^{\mathrm{T}} \tag{3-25}$$

注意：紧奇异值分解还原后等于原始矩阵，截断奇异值分解还原后近似原矩阵。因此在对矩阵数据进行压缩时，紧奇异值分解对应无损压缩，截断奇异值分解对应有损压缩。

6. 奇异值分解定理及其性质

定义 20 设 A 是秩为 $r(r>0)$、大小为 $m\times n$ 的矩阵，则存在 m 阶酉矩阵(正交矩阵) U 和 n 阶酉矩阵(正交矩阵) V，使得

$$U^{\dagger}AV=\begin{bmatrix}\Sigma&O\\O&O\end{bmatrix}=S \tag{3-26}$$

式中，$\Sigma = \mathrm{diag}(\sigma_1, \sigma_2, \cdots, \sigma_r)$，且 $\sigma_1 \geqslant \sigma_2 \geqslant \cdots \geqslant \sigma_r \geqslant 0$，$\sigma i(i = 1,2,3,\cdots,\gamma)$ 为矩阵 $\boldsymbol{A}$ 的奇异值。

1) 奇异值分解可以降维

矩阵 $\boldsymbol{A}$ 表示 n 个 m 维向量，可以通过奇异值分解表示成 $m+n$ 个 r 维向量，若 $\boldsymbol{A}$ 的秩 r 远远小于 m 和 n，则通过奇异值分解可以降低矩阵 $\boldsymbol{A}$ 的维数。可以计算出：当 $r < \dfrac{mn}{m+n+1}$ 时，可以达到矩阵降维的目的，同时也降低了计算机对存储器的要求。

2) 奇异值对矩阵的扰动不敏感

在数学上可以证明，奇异值的变化不会超过相应矩阵的变化，即对任何相同阶数的实矩阵 $\boldsymbol{A}$、$\boldsymbol{B}$ 按从大到小排列的奇异值 α_i 和 ϖ_i 有

$$\sum |\alpha_i - \varpi_i| \leqslant \| \boldsymbol{A} - \boldsymbol{B} \|_2 \tag{3-27}$$

将这个性质应用在人脸识别中，使用合适的分类器就可以把同一个人的不同姿态、表情的图像矩阵归为一类(高容错性)。

3) 奇异值的比例不变

矩阵进行数乘变换，对应的奇异值也成比例变化，即矩阵 $\alpha \boldsymbol{A}$ 的奇异值是矩阵 $\boldsymbol{A}$ 的奇异值的 $|\alpha|$ 倍。在人脸识别中，同一个人脸在光线明暗不同的情况下，它们的矩阵奇异值是成比例变化的。奇异值向量归一化后可以视为一类。

4) 奇异值的旋转不变性

即若 $\boldsymbol{P}$ 是正交阵，$\boldsymbol{PA}$ 的奇异值与 $\boldsymbol{A}$ 的奇异值相同。奇异值的比例和旋转不变性特征在数字图像的旋转、镜像、平移、放大、缩小等几何变化方面有很好的应用。

5) 容易得到矩阵 $\boldsymbol{A}$ 的秩为 $k(k \leqslant r)$ 的一个最佳逼近矩阵

$\boldsymbol{A}$ 是矩阵 $\boldsymbol{u}_i \boldsymbol{v}_i^{\mathrm{T}} (1 \leqslant i \leqslant r)$ 的加权和，即

$$\boldsymbol{A} = \sigma_1 \boldsymbol{u}_1 \boldsymbol{v}_1^{\mathrm{T}} + \sigma_2 \boldsymbol{u}_2 \boldsymbol{v}_2^{\mathrm{T}} + \cdots + \sigma_r \boldsymbol{u}_r \boldsymbol{v}_r^{\mathrm{T}} \tag{3-28}$$

式中，权系数按递减排列 $\sigma_1 \geqslant \sigma_2 \geqslant \cdots \geqslant \sigma_r > 0$。

综上，奇异值分解是机器学习中的重要组成部分，在后续的章节中会着重介绍，在此前，需要理解以下四点：

(1) SVD 是将矩阵 $\boldsymbol{A}$ 分解为 3 个矩阵——$\boldsymbol{U}$、$\boldsymbol{\Sigma}$ 和 $\boldsymbol{V}$，$\boldsymbol{\Sigma}$ 是奇异值的对角矩阵，奇异值被视为矩阵中不同特征的重要性值；

(2) 矩阵的秩是对存储在矩阵中的独特信息的度量，秩越高，信息越多；

(3) 矩阵的特征向量是数据的最大扩展或方差的方向；

(4) 在大多数应用中，我们希望将高秩矩阵缩减为低秩矩阵，同时保留重要信息。

7. 基于 HOOI 算法的 Tucker 分解

假设有一个 N 阶张量 $\boldsymbol{X} \in \mathbf{R}^{I_1 \times I_2 \times \cdots \times I_N}$，为了导出 HOOI 算法，先考虑目标函数

$$\min_{\boldsymbol{G}; \boldsymbol{A}^{(1)}, \cdots, \boldsymbol{A}^{(N)}} \left\| \boldsymbol{X} - [\![\boldsymbol{G}; \boldsymbol{A}^{(1)}, \cdots, \boldsymbol{A}^{(N)}]\!] \right\| \tag{3-29}$$

通过以向量化形式重写上述目标函数为

$$\left\| \mathrm{vec}(\boldsymbol{X}) - (\boldsymbol{A}^{(N)} \otimes \boldsymbol{A}^{(N-1)} \otimes \cdots \otimes \boldsymbol{A}^{(1)}) \mathrm{vec}(\boldsymbol{G}) \right\| \tag{3-30}$$

很容易证明核心张量 $\boldsymbol{G}$ 必须满足

$$\boldsymbol{G}=\boldsymbol{X}\times_1\boldsymbol{A}^{(1)\mathrm{T}}\cdots\times_N\boldsymbol{A}^{(N)\mathrm{T}} \tag{3-31}$$

整体目标函数平方化简为

$$\begin{aligned}
&\left\|\boldsymbol{X}-[\![\boldsymbol{G};\boldsymbol{A}^{(1)},\cdots,\boldsymbol{A}^{(N)}]\!]\right\|^2\\
&=\|\boldsymbol{X}\|^2-2\left\langle\boldsymbol{X},[\![\boldsymbol{G};\boldsymbol{A}^{(1)},\cdots,\boldsymbol{A}^{(N)}]\!]\right\rangle+\left\|[\![\boldsymbol{G};\boldsymbol{A}^{(1)},\cdots,\boldsymbol{A}^{(N)}]\!]\right\|^2\\
&=\|\boldsymbol{X}\|^2-2\left\langle\boldsymbol{X}\times_1\boldsymbol{A}^{(1)\mathrm{T}}\cdots\times_N\boldsymbol{A}^{(N)\mathrm{T}},\boldsymbol{G}\right\rangle+\|\boldsymbol{G}\|^2\\
&=\|\boldsymbol{X}\|^2-2\langle\boldsymbol{G},\boldsymbol{G}\rangle+\|\boldsymbol{G}\|^2\\
&=\|\boldsymbol{X}\|^2-\|\boldsymbol{G}\|^2\\
&=\|\boldsymbol{X}\|^2-\left\|\boldsymbol{X}\times_1\boldsymbol{A}^{(1)\mathrm{T}}\cdots\times_N\boldsymbol{A}^{(N)\mathrm{T}}\right\|^2
\end{aligned} \tag{3-32}$$

上述公式的最小化问题可以进行如下转化：

$$\min_{\boldsymbol{G};\boldsymbol{A}^{(1)},\cdots,\boldsymbol{A}^{(N)}}\left\|\boldsymbol{X}-[\![\boldsymbol{G};\boldsymbol{A}^{(1)},\cdots,\boldsymbol{A}^{(N)}]\!]\right\|\Leftrightarrow\max_{\boldsymbol{G};\boldsymbol{A}^{(1)},\cdots,\boldsymbol{A}^{(N)}}\left\|\boldsymbol{X}\times_1\boldsymbol{A}^{(1)\mathrm{T}}\cdots\times_N\boldsymbol{A}^{(N)\mathrm{T}}\right\| \tag{3-33}$$

且 $\max\limits_{\boldsymbol{G};\boldsymbol{A}^{(1)},\cdots,\boldsymbol{A}^{(N)}}\left\|\boldsymbol{X}\times_1\boldsymbol{A}^{(1)\mathrm{T}}\cdots\times_N\boldsymbol{A}^{(N)\mathrm{T}}\right\|$ 可以转化为矩阵形式：

$$\max_{\boldsymbol{G};\boldsymbol{A}^{(1)},\cdots,\boldsymbol{A}^{(N)}}\left\|\boldsymbol{A}^{(n)\mathrm{T}}\boldsymbol{W}\right\|,\ \text{其中}\ \boldsymbol{W}=\boldsymbol{X}_{(n)}(\boldsymbol{A}^{(N)}\otimes\cdots\otimes\boldsymbol{A}^{(n+1)}\otimes\boldsymbol{A}^{(n-1)}\otimes\cdots\otimes\boldsymbol{A}^{(1)}) \tag{3-34}$$

使用 SVD 可以求解上面的优化问题，最终结果只需通过令 $\boldsymbol{A}^{(n)}$ 为 $\boldsymbol{W}$ 的前 R_n 个左奇异向量得到，但是，这个方法不能保证收敛到全局最优值。

8. CP 分解和 Tucker 分解的区别

1) 主要区别：核张量(core tensor)

Tucker 分解的结果会形成一个核张量，即 PCA 中的主成分因子，来表示原张量的主要性质，而 CP 分解没有核张量。

2) Tucker 分解是 n-秩与低秩近似，而 CP 分解是秩与低秩近似

首先介绍 n-秩，即若有一个 N 阶张量 $\boldsymbol{X}\in\mathbf{R}^{I_1\times I_2\times\cdots\times I_N}$，那么其 n-秩的含义是 $\boldsymbol{X}$ 在 mode-n 矩阵化后的矩阵 $\boldsymbol{X}_{(n)}$ 的列秩，其表示为 $\mathrm{rank}_n(\boldsymbol{X})$。如果在 Tucker 分解中，令 $\boldsymbol{R}_n=\mathrm{rank}_n(\boldsymbol{X}),(n=1,2,\cdots,N)$，那么就称张量 $\boldsymbol{X}$ 是一 rank-$(R_1,R_2,\cdots,R_N)$ (注：不要混淆张量 n-秩和张量秩的概念)。

在 CP 分解时都是先固定秩的大小，再去迭代，即没有用到张量本身的秩；但是在 Tucker 分解时是根据张量本身的秩进行分解的。

3) Tucker 分解的唯一性不能保证

对于固定的 n-秩，Tucker 分解的唯一性不能保证，如对于三阶张量的分解，如果令 $\boldsymbol{U}\in\mathbf{R}^{P\times P},\boldsymbol{N}\in\mathbf{R}^{Q\times Q},\boldsymbol{W}\in\mathbf{R}^{R\times R}$ 为非奇异矩阵，那么对 Tucker 分解可以做下面的变换:

$$[\![\boldsymbol{G};\boldsymbol{A},\boldsymbol{B},\boldsymbol{C}]\!]=[\![\boldsymbol{G}\times_1\boldsymbol{U}\times_2\boldsymbol{V}\times_3\boldsymbol{W};\boldsymbol{A}\boldsymbol{U}^{-1},\boldsymbol{B}\boldsymbol{V}^{-1},\boldsymbol{W}^{-1}]\!] \tag{3-35}$$

换句话说，我们可以在不影响拟合结果的情况下修改核张量 $\boldsymbol{G}$，只要同时对因子矩阵进行反向修改即可，所以 Tucker 分解一般还需要加上一些约束，如分解得到的因子单

位正交约束等。但是这种特性提供了一个渠道，让我们可以简化核张量 $\boldsymbol{G}$，从而使 $\boldsymbol{G}$ 中的大多数元素为 0，这样就可以消除各个维数上成分的相互作用。

CP 分解的求解则首先要确定分解的秩一张量的个数 R，通常通过迭代的方法对 R 从 1 开始遍历直到找到一个合适的解。

4) 可加约束的共性

在一些应用中，为了使得 CP 分解更加鲁棒和精确，可以在分解出的因子上加上一些约束条件，如平滑(smooth)约束、正交约束、非负(non-negative)约束、稀疏(sparsity)约束等。Tucker 分解除了可以在各个因子矩阵上加上正交约束以外，也可以加稀疏约束、平滑约束、非负约束等。另外，在一些应用的场景中不同阶的物理意义不同，可以加上不同的约束。

5) 应用领域不同

Tucker 分解可以看作是一个 PCA 的多线性版本(需要确立一种思维，一个矩阵可以理解为一种线性变换，那么对于 $\boldsymbol{A}\times\boldsymbol{B}$，可以理解为在矩阵 $\boldsymbol{A}$ 上施加一种线性变换，如果同时考虑矩阵维数变化)，$\boldsymbol{A}\in\mathbf{R}^{I_1\times I_2}$，$\boldsymbol{B}\in\mathbf{R}^{I_2\times I_3}$，那么 $(\boldsymbol{A}\times\boldsymbol{B})\in\mathbf{R}^{I_1\times I_3}$，可以尝试这样去理解：$\boldsymbol{A}\times\boldsymbol{B}$ 相当于沿着矩阵的第二个维数施加了线性变化，使得第二个维数由 I_2 变成了 I_3。现在来考虑 $\boldsymbol{X}\times_1\boldsymbol{A}$，其中张量 $\boldsymbol{X}\in\mathbf{R}^{I_1\times I_2\times I_3}$，矩阵 $\boldsymbol{A}\in\mathbf{R}^{J_1\times I_1}$，我们知道这个 mode-1 积的结果是一个 $J_1\times I_2\times I_3$ 的张量，那么不妨认为 mode-1 积是沿着张量 $\boldsymbol{X}$ 的第一个维数施加了线性变换，使得第一个维数从 I_1 变化到了 J_1。如果 $J_1<I_1$，就相当于沿着张量的第一维数进行了一种降维操作，此时就可以将 Tucker 分解与 PCA 降维联系起来了，因此可以用于数据降维、特征提取、张量子空间学习等。比如，一个低秩的张量可以近似做一些去噪的操作等。Tucker 分解同时在高光谱图像中也有所应用，如用低秩 Tucker 分解进行高光谱图像的去噪，用张量子空间做高光谱图像的特征选择，用 Tucker 分解做数据的压缩等。CP 分解已经在信号处理、视频处理、语音处理、计算机视觉、机器学习等领域得到了广泛的应用。

参 考 文 献

刘华中，2018. 基于张量的大数据高效计算及多模态分析方法研究[D]. 武汉：华中科技大学.

Cichocki A，Lee N，Oseledets I，et al.，2016. Tensor networks for dimensionality reduction and large-scale optimization: Part 1 low-rank tensor decompositions[J]. Foundations and Trends in Machine Learning，9(4-5): 249-429.

Cichocki A，Phan A H，Zhao Q，et al.，2017. Tensor networks for dimensionality reduction and large-scale optimizations: Part 2 applications and future perspectives[J]. Foundations and Trends ® in Machine Learning，9(6)：431-673.

Kolda T G，Bader B W，2009. Tensor decompositions and applications[J]. SIAM Review，51(3): 455-500.

Oseledets I V，2011. Tensor-train decomposition[J]. SIAM Journal on Scientific Computing，33(5): 2295-2317.

第 4 章　张量网络与量子多体物理系统

在基于张量的大数据分析过程中，张量的阶数根据实际情况决定，有时可能达到 10、100，甚至 1000，而由此带来的维数灾难问题已成为基于张量的大数据分析与处理的主要瓶颈。维数灾难指的是一个张量的元素总数会随张量阶数的增大而以指数形式增长。例如，给定一个 50 阶的张量，假设每一个阶的维数都为 2，那么该张量的元素个数就等于 2^{50}。如果每个元素在内存中占用 8 个字节，那么张量的所占据空间将达到 8PB。相应地，针对该张量进行操作的额外开销也将呈指数级增长，包括计算量、所需计算能力、内存空间等。

为了解决这些问题，张量近似和多线性代数理论在基于张量的数据分析及实际应用中发挥着重要作用。张量近似是在误差可接受的范围内通过少量参数近似代替原始张量，从而缓解或者解决维数灾难问题。因此，一些张量分解方法被提出，如第 3 章提到的 CP 分解、Tucker 分解、HOSVD 分解等，并被广泛地应用于基于张量的大数据分析。然而，这些方法在处理高阶张量时也存在相应的局限性，对于 CP 分解，在面对高阶张量时的分解算法一般并不稳定，而且最优秩的计算被认为是 NP 问题。对于 Tucker 分解或者高阶奇异值分解，虽然其分解算法是稳定的，但当面对高阶张量时，其核心张量的参数个数依然是随张量阶数的增长呈指数形式增长，仍然受到维数灾难的影响。

同时，在物理学方面，张量网络是量子多体物理中一种非常强大的工具，这种方法通过将多体量子物理中产生的维数指数大的多体量子波函数分解为张量网络来处理。在量子多体物理中，所有基于波函数的方法本质上都是找到一个近似的变分波函数来拟合精确特征函数，其中变分波函数中的变分参数应该远远小于 Hilbert 空间维数。换句话说，变分波函数为量子多体波函数提供了一种经济的描述，这种描述需要的计算资源不随系统尺寸指数发散。近期，一些张量网络方法(张量网络将高阶张量分解为低阶张量的缩并，主要用于分析量子多体问题)被提出，以克服张量分解方法在处理高阶张量时的局限，如常见的张量网络态有矩阵乘积态(matrix product state，MPS)、投影纠缠对态(projected entangled pair state，PEPS)、树状张量网络(tree tensor network，TTN)态、多尺度纠缠重整化假设(multiscale entanglement renormalization ansatz，MERA)等。因此，为了对上述张量网络态做详细阐述，我们将使用新方法描绘高阶张量，即图解表示法。

4.1　张量的图解表示法

在第 3 章的学习中，我们知道张量是多维数组，按照阶数分类：如一般常数称为零阶张量(也被称为标量)，向量是一阶张量，矩阵是二阶张量，以此类推。虽然低阶张量可以简单地使用数组或者 X_{ijkn} 这样的数学符号来表示(其中脚标的个数代表张量的阶数)，但如果我们要处理高阶张量，这种符号表示法就会很烦琐。在这种情况下使用新方法描绘即图解表示(diagrammatic notation)法是更好的选择，只需要画一个圆(其他形状也行)和若干条线，线的数量表示张量的阶数。在这种符号体系中，标量是一个圆，向量有一条线，矩阵有两条线，以此类推。张量的每一条线也有一个维数，就是线的长度。例如，代表物体在空间中速度的向量就是一阶三维张量。

为了对张量及其复杂的操作运算进行直观表示，我们常采用张量网络图进行表示。在张量网络图中，一般有两类符号，一类为节点，可以用圆形、方形、椭圆形、立方体等表示，另一类为边，或者叫分支、线等。其中，节点代表张量，边代表张量的阶。在张量网络图中的边也分成两类，一类为同时连接两个节点的边，表示张量的缩并操作，另一类为仅连接一个节点的边，表示张量的物理阶。因此，张量网络图中经过运算的张量最后的阶为物理阶的总数。通过张量网络图可更加直观地描述复杂的张量操作。

4.1.1 矩阵的图解表示

图解表示法不仅用于数学，也可用于物理、化学和机器学习。基本思想是：一个带有实数项的 $m \times n$ 矩阵 $\boldsymbol{M}$ 可以表示 $\mathbf{R}^n \to \mathbf{R}^m$ 的线性映射。这样的映射可以被描绘成具有两条边的节点。一条边表示输入空间，另一条边表示输出空间。而且可以用这个简单的想法做很多事情。但首先，要指定 $m \times n$ 的矩阵 $\boldsymbol{M}$，必须指定所有项 M_{ij}。索引 i 的范围从 1 到 m，表示输出空间的维数；j 的范围从 1 到 n，表示输入空间的维数。换言之，i 表示 M 的行数，j 表示其列数，如图 4-1 所示。

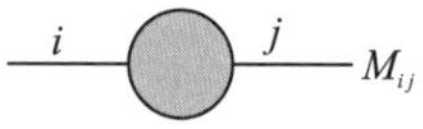

图 4-1 图解表示法描绘矩阵及其行和列

4.1.2 各阶张量的图解表示

图解表示法描绘矩阵的思想很简单，同时也很容易推广到高阶张量。类似于矩阵的图解表示法，一个 n 阶张量可以用一个节点来表示，每一阶对应一条边。例如，一个数字可以记为一个零维数组，即一个点。因此，它是一个零阶张量，可以绘制为一个边为零的节点。同样地，一个向量可以记为一个一阶的数组，因此是一个一阶张量。以此类推，如图 4-2 所示。

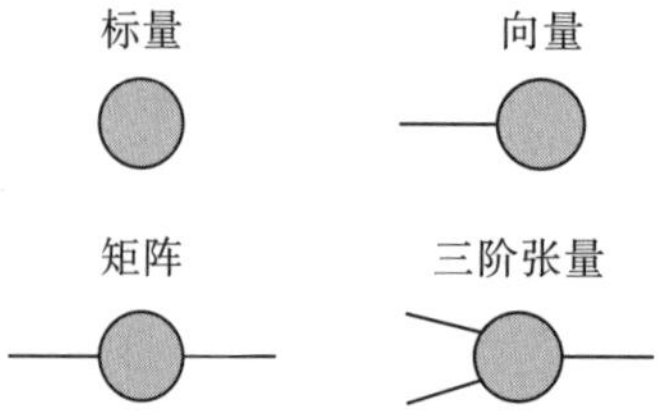

图 4-2 图解表示法描绘一至三阶张量

如图 4-3 所示，对于更高阶的张量，依旧可以采用上述方式，同时能为其附加上更多的含义。

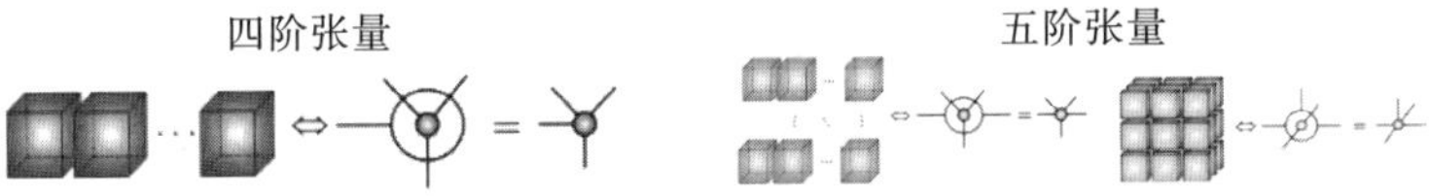

图 4-3　图解表示法描绘四阶、五阶张量

与图 4-2 相比，图 4-3 附加一个更大的圆来表明内部结构的维数(或张量构型)，如图 4-3 的四阶张量是以三阶张量作为内部结构，五阶张量前者以三阶张量作为内部结构，后者以二阶张量作为内部结构，当然，也可以不止一个圈，图 4-4 表示的便是由二阶张量构成的四阶张量，再由已有的四阶张量构成新五阶张量。

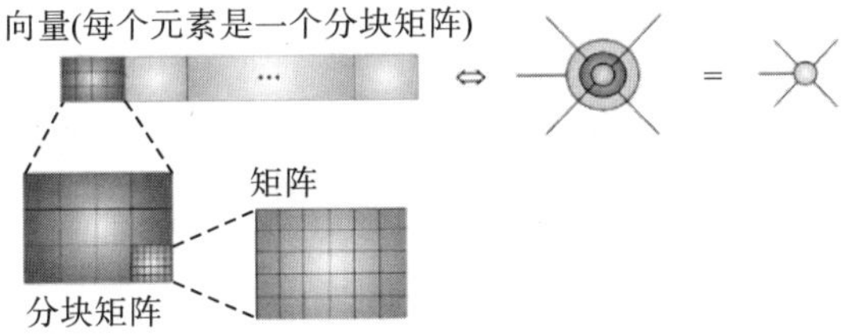

图 4-4　第二种图解表示法描绘五阶张量

4.2　张量的运算图解表示法

图解表示法描绘各阶张量的运算特点是：张量本身由节点(对于节点本身形状并未做出定性要求)表示，指标由连接节点的边(可以是任何直的或弯的线条)表示；不同张量的公共指标由连接对应节点的边表示，默认进行求和。

4.2.1　矩阵乘法的图解表示法

线性代数中的矩阵乘积算法图示如图 4-5 所示。

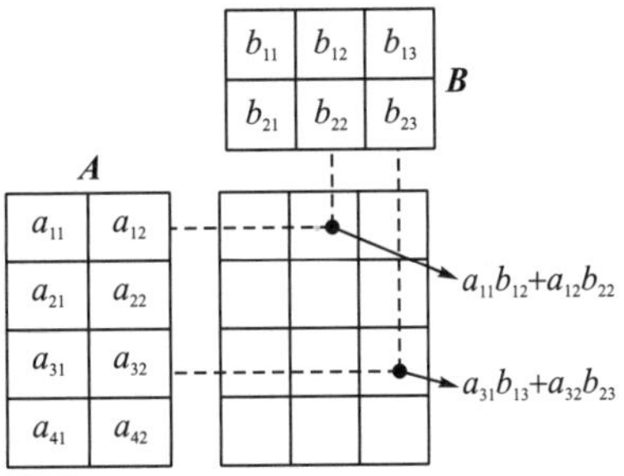

图 4-5　图示矩阵乘积算法

对应的公式为

$$(\boldsymbol{AB})_{ij}=\sum_k \boldsymbol{A}_{ik}\boldsymbol{B}_{kj} \tag{4-1}$$

仔细观察，可以发现矩阵 $\boldsymbol{A}$ 的第二个脚标和矩阵 $\boldsymbol{B}$ 的第一个脚标相同，都是 k，即 $\boldsymbol{A}$ 的第 k 列乘以 $\boldsymbol{B}$ 的第 k 行对应元素。将乘积相加，最后的结果里 k 消失了，所以对 k 求和的符号是完全多余的，这里用到了爱因斯坦求和约定。

定义 1 爱因斯坦求和约定指凡是脚标相同时，表示对这个脚标求和，把求和符号拿掉，即求和指标与所用字母无关，且指标只能重复一次。

【例 1】利用求和符号和爱因斯坦求和约定表示 $S=a_1x_1+a_2x_2+\cdots+a_nx_n$。

解：利用求和符号表示为 $S=\sum_{i=1}^{n}a_ix_i=\sum_{j=1}^{n}a_jx_j$，利用爱因斯坦求和约定表示为 $S=a_ix_i=a_jx_j$。

【例 2】利用爱因斯坦求和约定表示

$$\begin{aligned}S=\sum_{i=1}^{3}\sum_{j=1}^{3}A_{ij}x_iy_j&=A_{11}x_1y_1+A_{12}x_1y_2+A_{13}x_1y_3+A_{21}x_2y_1+A_{22}x_2y_2+A_{23}x_2y_3\\&\quad+A_{31}x_3y_1+A_{32}x_3y_2+A_{33}x_3y_3\end{aligned}$$

解：上述式子同时出现两个变量，故其爱因斯坦求和约定记为：$S=A_{ij}x_iy_j$。

除此之外，当多个指标同时出现时，还可以对其分类进行化简。例如，下面这个等式

$$\sigma_{ij}n_j=\sigma_{i1}n_1+\sigma_{i2}n_2+\sigma_{i3}n_3=T_i \Leftrightarrow \begin{cases}\sigma_{11}n_1+\sigma_{12}n_2+\sigma_{13}n_3=T_1\\ \sigma_{21}n_1+\sigma_{22}n_2+\sigma_{23}n_3=T_2\\ \sigma_{31}n_1+\sigma_{32}n_2+\sigma_{33}n_3=T_3\end{cases}$$

定义 2 若有 $\begin{cases}A_{11}x_1+A_{12}x_2+A_{13}x_3=b_1\\ A_{21}x_1+A_{22}x_2+A_{23}x_3=b_2\\ A_{31}x_1+A_{32}x_2+A_{33}x_3=b_3\end{cases}$ 可简写为 $A_{ij}x_j=b_i$，如果在表达式的某项中，某指标重复地出现两次，则表示要把该项在该指标的取值范围内遍历求和。该重复的指标称为哑指标，简称哑标(如这里的 j)，而自由指标在每一项中只出现一次，一个公式中必须相同(如这里的 i)。

通过哑指标可以将许多项缩写成一项，通过自由指标又将许多方程缩写成一个方程。一般说，在一个用指标符号写出的方程中，若有 k 个独立的自由指标，其取值范围是 1～n，则这个方程代表 n^k 个分量方程。在方程的某项中若同时出现 m 对取值范围为 1～n 的哑指标，则此项含相互叠加的 n^m 个项。

利用爱因斯坦求和约定，我们进一步给出如下张量缩并的定义。

定义 3 $n(n>2)$阶张量 $\boldsymbol{X}$ 对下标的缩并定义为

$$\boldsymbol{B}_{i\cdots l}=\sum_j\sum_k \boldsymbol{X}_{i\cdots j\cdots k\cdots l}\cdot\delta_{jk}=\boldsymbol{X}_{i\cdots j\cdots k\cdots l}\cdot\delta_{jk} \tag{4-2}$$

式中，$\delta_{jk}=e_j\cdot e_k=\begin{cases}1 & (j=k)\\ 0 & (j\neq k)\end{cases}$，并且缩并的张量阶数必须大于等于二阶。

仍以二阶张量为例，观察图 4-6 中二阶张量的缩并是如何实现的。

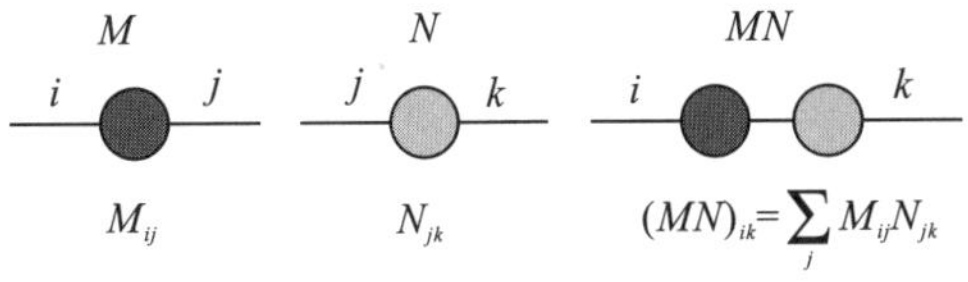

图 4-6　二阶张量的缩并

在图 4-6 中，具有相同索引 j 的边是缩并的边。这与两个矩阵只有在输入/输出维数匹配时才能相乘的事实是一致的。我们还会注意到结果图片有两个自由索引，即 i 和 k，它们确实定义了一个矩阵。另外一个更好的方法能帮助我们看出来：将空心节点和实心节点碰在一起(图 4-7)。

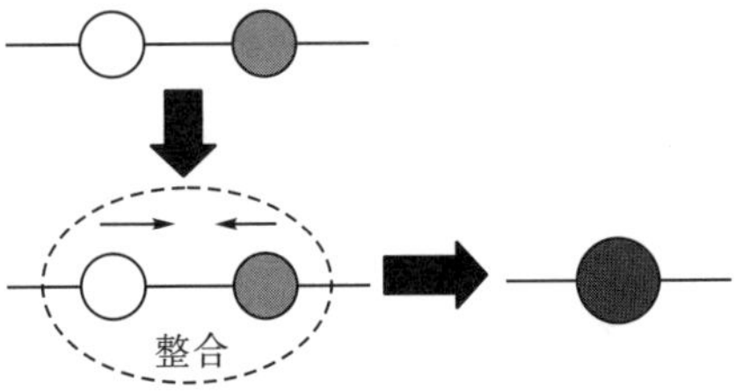

图 4-7　矩阵缩并图示法过程

不难看出，矩阵乘法是张量的缩并。三阶张量的缩并同理可得(图 4-8)。

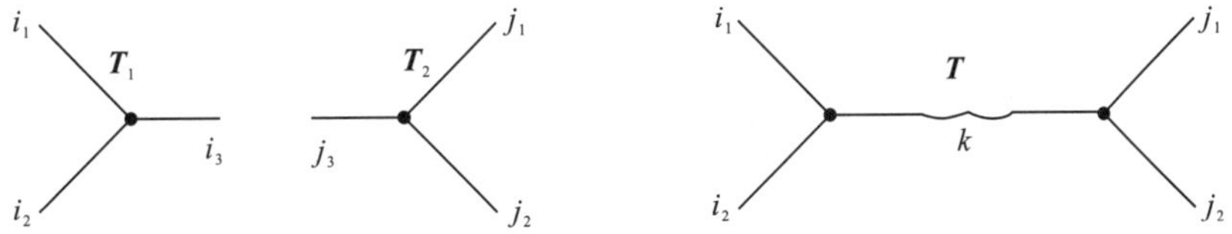

图 4-8　三阶张量缩并图示法过程

然后，通过张量缩并的定义不难发现，矩阵的乘法只是最简单的一种缩并形式，当对高阶张量或者多个指标同时进行缩并的时候，张量缩并的规律就不那么容易得到，因此需要我们用下面的相关知识来补充。

定义 4　给定两个张量 $\boldsymbol{X}\in\mathbf{R}^{I_1\times I_2\times\cdots\times I_N},\boldsymbol{Y}\in\mathbf{R}^{I_1\times I_2\times\cdots\times I_N}$，进行内积运算后得到的结果是一个数 $z\in\mathbf{R}$，其运算公式为

$$z=\sum_{i_1,i_2,\cdots,i_N=1}^{I_1,I_2,\cdots,I_N} x_{i_1,i_2,\cdots,i_N} y_{i_1,i_2,\cdots,i_N} \tag{4-3}$$

注意：张量内积与线性代数中两个向量的内积基本原理相同(在第 3 章也给出过这个定义，这里主要是强调缩并)。

定义 5　N 阶张量 $\boldsymbol{X}\in\mathbf{R}^{I_1\times I_2\times\cdots\times I_n\times\cdots\times I_N}$ 与向量 $\boldsymbol{v}\in\mathbf{R}^{I_n}$，做单模乘运算，可以得到一个 $N-1$ 阶的张量 $\boldsymbol{Y}\in\mathbf{R}^{I_1\times\cdots\times I_{n-1}\times I_{n+1}\times\cdots\times I_N}$，其运算公式为

$$\boldsymbol{Y} = \boldsymbol{X} \times_n \boldsymbol{v} \tag{4-4}$$

式中，张量$\boldsymbol{Y}$中的每个元素$y_{i_1,\cdots,i_{n-1},i_{n+1},\cdots,i_N} = \sum_{i_n=1}^{I_n}(x_{i_1,\cdots,i_n,\cdots,i_N})v_{i_n}$，即张量$\boldsymbol{X}$中沿 mode-$n$ 方向的列向量与向量$\boldsymbol{v}$求内积。

定义 6 N阶张量$\boldsymbol{X} \in \mathbf{R}^{I_1 \times I_2 \times \cdots \times I_n \times \cdots \times I_N}$与矩阵$\boldsymbol{U} \in \mathbf{R}^{M \times I_n}$，做单模乘运算，可以得到一个$N$阶的张量$\boldsymbol{Y} \in \mathbf{R}^{I_1 \times \cdots \times I_{n-1} \times M \times I_{n+1} \times \cdots \times I_N}$，其运算公式为

$$\boldsymbol{Y} = \boldsymbol{X} \times_n \boldsymbol{U} \tag{4-5}$$

式中，张量$\boldsymbol{Y}$中的每个元素$y_{i_1,\cdots,i_{n-1},m,i_{n+1},\cdots,i_N} = \sum_{i_n=1}^{I_n}(x_{i_1,\cdots,i_n,\cdots,i_N})U_{m,i_n}$，即张量$\boldsymbol{X}$中沿 mode-$n$ 方向的列向量与矩阵$\boldsymbol{U}$中的每个行向量分别求内积。

如图 4-9 所示，一个六阶张量$\boldsymbol{T}$沿着第二阶与二维矩阵$\boldsymbol{U}$执行单模乘操作，运算公式为$\boldsymbol{T}' = \boldsymbol{T} \times_2 \boldsymbol{U}$。新生成的张量$\boldsymbol{T}'$的第二阶的维数从 8 降至 2。

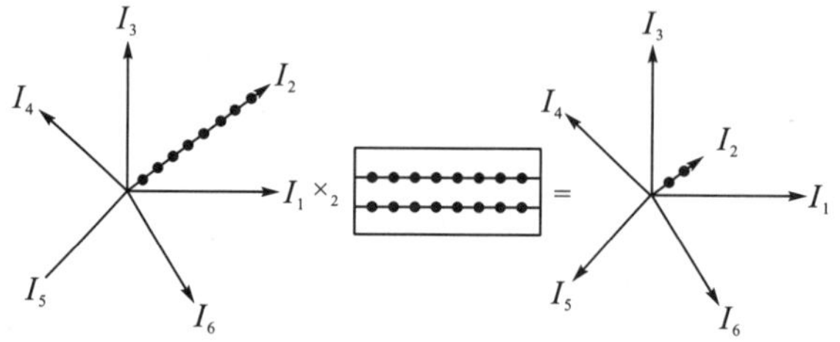

图 4-9 张量与矩阵的单模乘运算

定义 7 给定两个张量$\boldsymbol{X} \in \mathbf{R}^{I_1 \times I_2 \times \cdots \times I_N}, \boldsymbol{Y} \in \mathbf{R}^{J_1 \times J_2 \times \cdots \times J_M}$，并具有相同维数$I_n = J_m$，则二者单模乘的结果为一个$N+M-2$阶的新张量$\boldsymbol{Z} \in \mathbf{R}^{I_1 \times \cdots \times I_{n-1} \times I_{n+1} \times \cdots \times I_N \times J_1 \times \cdots \times J_{m-1} \times J_{m+1} \times \cdots \times J_M}$，$\boldsymbol{Z}$中的每一个元素可以由以下公式计算得出：

$$z_{i_1,\cdots,i_{n-1},i_{n+1},\cdots,i_N,j_1,\cdots,j_{m-1},j_{m+1},\cdots,j_M} = \sum_{i_n=1}^{I_n} x_{i_1,\cdots,i_{n-1},i_n,i_{n+1},\cdots,i_N} y_{j_1,\cdots,j_{m-1},i_n,j_{m+1},\cdots,j_M} \tag{4-6}$$

该运算可以简单表示为$\boldsymbol{Z} = \boldsymbol{X} \times_n^m \boldsymbol{Y}$，可以利用二阶张量矩阵来验证上述公式。

定义 8 给定两个张量$\boldsymbol{X} \in \mathbf{R}^{I_1 \times I_2 \times \cdots \times I_N}, \boldsymbol{Y} \in \mathbf{R}^{J_1 \times J_2 \times \cdots \times J_M}$，并具有相同维数$I_p = J_s, \cdots, I_q = J_t$，则多模乘得到的结果为一个新张量$\boldsymbol{Z} \in \mathbf{R}^{I_1 \times \cdots \times I_{p-1} \times I_{q+1} \cdots \times I_M \times J_1 \times \cdots \times J_{s-1} \times J_{t+1} \cdots \times J_N}$，$\boldsymbol{Z}$中的每一个元素可以由以下公式计算得出：

$$z_{i_1,\cdots,i_{p-1},i_{q+1},\cdots,i_M,j_1,\cdots,j_{s-1},j_{t+1},\cdots,j_N} = \sum_{i_p,\cdots,i_q,j_s,\cdots,j_t=1}^{I_p,\cdots,I_q,J_s,\cdots,J_t} x_{i_1,i_2,\cdots,i_M} y_{i_1,i_2,\cdots,i_N} \tag{4-7}$$

该运算可简单表示为$\boldsymbol{Z} = \boldsymbol{X} \times_{p,\cdots,q}^{s,\cdots,t} \boldsymbol{Y}$。

定义 9 给定两个张量$\boldsymbol{X} \in \mathbf{R}^{I_1 \times I_2 \times \cdots \times I_M \times L_1 \times L_2 \times \cdots \times L_P}$和$\boldsymbol{Y} \in \mathbf{R}^{L_1 \times L_2 \times \cdots \times L_P \times J_1 \times J_2 \times \cdots \times J_N}$，并具有$P$个相同维数$L_1, L_2, \cdots, L_P$，则这两个张量的爱因斯坦乘积的结果为一个新张量$\boldsymbol{Z} \in \mathbf{R}^{I_1 \times I_2 \times \cdots \times I_M \times J_1 \times J_2 \times \cdots \times J_N}$，$\boldsymbol{Z}$中的每一个元素可以由以下公式计算得出：

$$z_{i_1,i_2,\cdots,i_M,j_1,j_2,\cdots,j_N} = \sum_{l_1,l_2,\cdots,l_P} x_{i_1,i_2,\cdots,i_M,l_1,l_2,\cdots,l_P} y_{l_1,l_2,\cdots,l_P,j_1,j_2,\cdots,j_N} \tag{4-8}$$

其运算可简单表示为 $\boldsymbol{Z}=\boldsymbol{X}*_{p}\boldsymbol{Y}$。

根据张量爱因斯坦乘和张量多模乘的定义可以看出，张量爱因斯坦乘和张量多模乘的本质是一样的，其主要区别在于相等维数对应的阶是否连续变化。如果是连续的，则为张量爱因斯坦乘，如果不连续变化，则为张量多模乘。而单模乘运算可以看作张量多模乘运算的一种特殊形式。

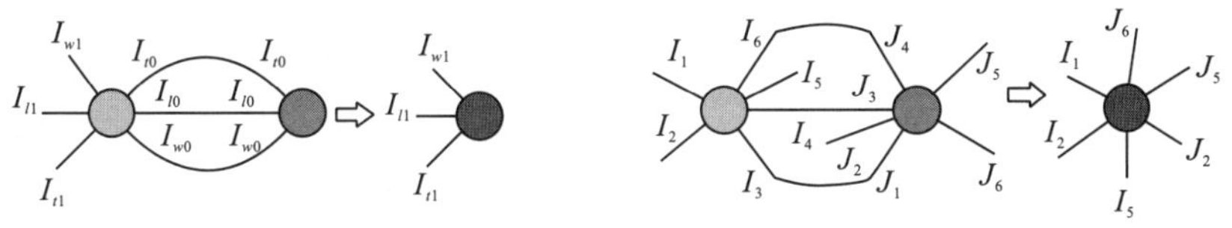

(a) $\boldsymbol{A}*_{3}\boldsymbol{X}=\boldsymbol{Y}$　　(b) $\boldsymbol{A}\times_{3,4,6}^{1,3,4}\boldsymbol{B}=\boldsymbol{C}$

图 4-10　张量爱因斯坦乘和张量多模乘示例

图 4-10 是张量爱因斯坦乘和张量多模乘示例，图 4-10(a) 表示的是六阶张量 $\boldsymbol{A}\in\mathbf{R}^{I_{t0}\times I_{l0}\times I_{w0}\times I_{t1}\times I_{l1}\times I_{w1}}$ 和三阶张量 $\boldsymbol{X}\in\mathbf{R}^{I_{t0}\times I_{l0}\times I_{w0}}$ 执行爱因斯坦乘的过程，图 4-10(b) 表示的是两个六阶张量 $\boldsymbol{A}\in\mathbf{R}^{I_1\times\cdots\times I_6}$，$\boldsymbol{B}\in\mathbf{R}^{J_1\times J_2\times\cdots\times J_6}$ 执行多模乘运算的示意图，其中 $I_3=J_1,I_4=J_3,I_6=J_4$。

回顾张量缩并的相关定义不难发现，一般地，对于高阶张量或多指标的张量分解，其缩并包括单模乘(两个张量只有一个阶的维数相同，相同的阶进行内积)和多模乘(两个张量有多个阶的维数相同，相同的阶分别进行内积)。

延伸阅读——节点形状可以表示不同的属性

以上的张量节点都是用圆表示的，但这只是其中一种选择。并没有权威规定必须使用哪种形状。这意味着可以自由发挥创造力。例如，我们可能只想为对称矩阵保留一个圆形或其他对称形状，如正方形。

矩阵的转置可以通过反转其图像来表示，如图 4-11 所示，通过反转半圆的“方向”就能很好地解决非对称矩阵的转置问题。

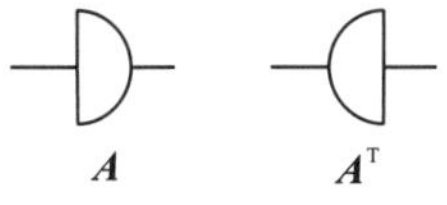

图 4-11　图示表示法描绘一般矩阵及其转置

而对称矩阵的对称性保留在图 4-12 中。

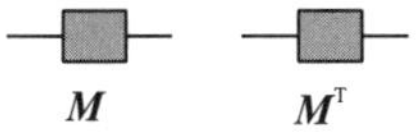

图 4-12　图示表示法描绘对称矩阵及其转置

4.2.2 各阶张量的运算图解表示法

在 4.2.1 节中，我们以二阶张量矩阵为出发点，认识了张量缩并的相关操作和运算规则，本节从图示法表示张量运算的角度出发，摈弃冗杂的数学公式，利用示意图简化运算，加快理解。

1. 张量收缩(缩并)图示

(1)向量和向量的收缩(一阶张量的内积)。给定任意两个大小为$I\times1$的向量 $\boldsymbol{a}$、$\boldsymbol{b}$，则可以得到一个标量$\boldsymbol{a}^{\mathrm{T}}\boldsymbol{b}$，如图 4-13 所示。

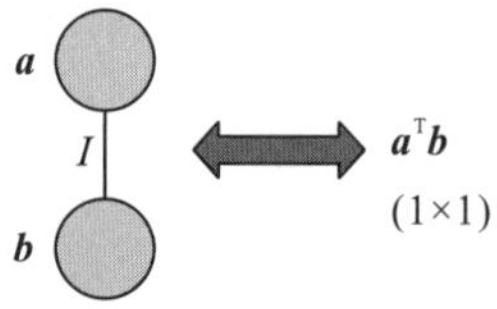

图 4-13 向量和向量的缩并示意图

(2)矩阵和向量的收缩(矩阵和向量的乘积)。给定任意大小为$I\times J$的矩阵 $\boldsymbol{A}$ 和大小为$J\times1$的向量 $\boldsymbol{b}$，则相乘之后可以得到一个大小为$I\times1$的向量 $\boldsymbol{Ab}$，如图 4-14 所示。

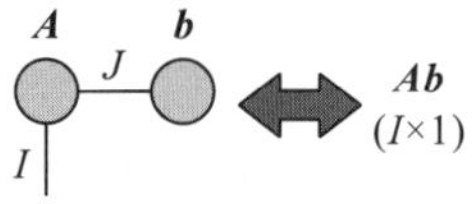

图 4-14 矩阵和向量的缩并示意图

(3)矩阵和矩阵的收缩(矩阵-矩阵的乘积)。给定两个大小分别为$I\times J$和$J\times K$的矩阵 $\boldsymbol{A}$ 和矩阵 $\boldsymbol{B}$，则相乘之后会得到一个大小为$I\times K$的矩阵 $\boldsymbol{AB}$，如图 4-15 所示。

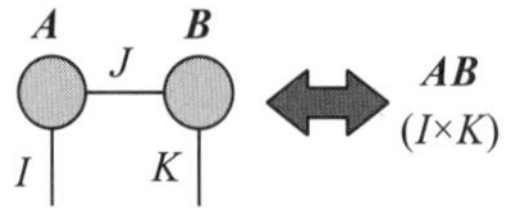

图 4-15 矩阵和矩阵的缩并示意图

(4)张量和向量的收缩(张量-向量的相乘)。给定任意大小为$I\times J\times K$的三阶张量 $\boldsymbol{X}$ 和三个大小分别为$I\times1$、$J\times1$和$K\times1$的向量 $\boldsymbol{a}$、$\boldsymbol{b}$、$\boldsymbol{c}$，则相乘之后可以得到一个标量(图 4-16)，记作$\boldsymbol{X}\times_1\boldsymbol{a}\times_2\boldsymbol{b}\times_3\boldsymbol{c}$。

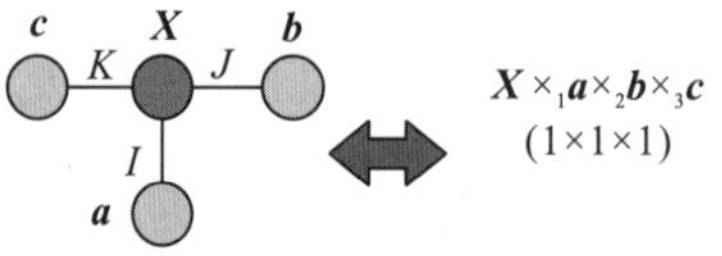

图 4-16 张量和向量的缩并示意图

(5) 任意阶张量和向量相乘（任意阶张量与向量的相乘）。在图 4-17 中，$\boldsymbol{A}$ 表示张量，$\boldsymbol{b}_1,\boldsymbol{b}_2,\cdots,\boldsymbol{b}_n$ 表示向量，三条边对应着张量-向量相乘，中间那个是 $I_1,I_2,\cdots,I_N$。我们也能将这一运算泛化到任意阶张量上，如图 4-17 所示。

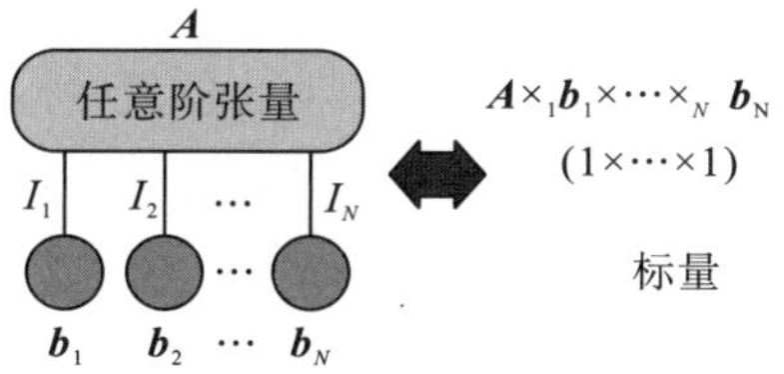

图 4-17　任意阶张量和向量的缩并示意图

(6) 张量和矩阵的混合收缩（张量-矩阵混合乘积）。混合收缩满足上述运算规则，如图 4-18 所示。

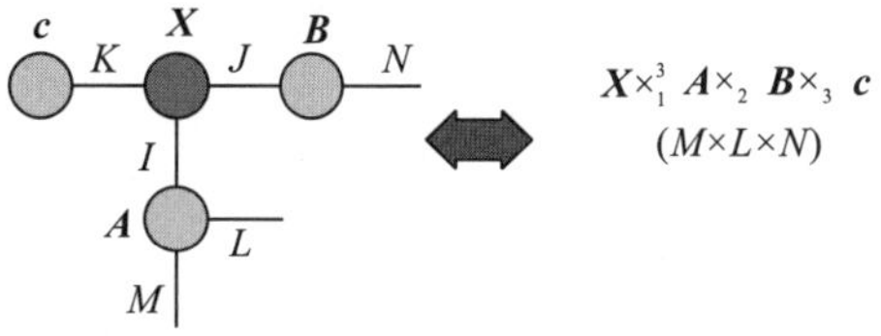

图 4-18　张量和矩阵的缩并示意图

(7) 两个向量外积。给定两个大小分别为 $I\times1$ 和 $J\times1$ 的向量 $\boldsymbol{a}$ 和向量 $\boldsymbol{b}$，则向量外积得到一个大小为 $I\times J$ 的矩阵 $\boldsymbol{a}\otimes\boldsymbol{b}^{\mathrm{T}}$，如图 4-19 所示。

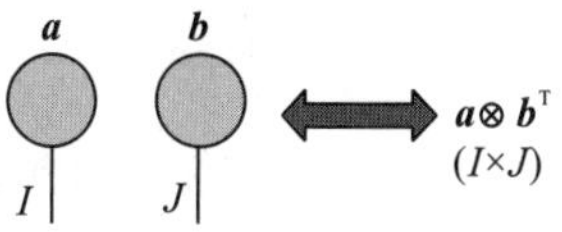

图 4-19　两个向量外积后得到一个矩阵

(8) 矩阵的迹，一个自环，如图 4-20 所示。

图 4-20　矩阵求迹示意图

(9) 矩阵的迹还具有循环特性，如图 4-21 所示。

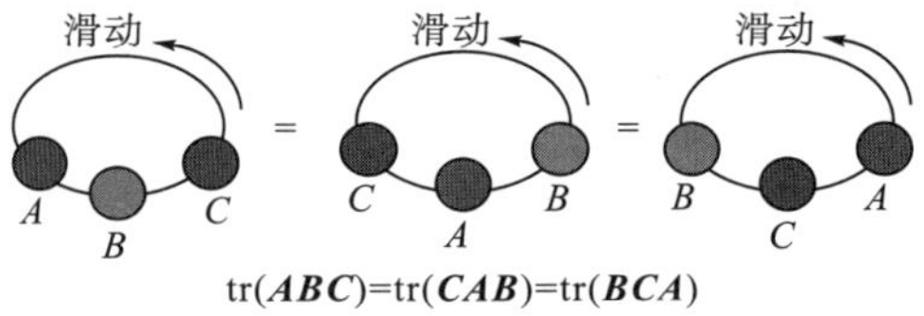

图 4-21 矩阵相乘后的新矩阵迹不随乘法顺序而变化

2. 图解表示法描绘张量分解

利用上述提供的张量图示法，结合第 3 章学习的张量分解相关内容，可以仿照几个重要的张量分解空间示意图如下。

(1) 普通矩阵分解的图解表示法，如图 4-22 所示。

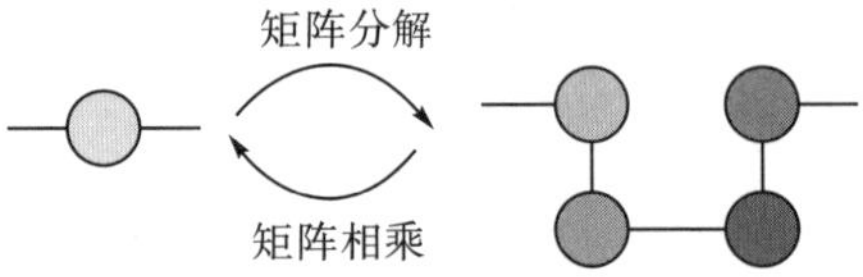

图 4-22 矩阵分解和矩阵相乘的转化

图 4-22 将一个矩阵分解为四个矩阵的乘积。矩阵分解是将一个节点分解为多个节点；矩阵乘法是将多个节点融合为一个节点。这说明了图示法的另一个特点：节点的空间位置并不重要。我们可以在水平线、垂直线或“之”字形等任何形状上，画不同灰度节点。

(2) SVD 分解的图解表示法，如图 4-23 所示。

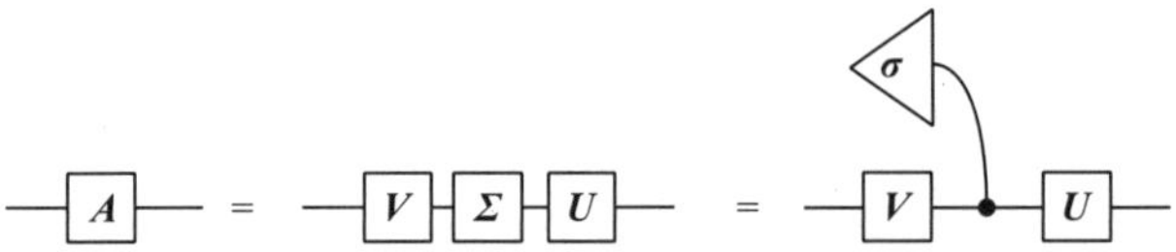

图 4-23 奇异值分解的图解表示法

易知一个矩阵可以通过奇异值分解的左奇异矩阵、奇异值矩阵、右奇异矩阵三者按顺序相乘得到，最后一个等号右边的左右奇异矩阵为方形，但奇异值矩阵为一个三角形且连接的边是弯的，以区分其对角矩阵的特征，并且三角形代表的是一系列的奇异值向量，而不是矩阵。

(3) CP 分解的图解表示法，如图 4-24 所示。

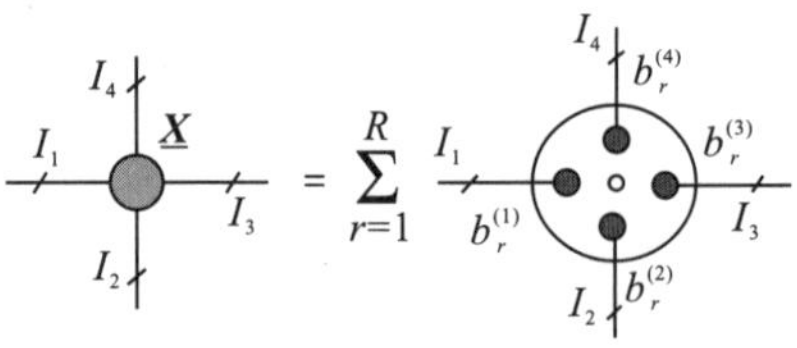

图 4-24 四阶张量 CP 分解的图解表示法

这里将一个四阶张量通过 CP 分解成 R 个秩一张量的和，每个秩一张量等于四个向量的外积，注意图中心处的“∘”代表的是向量外积，外部的圆圈表达了四个向量的外积结果是这个张量的内部组成因子。

(4) Tucker 分解的图解表示法，如图 4-25 所示。由 Tucker 分解规则易知，对于一个三阶张量 $\boldsymbol{A}$，它可以分解为一个核心张量和三个(不同模态下的)正交矩阵的模乘。

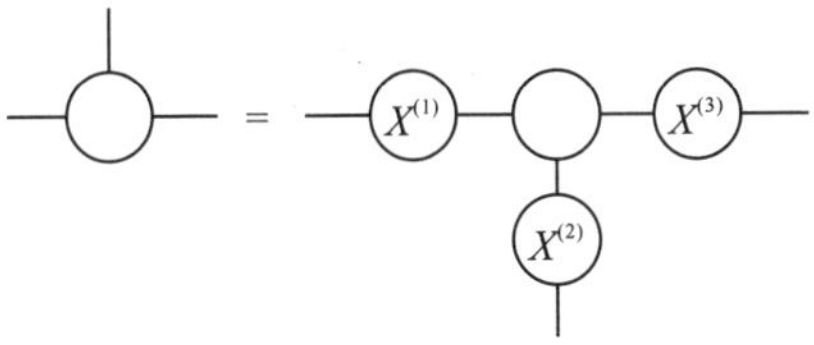

图 4-25　三阶张量 Tucker 分解图解表示法

4.3　张 量 网 络

4.3.1　张量网络的定义

定义 10　将多个张量(包含向量、矩阵、高阶张量)按照特定规则缩并，形成一个网络，称为张量网络(tensor network)。

张量网络是指通过特定的分解方式，将一个原始张量分解为若干个低阶核心张量。张量网络的主要分解方式有分层 Tucker 分解、张量火车分解和量化张量火车分解。其中，张量火车分解为分层 Tucker 分解的一种特殊形式，因为其分解形式简单而被广泛应用于数据分析中。

张量网络可以说是将张量内部缩并关系抽象出来的结果，内部可像蜘蛛网般错综复杂(图 4-26)。其中，连接维数/键维数(bond dimension)决定张量网络中组成张量的大小。连接维数越大，说明张量网络越强大，但同时也需要更多的计算资源。

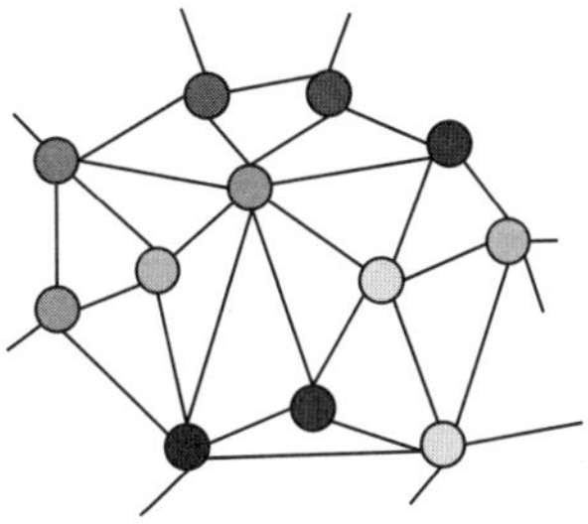

图 4-26　复杂张量网络示意图

4.3.2 传统图示法与新张量网络图解法对比呈现

图 4-27(a)展示的是一个三阶张量与一个矩阵的模乘的传统图示法，虽然较为清晰易懂，但表达方式颇为繁杂冗乱，而图 4-27(b)是图 4-27(a)的推广，即新张量网络图解法示意图，圆与点的相互组合可完整地表达图 4-27(a)的所有信息，其实矩阵与张量的模乘也是一种缩并，并且其缩并关系用张量网络表示显得更形象。

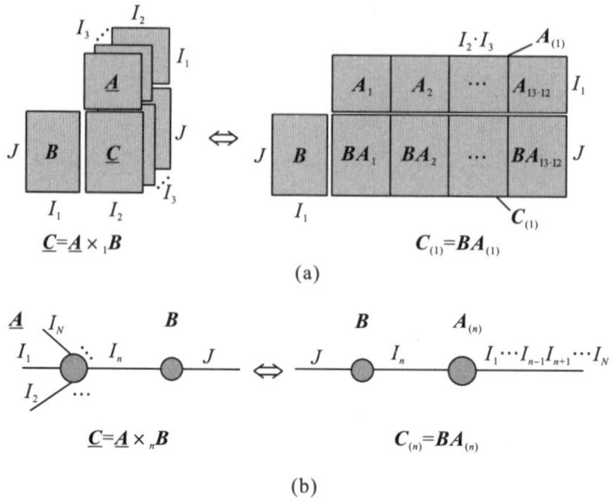

图 4-27 三阶张量与矩阵模乘的传统图示法(a)与新张量网络图解法(b)示意图

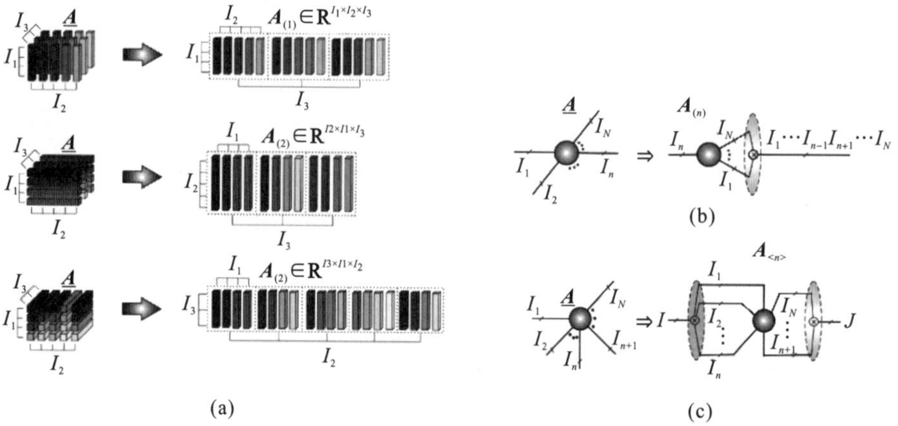

图 4-28 张量矩阵化传统图示法(a)与新张量网络图解法(b)(c)示意图

在前面的学习内容中，高阶张量的矩阵化有不同的展开方式，图 4-28(a)中的三阶张量一共有三种矩阵化［也可以说矩阵化是一种重塑(reshape)］方法，但更高阶的张量则无法一一展现，图 4-28(b)和图 4-28(c)却非常有效地从众多维数指标中提出需要的维数I，与图 4-28(a)相比，更加具有一般性和简洁性。

4.4 从张量网络到量子多体物理系统

在学习完量子的相关知识和算法之后，第 3 章和本章的前面部分似乎进入了与量子毫无关系的张量学习中，这一小节作为过渡，阐述为什么用张量网络来表示量子多体物理。

为什么需要张量网络？首先，要明白为什么量子力学中需要张量。因为量子系统由多个可区分的子系统组成，那么其 Hilbert 空间是多个子系统 Hilbert 空间的张量积。这就意味着多体系统的 Hilbert 空间维数是随着其子系统个数 N 呈指数上升的，这样一个态的刻画需要使用 d^N 个参量，是非常困难的，这是第一点原因。其次，张量网络态具有适用于描述量子多体系统基态的特定纠缠结构。即通过小张量缩并得到的态能精确表示多体系统的基态和低激发态，这样极大地减小了数值复杂度。

【例 3】如果一个张量网络用来表示 n 体系统的波函数，那么它就有 n 条线，如图 4-29 所示。

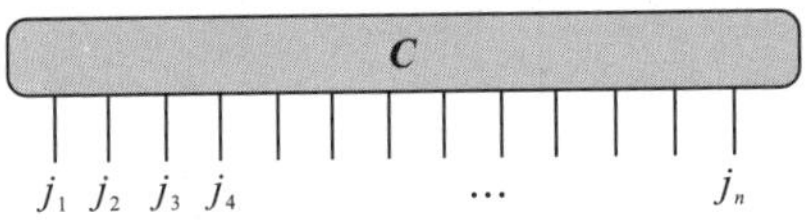

图 4-29 张量网络表示的多体态 $|\psi\rangle = \sum_{j_1,\cdots,j_n=1}^{d} c_{j_1,\cdots,j_n}|j_1,\cdots,j_n\rangle$

然而，保存一个完整波函数需要大量复数(complex numbers)，因此，多体系统的模拟一直是量子科学中的一个巨大挑战。例如，最简单的量子系统就是由 N 个量子比特组成的多体系统，必须为该系统的每个配置保存一个复数。每个量子比特可能处于 0 或 1 的状态，因此，这意味着共需保存 2^N 个复数。即使少量的量子比特也需要极大量的存储。例如，26 个量子比特需要大约 1GB，46 个量子比特约需要 1PB。

为了规避这种存储需求问题，研究人员已经开发了各种相关技术来解决量子多体问题，其中包括为波函数发明一些简洁近似表征(compact approximate representation)。其中，矩阵乘积态(matrix product states)是当前发现一维多体系统基态的最先进技术之一。用一组矩阵保存近似波态函数，这些矩阵的子集相乘后，就是对应于特定系统配置的复数。波函数有许多不同的表示，在特定物理设置下，每个都有特定优势。

在物理学方面，张量网络是量子多体物理中一种非常强大的工具，结合前文的介绍，这种方法通过将多体量子物理中产生的维数指数大的多体量子波函数分解为张量网络来处理，已经取得了很大的进展。最成功的几类张量网络可以通过低阶张量近似来避免维数灾难，同时还可以通过对这些张量的收缩精确地再现多体波函数。

4.5 四种典型张量网络态

本节介绍四种最成功的张量网络态及它们之间的联系，即矩阵乘积态(matrix product

state，MPS)、投影纠缠对态(projected entangled-pair state，PEPS)、树状张量网络(TTN)态、多尺度纠缠重整化假设(MERA)态，先通过图 4-30 了解它们的大致结构和相互关系。

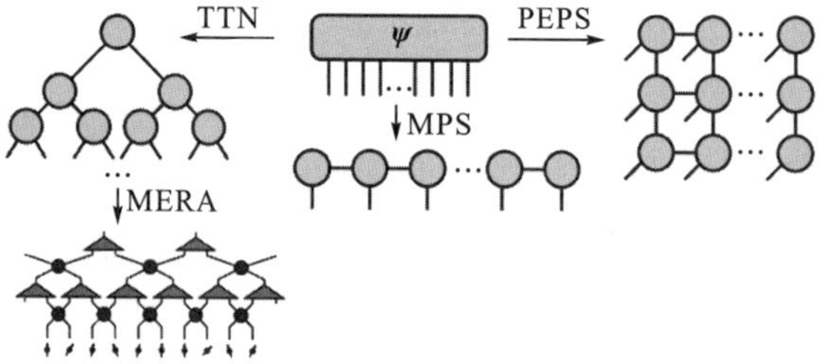

图 4-30 四种典型张量网络大致结构和联系

在介绍这四种最成功的张量网络态之前，还需仔细深入了解张量火车(tensor train，TT)分解。对于高阶张量，直接对其进行研究必然较为麻烦，那是能否找到一个方法将其分解为多个二阶或者三阶张量的缩并形式？TT 分解应运而生。TT 分解是一种新兴的近似张量表达形式，相对于 Tucker 分解形式，TT 分解可以用更少的参数来表达高阶近似张量，避免参数随阶数的指数级增长。同时，相对于 CP 分解形式，TT 分解是一种稳定的表达形式，它避免了 CP 分解中“最优秩求解”这一问题以及 CP 分解容易陷入局部最小值的问题。另外，张量火车分解完全基于一连串矩阵的 SVD 分解，不需要任何递归。因此，TT 分解被广泛应用在多个领域。

定义 11 对于一个张量 $\boldsymbol{X}\in\mathbf{R}^{I_1\times I_2\times\cdots\times I_N}$，可将其分解为一组低阶张量核 $\boldsymbol{G}_1^X,\boldsymbol{G}_2^X,\cdots,\boldsymbol{G}_N^X$ 约减乘的形式，通常这种形式被称为张量火车，即

$$\boldsymbol{X}=\boldsymbol{G}_1^X\times^1\boldsymbol{G}_2^X\times^1\cdots\times^1\boldsymbol{G}_N^X \tag{4-9}$$

注意：$\times^1$ 表示张量和的约减乘运算，本质上为相邻两个张量核做单模乘运算；$\boldsymbol{G}_n^X\in\mathbf{R}^{R_{n-1}\times I_n\times R_n}(n=1,2,\cdots,N)$ 表示张量火车中的一个张量核；R_n 表示分解后张量火车的第 n 个秩，特别地，$R_0=R_N=1$。

原始张量 $\boldsymbol{X}$ 中的每一个元素，都可以表示为张量火车中的所有核对应切片的乘积，即

$$x_{i_1,i_2\cdots i_N}=\boldsymbol{G}_1^X(i_1)\boldsymbol{G}_2^X(i_2)\cdots\boldsymbol{G}_N^X(i_N) \tag{4-10}$$

式中，$\boldsymbol{G}_n^X(i_n)\in\mathbf{R}^{R_{n-1}\times R_n}$ 表示张量火车中的第 n 个核 $\boldsymbol{G}_n^X$ 在第二阶方向上的第 i_n 个切片，图 4-31 展示了张量火车的具体细节。

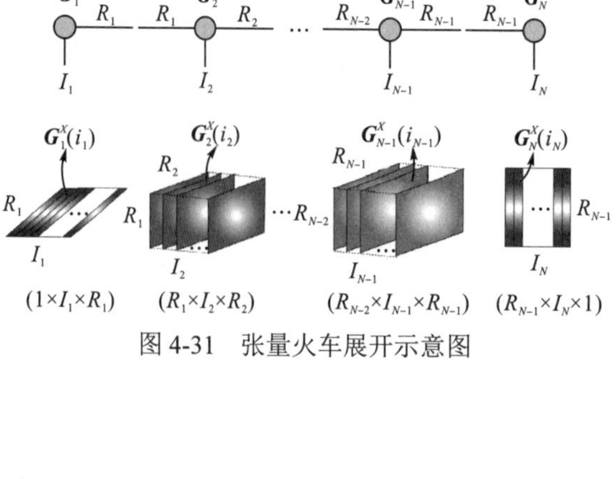

图 4-31 张量火车展开示意图

注意：原本大张量的维数指标为$I_1,I_2,\cdots,I_N$，每一个后面分解的二阶或三阶张量的第一个指标就是原大张量对应的指标，引入的新指标$R_1,R_2,\cdots,R_N$为辅助指标或几何/数学/键指标，根据图 4-31，$I_1,I_2,\cdots,I_N$作为开放指标且不参与缩并过程，第一个子张量只有一个辅助指标R_1，第二个张量的辅助指标就是R_1，R_2，这样，第一个与第二个小张量就可以缩并起来了。同理，第三个张量的辅助指标就是R_2，R_3，以此类推，后面依次缩并，当然，两边的都是二阶张量，中间的是三阶张量。

我们已经知道 TT 分解的主要效果便是将高阶张量分成多个二阶或三阶张量的缩并形式，这里再给出它的一个在后面要用的与前面定义 11 中等价的数学表达：

$$\begin{aligned}\boldsymbol{T}_{s_1s_2\cdots s_N} &= \sum_{a_1a_2\cdots a_{N-1}} \boldsymbol{A}^{(1)}_{s_1a_1}\boldsymbol{A}^{(2)}_{s_2a_1a_2}\cdots\boldsymbol{A}^{(N-1)}_{s_{N-1}a_{N-2}a_{N-1}}\boldsymbol{A}^{(N)}_{s_Na_{N-1}} \\ &= \boldsymbol{A}^{(1)}_{s_1:}\boldsymbol{A}^{(2)}_{s_2:}\cdots\boldsymbol{A}^{(N-1)}_{s_{N-1}::}\boldsymbol{A}^{(N)\mathrm{T}}_{s_N:}\end{aligned} \tag{4-11}$$

显然，这里引入的新指标$a_1,a_2,\cdots,a_{N-1}$称为辅助指标。

TT 分解实质上就是应用 SVD 对张量进行一连串的分解，分解后的多个核心低阶张量构成链条式的形状，而分解过程中对秩进行合理截取，以达到降维压缩的目的。接下来介绍利用新张量的表示方法——图解表示法来表示四阶张量的 TT 分解。通常情况下，TT 分解可以通过N−1 次的奇异值分解(以五阶张量的 TT-SVD 分解为例说明，如图 4-32 所示)或者 QR 分解实现(这里的 QR 分解目前可以不做掌握)。

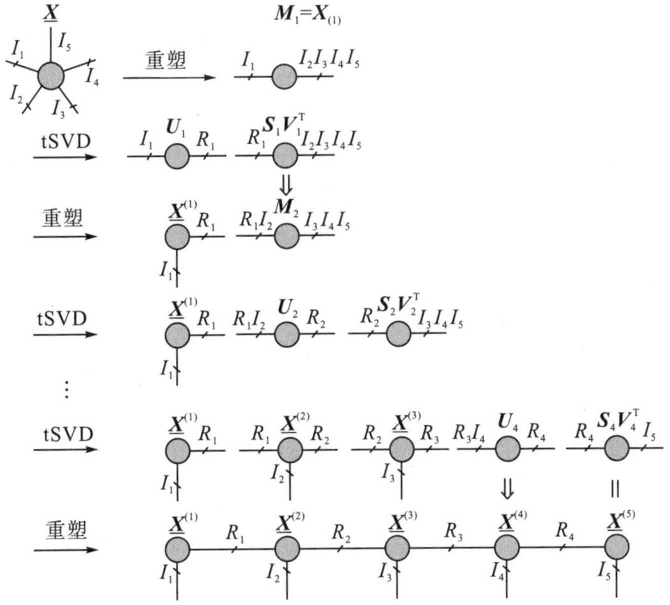

图 4-32　五阶张量的 TT-SVD 分解大致过程示意图

这是一个五阶张量的 TT-SVD 分解，首先保持第一个指标不变，后面四个指标 reshape 成一个大指标，类似于矩阵化，对得到的新矩阵进行奇异值分解，如图中的第一个 tSVD，就是左奇异向量组成的$\boldsymbol{U}_1$矩阵，后面就是$\boldsymbol{S}_1$和$\boldsymbol{V}_1^{\mathrm{T}}$的乘积。然后再次 reshape(同前面介绍的一样，即矩阵化)，以此类推，一共要做 $N-1=4$ 次奇异值分解。这里用横线加一撇表明正交性：规定将张量的辅助指标和其共轭张量收缩后得单位阵。

下面我们简单介绍一下量化张量火车分解(quantized tensor train decomposition)，量化是张量化的一种特殊情况，每个阶的维数都非常小，通常为 2、3 或 4。量化张量网络(quantizatied tensor networks，QTN)通过采用张量收缩稀疏互联的小维数的三阶张量核，图 4-33 给出了一个使用量化张量火车分解实现的量化张量网络的例子。

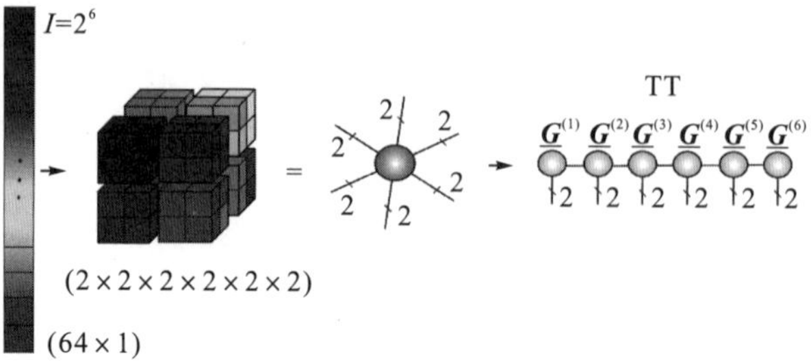

图 4-33 使用量化张量火车分解实现的量化张量网络

定义 12 在不引入误差的情况下对给定 N 阶张量进行 TT 分解，存在的 $N-1$ 个秩中那个极小的辅助指标的维数，称为该张量的 TT 秩。

注意：

(1) TT 秩和前面章节介绍的秩不是一个概念，它代表的是 $N-1$ 个秩，这 $N-1$ 个秩分别对应在做奇异值分解的时候每一个中间的对角矩阵中非 0 奇异值的个数；

(2) 在引入辅助指标帮助我们进行奇异值分解的时候，辅助指标也就是某个矩阵的维数是在逐渐上升的，如果做严格 SVD 分解，这个秩会增大，所以就需要我们进行低秩近似。

定义 13 对于某个给定张量 $\boldsymbol{T}$，对其进行 TT 分解使得

$$\min_{\{\dim(a_n)\leqslant x\}}\left|\boldsymbol{T}_{s_1s_2\dots s_N}-\sum_{a_1a_2\dots a_{N-1}}\boldsymbol{A}^{(1)}_{s_1a_1}\boldsymbol{A}^{(2)}_{s_2a_1a_2}\cdots\boldsymbol{A}^{(N-1)}_{s_{N-1}a_{N-2}a_{N-1}}\boldsymbol{A}^{(N)}_{s_Na_{N-1}}\right| \tag{4-12}$$

则 $\tilde{\boldsymbol{T}}_{s_1s_2\dots s_N}=\sum_{a_1a_2\dots a_{N-1}}\boldsymbol{A}^{(1)}_{s_1a_1}\boldsymbol{A}^{(2)}_{s_2a_1a_2}\cdots\boldsymbol{A}^{(N-1)}_{s_{N-1}a_{N-2}a_{N-1}}\boldsymbol{A}^{(N)}_{s_Na_{N-1}}$ 称为 $\boldsymbol{T}$ 的最优 TT 低秩近似，辅助指标维数的上限 x 被称为截断维数或裁剪维数。

上述知识帮助我们在原有的基础上更加详细地了解了张量火车分解的具体操作细节和注意点，接下来便进入四个著名的张量网络态的学习。

4.5.1 矩阵乘积态(MPS)

矩阵乘积态(matrix product states，MPS)是最先被发现和使用的张量网络。它是当前发现一维多体系统基态的最先进技术之一。用一组矩阵保存近似波态函数，这些矩阵的子集相乘后，就是对应于特定系统配置的复数。波函数有许多不同的表示，在特定物理设置下，每个都有特定优势。

定义 14　矩阵乘积态为系数满足 TT 形式的量子态，数学表达如下：

$$
\begin{aligned}
|\varphi\rangle &= \sum_{s_1 s_2 \dots s_N} \varphi_{s_1 s_2 \dots s_N} \prod_{n=1}^{N} |s_n\rangle \\
\varphi_{s_1 s_2 \dots s_N} &= \sum_{a_1 a_2 \dots a_{N-1}} A^{(1)}_{s_1 a_1} A^{(2)}_{s_2 a_1 a_2} \dots A^{(N-1)}_{s_{N-1} a_{N-2} a_{N-1}} A^{(N)}_{s_N a_{N-1}} = A^{(1)}_{s_1:} A^{(2)}_{s_2::} \dots A^{(N-1)}_{s_{N-1}::} A^{(N)\mathrm{T}}_{s_N:}
\end{aligned}
\tag{4-13}
$$

式中，在 MPS 中，开放的指标 s_n 代表物理 Hilbert 空间，被称为物理指标；被两个不同张量共有的指标 a_n 被称为辅助指标(或虚拟指标、几何/数学/键指标)，默认进行求和计算。

矩阵乘积态有两种边界条件：

(1) 开放边界条件(open boundary condition，OBC)；

(2) 周期边界条件(periodic boundary condition，PBC)。

长度 N=4 的 MPS 在 OBC 和 PBC 下的示意图如图 4-34(MPS 的长度定义为所含张量的个数)。

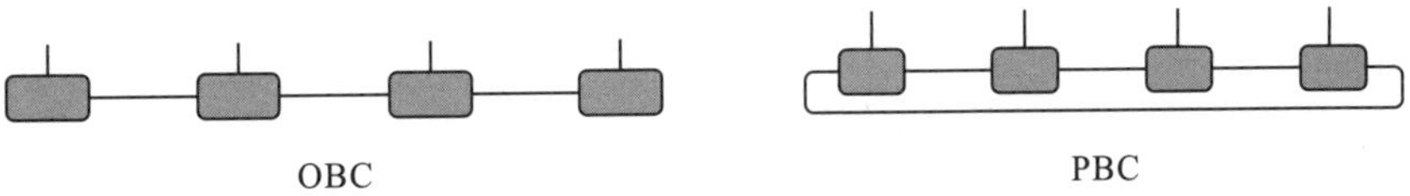

图 4-34　矩阵乘积态两种边界条件图示

在 MPS 中，对于给定的辅助截断指标 χ，MPS 所含参数不再是呈指数型增长，而是呈线性增长，这也正是引入 MPS 的最大原因所在。当然，这样做难免会有或大或小的误差，具体可以举一个图像应用的例子作为参考，如图 4-35 所示。

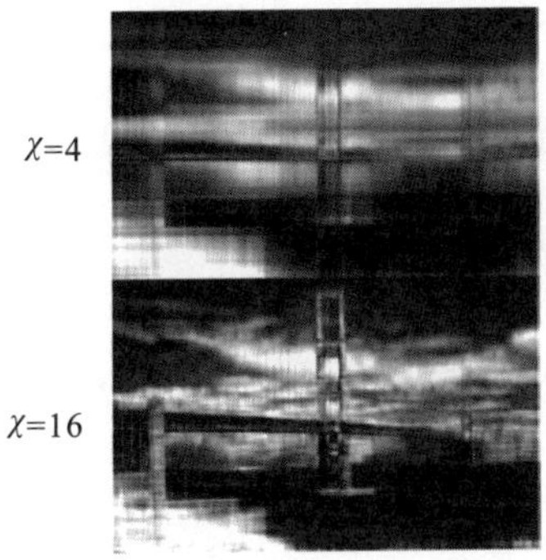

图 4-35　MPS 用于图像处理时辅助截断指标不同造成的不同处理结果

在严格对角化中，根据前面的介绍易知，量子态参数个数随 N 指数增加，即

$$\#(|\varphi\rangle) \sim O(d^N) \tag{4-14}$$

而在 MPS 中，给定辅助指标截断维数为 χ，易得，MPS 包含参数的个数随 N 仅线性增加，即

$$\#(\mathrm{MPS}) \sim O(Nd\chi^2) \tag{4-15}$$

显然，MPS 将表征量子多体态的参数复杂度，由指数级降低到线性级。

使用 MPS 的关键优势在于，我们并不需要知道指数复杂的量子态系数是什么，也不需要进行 TT 分解，而是在假设基态具备 MPS 形式的基础上，直接处理 MPS 中的“局域”张量，从而绕过了“指数墙”(即指数爆炸)问题。但是这样直接使用 MPS，不可避免地会带来误差。

4.5.2 投影纠缠对态(PEPS)

投影纠缠对态(projected entangled pair state，PEPS)是 MPS 在二维的拓展，它比 MPS 更难操纵，尽管获得了较大成功，但算法复杂度要比 MPS 高很多。二维系统有很多更有趣的物理性质，如拓扑序、拓扑相变等。

4.5.3 树状张量网络(TTN)态

树状张量网络(TTN)是一种量子电路架构，灵感来自二叉树，因此 TTN 往往具有分叉和层级的特征。TTN 电路的主要作用原理为：首先，对每个量子位对应用幺正变换；然后，从每一对中丢弃一个量子位元；在接下来的电路层中，再次对剩余的量子位对应用二量子位门；重复上述过程直到只剩下一个量子位元。图 4-36 为 8 个输入量子位元的 TTN 示意图。

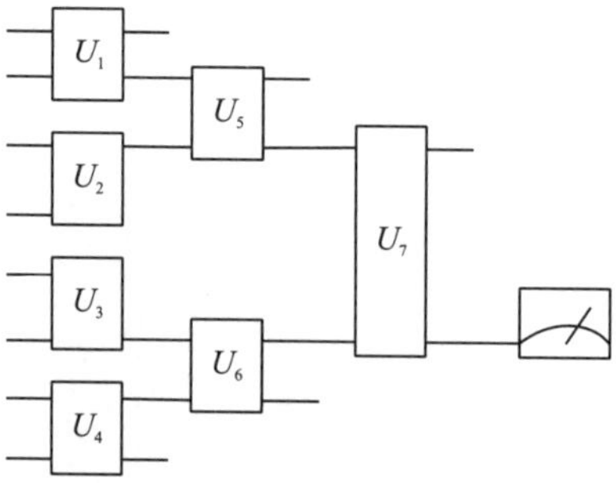

图 4-36 8 个输入量子位元的 TTN 电路示意图

一般情况下，量子位的测量结果是$|0\rangle$或$|1\rangle$。我们定义：由几个固定输入向量x_i的电路获得概率$P(|0\rangle)$。如果$P(|0\rangle)<0.5$，分配标签$\tilde{y}_i=0$给源向量x_i，否则分配标签$\tilde{y}_i=1$，这是一种二元分类法。

如图 4-37，一个连接两个张量的索引将网络分成两个子树 A 和 B，树分成两个不相交的集合，“二分”一词仅指这种划分。为了加快传统计算机提供的学习过程，需要使用酉参数化方法，一种最简单的方法是使用 CNOT 和两个单量子位旋转，如绕 Y 轴旋转(因为绕 Y 轴旋转与 CNOT 不对转，并且由实值矩阵表示)。

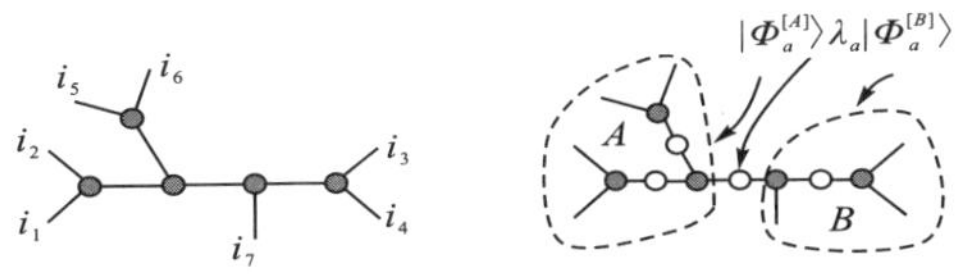

(a)　　(b)

图 4-37　将网络二分为子树 A 和子树 B

相比使用一维 MPS 的情况，TTN 更适合图像的二维性质。TTN 可以看作矩阵乘积态方法的高阶推广，TTN 中的张量则定义为相同轨道的树状排列。树形结构较有优势，因为树形中任意两个轨道之间的距离仅随轨道数量 N 的对数变化，而 MPS 数组中的比例是线性的。与主成分分析相似，TTN 也提供了一个三维向量的表示，其损失函数也是关于 n 的多项式。在 TTN 中，每个局部张量具有一个向上指数和四个向下指数。它可以表示为一个 K 层的张量网络结构，即 $\boldsymbol{W}^{l}_{s_{1,1}s_{1,2}\cdots s_{N_1,1}}=\sum_{\{s\}}\prod_{k=1}^{K}\prod_{n=1}^{N_k}\boldsymbol{T}^{[k,n]}_{s_{k+1,n'}s_{k,n,1}s_{k,n,2}s_{k,n,3}s_{k,n,4}}$，这里的 N_k 是第 k 层的张量的数目。

4.5.4　多尺度纠缠重整化假设(MERA)态

多尺度纠缠重整化假设(multiscale entanglement renormalization ansatz，MERA)态是一种一维量子系统基态的试验态。它符合一维临界系统的基态性质。而且 MERA 天然有尺度不变性(scale invariance)，符合统计物理中对关键关系(critical system)的描述(critical point 是重整化群流的不动点)。

MERA 模型[图 4-38(a)]由一系列处于不同尺度上的幺正矩阵(称为解纠缠算符，用圆圈表示) $\{u^i\}$，以及等距矩阵(isometric matrix，用三角形表示) $\{w^i\}$ 交错链接构成，这些矩阵定义在“格点方向和重整化尺度方向”构成的高维空间中；这里的等距矩阵的定义是：$\boldsymbol{\omega}^{\dagger}\boldsymbol{\omega}=\boldsymbol{I}$，即可认为 $\boldsymbol{\omega}$ 是一个切断的幺正矩阵，将两个指标映射成一个指标。解纠缠算符可以有效地将两个相邻块之间边界上的短程纠缠[图 4-38(b)用相同颜色填充的格子]去除，而等距矩阵只是将系统的长程纠缠[图 4-38(b)用不同颜色填充的格子]收集起来，也就是说 MERA 波函数的精髓在于去除短程纠缠，具体的原理可以通过图 4-38(b)理解。

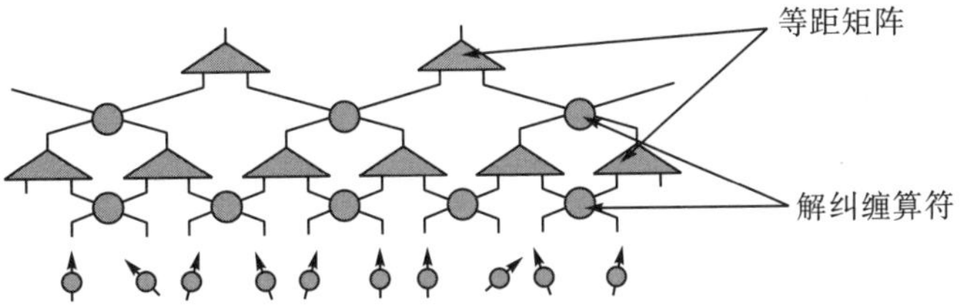

(a)

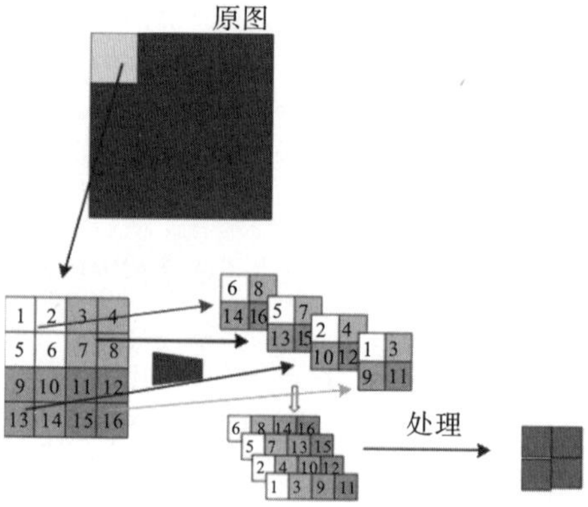

(b)

图 4-38 MERA 解纠缠原理示意图

MERA 波函数的归一化是自动保持的，同时 MERA 波函数中可观测算符所涉及的格点数在所有的重正化尺度上是相同的，即所谓的“有限因果锥”(causal cone)，而 PEPS 波函数的归一化是手动加上的，而可观测算符所涉及的格点数在不同尺度上可能是不同的。

参 考 文 献

程嵩, 2019.基于张量网络的机器学习模型[D]. 北京:中国科学院物理研究所.

Bailly R, 2011. Quadratic weighted automata:Spectral algorithm and likelihood maximization[C]//Asian Conference on Machine Learning. PMLR, 147-163.

Balle B, Carreras X, Luque F M, et al. , 2014.Spectral learning of weighted automata[J]. Machine Learning, 96(1):33-63.

Biamonte J, Bergholm V, 2017.Tensor networks in a nutshell[J]. arXiv preprint arXiv:1708. 00006. http://www.mathweb.zju.edu.cn:8080/wjd/TN/nutshell.pdf.

Bridgeman J C, Chubb C T, 2017.Hand-waving and interpretive dance:an introductory course on tensor networks[J]. Journal of Physics A:Mathematical and Theoretical, 50(22):223001.

Fannes M, Nachtergaele B, Werner R F, 1992.Finitely correlated states on quantum spin chains[J]. Communications in Mathematical Physics, 144(3):443-490.

Ferris A J, 2015.Unbiased Monte Carlo for the age of tensor networks[J]. arXiv preprint arXiv:1507.00767.https://arxiv.org/abs/1507.00767.

Klümper A, Schadschneider A, Zittartz J, 1992.Groundstate properties of a generalized VBS-model[J]. Zeitschrift für Physik B Condensed Matter, 87(3):281-287.

McCulloch I P, 2007. From density-matrix renormalization group to matrix product states[J]. Journal of Statistical Mechanics:Theory and Experiment, 2007(10):P10014.

Orús R, 2014. A practical introduction to tensor networks:Matrix product states and projected entangled pair states[J]. Annals of Physics, 349:117-158.

Oseledets I V, 2011. Tensor-train decomposition[J]. SIAM Journal on Scientific Computing, 33(5):2295-2317.

Östlund S, Rommer S, 1995.Thermodynamic limit of density matrix renormalization[J]. Physical Review Letters, 75(19):3537-3540.

Perez-Garcia D, Verstraete F, Wolf M M, et al., 2007. Matrix product state representations[J]. Quantum Information & Computation, 7(5):401-430.

Ran S J, Tirrito E, Peng C, et al., 2020.Tensor Network Contractions:Methods and Applications to Quantum Many-Body Systems[M]. New York:Springer Nature.

Schollwöck U, 2011.The density-matrix renormalization group in the age of matrix product states[J]. Annals of Physics, 326(1):96-192.

第 5 章　量子多体系统的张量网络态算法

在绝大多数量子多体系统中，我们关心的量子多体态往往不是随机波函数，而是该系统哈密顿量(Hamiltonian)的一个特殊本征态：基态。相比于随机波函数，基态的特殊之处在于它往往蕴含着某种物理规律，这些规律反映出系统的某些物理性质，并能够帮助我们大大减少描述该基态波函数所需的计算资源。以一维有能隙的量子多体系统为例，物理学家已经证明，这样一类系统的基态的量子纠缠满足面积定律，即系统的量子纠缠并不随系统尺寸的增大而增加。换句话说，尽管这类系统的基态不是直积态，但是它们在某种意义上离直积态并不太遥远。这一物理规律帮助人们提出了矩阵乘积态这一变分波函数来有效地近似该基态波函数的特征函数，其中变分参数的个数正比于系统尺寸的大小。在这个例子中，“一维有能隙量子多体系统基态波函数纠缠很低”这一物理规律，帮助我们大大减少了描述这一波函数所需要的计算资源。

然而，在更多的强关联系统中，人们并不清楚该系统基态中蕴含的物理规律，这对设计合适的变分波函数提出了挑战。而且强关联的量子多体系统难以求解，其根本原因是其 Hilbert 空间的维数会随着粒子数的增长而呈指数增长。发展有效的数值算法是求解量子多体系统的核心问题。目前常用的数值算法有严格对角化方法、量子蒙特卡罗方法以及密度矩阵重整化群(density matrix renormalization group，DMRG)方法。但这些方法都有一定的适用范围。严格对角化方法，即直接写出系统的哈密顿量矩阵将其进行对角化求出本征值。但由于随着粒子数的增加，系统的 Hilbert 空间维数呈指数水平增加，因此需要对角化的哈密顿量矩阵的维数也呈指数水平增加，使得能够对角化的系统的尺寸非常小，难以得到系统在热力学极限下的物理性质。量子蒙特卡罗方法是一种十分常用也十分强大的数值方法，但是采用这种方法处理费米子或者自旋阻挫系统时，也会遇到原则性问题——符号问题，即由于被积函数不是正定的，为了达到特定精度需要的采样量会随着体系尺寸的增加而呈指数水平增加。DMRG 是一种极其精准的方法，可以极其有效地处理一维系统。张量网络发展的一个关键动机是粗粒化的思想，在物理学中被称为重整化群(相当于第 3 章介绍的 ALS)。粗粒化是一种复杂统计系统的方法，通过不断地丢掉小尺度上的信息，逐渐将系统全局的信息呈现出来。

本章将全面地介绍一维系统的 MPS 理论。首先通过矩阵分解得到任意一个量子态的 MPS 表示，然后从纠缠熵角度的面积定律来分析 MPS，可以以很少的参数来有效地刻画物理系统的基态性质。接着介绍 MPS 在数值计算中的相关算法，包括如何有效地计算可观测量的期望值，如何用变分的方法来求解基态等。最后，通过将演化算符写成矩阵乘积算符(matrix product operator，MPO)形式，介绍如何用 MPS 来求解一维系统的时间演化情况：实时间情况对应量子力学中量子态的随时间演化的薛定谔方程，虚时间情况既可以用来计算统计力学中的配分函数，也可以用来求解系统的基态波函数。本章还会介绍 Vidal(维达尔)引入的 MPS 的 Γ - Λ 形式，并分析其与左正则形式、右正则形式和混合正则形式 MPS 的关系。借助于 Γ - Λ 形式，本章将介绍一种非常简便的时间演化块消减(time-evolving block decimation，TEBD)算法。

5.1　绝对值最大本征值问题

绝对值最大本征值问题：假设矩阵本征值为实数，求解给定矩阵的绝对值最大本征值及其对应的本征态。

定义 1　绝对值最大本征值问题的优化问题：给定矩阵 $\boldsymbol{M}$ 解归一化向量 $\boldsymbol{v}$，使得函数 $f=\left|\boldsymbol{v}^{\mathrm{T}}\boldsymbol{M}\boldsymbol{v}\right|$ 的值极大化。该最优化问题的解归一化向量 $\boldsymbol{v}$ 为 $\boldsymbol{M}$ 的最大本征态，对应的 f 值(绝对值)为 $\boldsymbol{M}$ 的最大本征值。

图 5-1 描述了最大本征值 f 与其他本征值之间的关系。

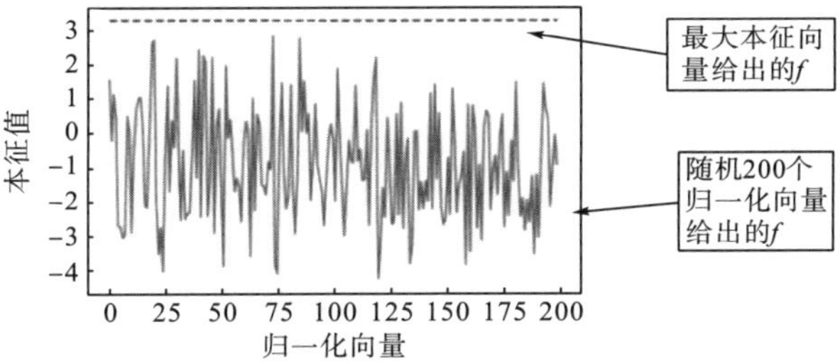

图 5-1　绝对值最大本征值与其余本征值的联系

定理 1　绝对值最大本征值问题的幂级数求解法：考虑实对称矩阵 $\boldsymbol{M}$，设 Γ_0 和 $\boldsymbol{u}^{(0)}$ 分别为其绝对值最大的唯一本征值及本征向量，则 $\lim\limits_{K\to\infty}\boldsymbol{M}^K=\Gamma_0^K\boldsymbol{u}^{(0)}\boldsymbol{u}^{(0)\mathrm{T}}$。

证明：设 $\boldsymbol{M}$ 的本征值分解为 $\boldsymbol{M}=\boldsymbol{U}\boldsymbol{\Gamma}\boldsymbol{U}^{\mathrm{T}}$，有 $\boldsymbol{M}^K=\boldsymbol{U}\boldsymbol{\Gamma}\boldsymbol{U}^{\mathrm{T}}\boldsymbol{U}\boldsymbol{\Gamma}\boldsymbol{U}^{\mathrm{T}}\cdots\boldsymbol{U}\boldsymbol{\Gamma}\boldsymbol{U}^{\mathrm{T}}$；由 $\boldsymbol{U}\boldsymbol{U}^{\mathrm{T}}=\boldsymbol{U}^{\mathrm{T}}\boldsymbol{U}=\boldsymbol{I}$，得

$$\boldsymbol{M}^K=\boldsymbol{U}\boldsymbol{\Gamma}^K\boldsymbol{U}^{\mathrm{T}}=\Gamma_0^K\boldsymbol{U}\left(\frac{\boldsymbol{\Gamma}}{\Gamma_0}\right)^K\boldsymbol{U}^{\mathrm{T}} \tag{5-1}$$

式中，$\lim\limits_{K\to\infty}\left(\frac{\boldsymbol{\Gamma}}{\Gamma_0}\right)^K=\lim\limits_{K\to\infty}\begin{bmatrix}\Gamma_0/\Gamma_0 & \cdots & 0\\ \vdots & & \vdots\\ 0 & \cdots & \Gamma_{D-1}/\Gamma_0\end{bmatrix}^K=\mathrm{diag}[1\quad 0\quad\cdots\quad 0]$ 得

$$\lim_{K\to\infty}\boldsymbol{M}^K=\Gamma_0^K\boldsymbol{U}\begin{bmatrix}1 & \cdots & 0\\ \vdots & & \vdots\\ 0 & \cdots & 0\end{bmatrix}\boldsymbol{U}^{\mathrm{T}}=\Gamma_0^K\boldsymbol{u}^{(0)}\boldsymbol{u}^{(0)\mathrm{T}} \tag{5-2}$$

式中，$\boldsymbol{u}^{(0)}$ 为 $\boldsymbol{U}$ 的第 0 列。

最大本征值问题非常重要，在本章后面的内容中一般会利用最大本征值问题来求解量子基态问题。

5.2 奇异值分解与最优低秩近似问题

在第 3 章中，已经详细地介绍了奇异值分解的求解定理和线性代数背景，也为奇异值分解的应用提供了原理解释，本节将结合前期所学知识，对奇异值分解的应用原理做进一步探索。

矩阵奇异值分解的低秩近似问题：给定 $D\times D'$ 的矩阵 $\boldsymbol{M}$，设其秩为 R，通过降低矩阵 $\boldsymbol{M}$ 的秩，即减少矩阵 $\boldsymbol{M}$ 非零奇异值的个数，对矩阵 $\boldsymbol{M}$ 进行维数裁剪，求解秩为 R' 的矩阵 $\boldsymbol{M}'$，有 $R > R' > 0$，且极小化两个矩阵间的范数即裁剪误差 ε，其定义如下：

$$\varepsilon = \boldsymbol{M} - \boldsymbol{M}' = \sqrt{\sum_{ij}(M_{ij} - M'_{ij})^2} \sim \left\| \Lambda_{R':R-1} \right\| \tag{5-3}$$

低秩近似问题的最优解为 $\boldsymbol{M}' = \boldsymbol{U}[:,0:R']\ \Lambda[0:R',0:R']\ V[:,0:R']^{\dagger}$，这里的最优解 $\boldsymbol{M}'$ 与原矩阵 $\boldsymbol{M}$ 之间裁剪误差最小。

奇异值分解的用途：可以用来对图片进行压缩(原始方法)，通过控制奇异值个数，来对图片进行压缩，使其丢掉一些冗余信息(图 5-2)。

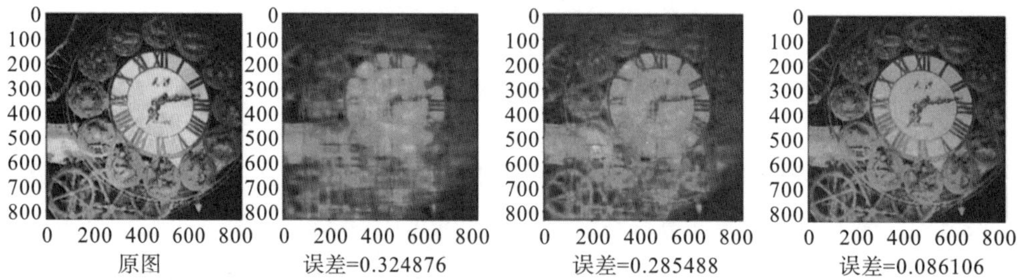

图 5-2 基于奇异值分解的图像压缩(彩图见彩色附图)(冉仕举，2022)

而本章利用的是奇异值分解对张量网络中辅助指标维数实施的最优裁剪(将在 5.6 节中介绍，即用来解决张量网络中的指数墙问题——指数爆炸问题，如图 5-3 所示)，它是将张量网络计算由指数难度降到线性难度的一种重要方法。

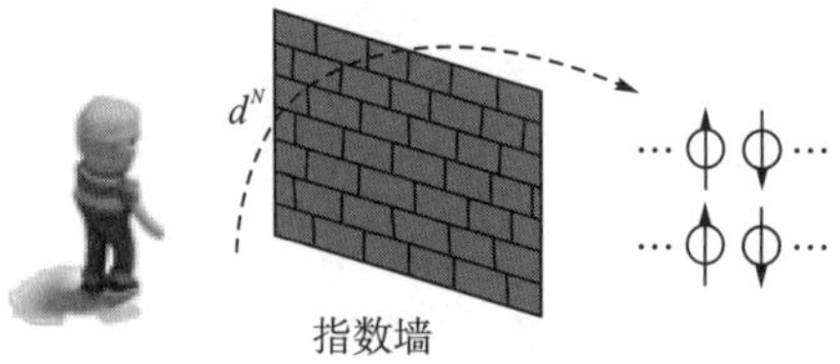

图 5-3 张量网络方法可以直接“翻越”指数墙问题——指数爆炸问题

5.2.1　最大奇异值与奇异向量的计算

在已有奇异值分解的基础上，我们将介绍计算矩阵最大奇异值及奇异向量的迭代算法的具体步骤：

(1) 随机初始化归一向量 $\boldsymbol{u}$ 和 $\boldsymbol{v}$ 。

(2) 利用 $\sum_a \boldsymbol{u}_a \boldsymbol{M}_{ab} = \Lambda \boldsymbol{v}_b$ ，计算 $\boldsymbol{u}$ 和 $\boldsymbol{M}$ 的收缩并归一化，更新 $\boldsymbol{v}$ ，归一化因子记为 Λ ，其图形表示如图 5-4 所示。

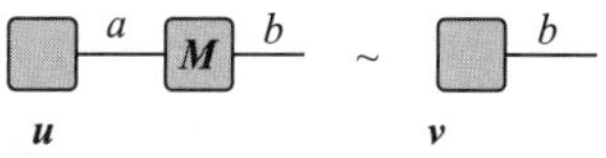

图 5-4　迭代算法更新 $\boldsymbol{v}$ 操作

(3) 利用 $\sum_b \boldsymbol{M}_{ab} \boldsymbol{v}_b = \Lambda \boldsymbol{u}_a$ ，计算 $\boldsymbol{v}$ 和 $\boldsymbol{M}$ 的收缩并归一化，更新 $\boldsymbol{u}$ ，归一化因子记为 Λ ，其图形表示如图 5-5 所示。

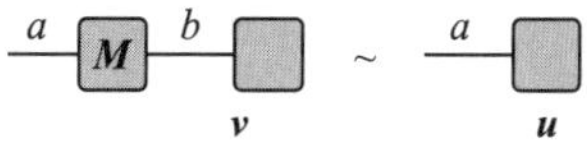

图 5-5　迭代算法更新 $\boldsymbol{u}$ 操作

(4) 如果 $\boldsymbol{u}$ 和 $\boldsymbol{v}$(以及 Λ) 收敛，则返回 $\boldsymbol{u}$ 、 $\boldsymbol{v}$ 和 Λ ；否则，返回执行步骤(2)。

求解本征值最大问题时，用到了幂级数求解法，与之类似的是，这里不断地对向量 $\boldsymbol{u}$ 与向量 $\boldsymbol{v}$ 求其与矩阵 $\boldsymbol{M}$ 的缩并，以此来获得最大奇异值与奇异向量。

5.2.2　张量秩一分解与其最优低秩近似

结合第 3 章中的张量秩一分解，将 5.2.1 节求解最大奇异值与奇异向量使用的自洽方程组推广到高阶张量，就可以得到张量秩一分解(以三阶张量 $\boldsymbol{T}$ 为例) $\boldsymbol{T} = \Lambda \boldsymbol{u} \otimes \boldsymbol{v} \otimes \boldsymbol{w}$ ，满足如下自洽方程组：

$$\sum_{ab} \boldsymbol{T}_{abc} \boldsymbol{u}_a \boldsymbol{v}_b = \Lambda \boldsymbol{w}_c, \sum_{ac} \boldsymbol{T}_{abc} \boldsymbol{u}_a \boldsymbol{w}_c = \Lambda \boldsymbol{v}_b, \sum_{bc} \boldsymbol{T}_{abc} \boldsymbol{v}_b \boldsymbol{w}_c = \Lambda \boldsymbol{u}_a \tag{5-4}$$

式中， $\boldsymbol{u}$ 、 $\boldsymbol{v}$ 、 $\boldsymbol{w}$ 为归一化向量，方程组成立时有 $\Lambda = \sum_{abc} \boldsymbol{T}_{abc} \boldsymbol{u}_a \boldsymbol{v}_b \boldsymbol{w}_c$ ，称为秩一分解系数。我们在第 3 章中介绍过秩一分解，即将一个 n 阶张量分解为 n 个向量的张量积，如对上面的自洽方程组使用类似于 5.2.1 节的迭代算法求解后，可得到分解后张量

$$\tilde{\boldsymbol{T}} = \Lambda \prod_{\otimes n} \boldsymbol{v}^{(n)} \tag{5-5}$$

则 $\prod_{\otimes n} \boldsymbol{v}^{(n)} = \boldsymbol{u}_a^{(n)} \otimes \boldsymbol{v}_b^{(n)} \otimes \boldsymbol{w}_c^{(n)}$ 构成一个三阶张量，秩一分解对应的优化问题就是使得 $\boldsymbol{T}$ 与 $\tilde{\boldsymbol{T}}$ 之间的范数 $f = \left|\boldsymbol{T} - \tilde{\boldsymbol{T}}\right|$ 极小。

【例 1】当 $\boldsymbol{T}$ 为二阶张量(即矩阵)时，那么秩一分解与矩阵奇异值分解对应的最优化

问题之间的关系是什么？

解：当 $\boldsymbol{T}$ 为矩阵时，秩一分解可以看作是将矩阵 $\boldsymbol{T}$ 分解为两个向量的张量积 $\tilde{\boldsymbol{T}}$（线性代数中为外积），其对应的最优化问题，就是使原矩阵 $\boldsymbol{T}$ 与分解后矩阵 $\tilde{\boldsymbol{T}}$ 之间的范数 $f=\left|\boldsymbol{T}-\tilde{\boldsymbol{T}}\right|$ 极小；矩阵奇异值分解是对矩阵 $\boldsymbol{M}$ 进行低秩近似，得到变换后矩阵 $\boldsymbol{M}'$，其对应的最优化问题，就是计算 $\boldsymbol{M}$ 与 $\boldsymbol{M}'$ 之间的裁剪误差 $\boldsymbol{\varepsilon}$。由此可见，这两个分解问题对应的最优化问题，就是对原矩阵与变换后矩阵的差距进行优化。

5.2.3 高阶奇异值分解与其最优低秩近似

在秩一分解中，我们将最大奇异值及奇异向量的方法推广到了高阶张量，下面我们考虑将完整的奇异值分解进行推广。

在第 3 章我们学到了高阶奇异值分解(higher-order singular value decomposition，HOSVD)是 Tucker 分解的一种特殊情况，其定义如下(以三阶实张量 $\boldsymbol{T}$ 为例)：

$$\boldsymbol{T}_{abc}=\sum_{ijk}\boldsymbol{G}_{ijk}\boldsymbol{U}_{ai}\boldsymbol{V}_{bj}\boldsymbol{W}_{ck} \tag{5-6}$$

式(5-6)也被称为 Tucker 积，可以用第 4 章介绍的新方法(图 5-6)来表示，其中，变换矩阵满足正交性 $\boldsymbol{U}\boldsymbol{U}^{\mathrm{T}}=\boldsymbol{V}\boldsymbol{V}^{\mathrm{T}}=\boldsymbol{W}\boldsymbol{W}^{\mathrm{T}}=\boldsymbol{I}$，张量 $\boldsymbol{G}$ 被称为核张量(core tensor)。

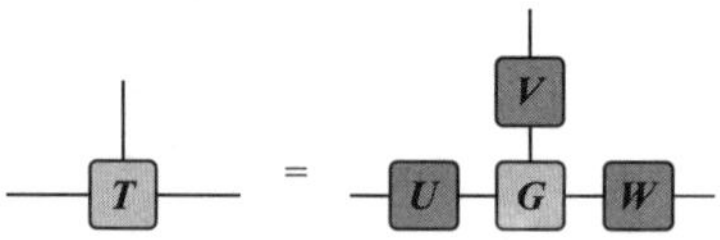

图 5-6 三阶张量的高阶奇异值分解示意图

定义 2 键约化矩阵(bond reduced matrix)：以指标 i 为例，其键约化矩阵定义为

$$\boldsymbol{J}_{ii'}=\sum_{jk}\boldsymbol{G}_{ijk}\boldsymbol{G}_{i'jk} \tag{5-7}$$

核张量 $\boldsymbol{G}$ 的任意键约化矩阵为非负定对角阵，且元素按非升序排列，即 $\boldsymbol{J}_{00}\geqslant\boldsymbol{J}_{11}\geqslant\cdots\geqslant 0$。

接着介绍 HOSVD 算法(以三阶实张量 $\boldsymbol{T}$ 为例)。

(1)计算各个指标的键约化矩阵：

$$\boldsymbol{I}_{aa'}=\sum_{jk}\boldsymbol{T}_{abc}\boldsymbol{T}_{a'bc},\boldsymbol{J}_{bb'}=\sum_{ik}\boldsymbol{T}_{abc}\boldsymbol{T}_{ab'c},\boldsymbol{K}_{cc'}=\sum_{ij}\boldsymbol{T}_{abc}\boldsymbol{T}_{abc'} \tag{5-8}$$

(2)计算每个键约化矩阵的本征值分解：

$$\boldsymbol{I}=\boldsymbol{U}\boldsymbol{\varOmega}\boldsymbol{U}^{\mathrm{T}},\boldsymbol{J}=\boldsymbol{V}\boldsymbol{\varPi}\boldsymbol{V}^{\mathrm{T}},\boldsymbol{K}=\boldsymbol{W}\boldsymbol{Y}\boldsymbol{W}^{\mathrm{T}} \tag{5-9}$$

(3)计算核张量：

$$\boldsymbol{G}_{ijk}=\sum_{abc}\boldsymbol{T}_{abc}\boldsymbol{U}_{ai}\boldsymbol{V}_{bj}\boldsymbol{W}_{ck} \tag{5-10}$$

(4)得到高阶奇异值分解：

$$\boldsymbol{T}_{abc}=\sum_{ijk}\boldsymbol{G}_{ijk}\boldsymbol{U}_{ai}\boldsymbol{V}_{bj}\boldsymbol{W}_{ck} \tag{5-11}$$

在各个本征谱中，非零值的个数被称为张量的 Tucker 秩。张量的 Tucker 秩其实是一组数，n 阶张量的 Tucker 秩为 n 维向量，其中存放着各本征谱的非零值个数。

由第 3 章可知，张量的 Tucker 低秩近似可通过 HOSVD、HOOI 等算法实现，其中 HOSVD 是在每个键约化矩阵中进行矩阵的低秩近似问题。由此可以发现，高阶奇异值分解与矩阵奇异值分解两者紧密的联系：即高阶奇异值分解(HOSVD)得到的 $\boldsymbol{T}_{abc}=\sum_{ijk}\boldsymbol{G}_{ijk}\boldsymbol{U}_{ai}\boldsymbol{V}_{bj}\boldsymbol{W}_{ck}$ 可以看作是一个张量与多个矩阵的缩并，因此可以将高阶奇异值分解与矩阵奇异值分解结合起来进行对比，即矩阵的奇异值分解是将矩阵分解为左/右奇异矩阵与一个奇异谱；而高阶张量的奇异值分解是将张量分解为一个核张量(与原张量同阶)与三个变换矩阵，其中核张量有键约化矩阵；故左/右奇异矩阵可与变换矩阵相对应，奇异谱可与键约化矩阵本征值分解后的本征谱相对应。

5.3 多体系统量子态与量子算符

5.3.1 量子态系数

【例 2】两个自旋构成的基矢为 4 个四维向量，可定义为

$$|0\rangle|0\rangle,|0\rangle|1\rangle,|1\rangle|0\rangle,|1\rangle|1\rangle \tag{5-12}$$

式中，$|i\rangle|j\rangle=|ij\rangle=|i\rangle\otimes|j\rangle$ [$\otimes$ 称为张量积或 Kronecker(克罗内克)积，且 $\otimes$ 符号可省略]，如 $|1\rangle=[1\ \ 0]^{\mathrm{T}}$，$|11\rangle=[1\ \ 0]^{\mathrm{T}}\otimes[1\ \ 0]^{\mathrm{T}}=[1\ \ 0\ \ 0\ \ 0]^{\mathrm{T}}$ (等号代表左边态的系数等于右边的张量)。

任意的二自旋量子态可写成基矢的线性叠加：

$$|\varphi\rangle=\varphi_{00}|00\rangle+\varphi_{01}|01\rangle+\varphi_{10}|10\rangle+\varphi_{11}|11\rangle=\sum_{ij=0}^{1}\varphi_{ij}|ij\rangle \tag{5-13}$$

二自旋量子态 $|\varphi\rangle$ 的系数可看作是 4×1 的向量 $[\varphi_{00}\quad\varphi_{01}\quad\varphi_{10}\quad\varphi_{11}]^{\mathrm{T}}$，或 2×2 的矩阵 $\begin{bmatrix}\varphi_{00} & \varphi_{01}\\ \varphi_{10} & \varphi_{11}\end{bmatrix}$，二者相差一个重塑操作。

5.3.2 单体算符的运算

对于 N 自旋体系，对应 Hilbert 空间维数为 2^N (每个自旋体系对应两个量子态)，即量子态的系数为 2^N 维张量(N 阶张量，每个张量为二维)，算符的系数为 $2^N\times2^N=2^{2N}$ 维张量($2N$ 阶张量，每个张量是二维的)。

定义 3　单体算符为作用到某一个自旋上的算符，如泡利算符，系数维数为 2×2。

单体算符作用到多体量子态的规则(以三自旋系统为例)：定义在第一个自旋空间中的算符 $\hat{O}^{(1)}$ (即该算符仅作用在第 1 个自旋上)，其对应的系数维数为 2×2，三自旋量子态 $|\varphi\rangle$ 对应的系数维数为 $2\times2\times2$，将 $\hat{O}^{(1)}$ 作用到 $|\varphi\rangle$ 上的公式可写为

$$|\varphi'\rangle = \hat{O}^{(1)}|\varphi\rangle = \hat{O}^{(1)} \otimes \hat{I}^{(2)} \otimes \hat{I}^{(3)}|\varphi\rangle \tag{5-14}$$

式中，$\hat{I}^{(n)}$ 为定义在第 n 个自旋空间的单位算符(单位算符的系数矩阵为单位阵)。

注：对于多自旋态，严格而言，无法定义对某一个自旋的单独操作，相关算符也需定义在多自旋 Hilbert 空间中，即使是对一个自旋的单独操作，仍然可能引起其他自旋空间的改变，多体量子态拥有很强的整体性；类似 $\hat{O}^{(1)} \otimes \hat{I}^{(2)} \otimes \hat{I}^{(3)}$ 的与单位阵的直积可看作是单体算符需满足的形式。

在公式 $|\varphi'\rangle = \hat{O}^{(1)}|\varphi\rangle = \hat{O}^{(1)} \otimes \hat{I}^{(2)} \otimes \hat{I}^{(3)}|\varphi\rangle$ 中，$\hat{O}^{(1)} \otimes \hat{I}^{(1)} \otimes \hat{I}^{(2)}$ 的维数为 $2^N \times 2^N$，可以以指标收缩的形式作用到维数为 2^N 的量子态 $|\varphi\rangle$ 上。但 $\hat{O}^{(1)}|\varphi\rangle$ 这样的表达方式并不完整，无法定义对某一个自旋的单独操作，因此这样的表达方式是一个不好的定义，尽量不使用。但是，实际上不用按上述方式进行 $2^N \times 2^N$ 维矩阵与 2^N 维向量的矩阵积计算，而是直接对它们的系数进行如下计算：设 $|\varphi\rangle$ 与 $|\varphi'\rangle$ 的系数分别为三阶张量 $\boldsymbol{\varphi}_{ijk}$ 和 $\boldsymbol{\varphi}'_{i'jk}$，设 $\hat{O}^{(1)}$ 的系数为二阶矩阵 $\boldsymbol{O}^{(1)}_{ii'}$，则有如下公式：

$$\boldsymbol{\varphi}'_{i'jk} = \sum_i \boldsymbol{O}^{(1)}_{i'i} \boldsymbol{\varphi}_{ijk} \tag{5-15}$$

将定义在第 n 个自旋的算符 $\hat{O}^{(n)}$ 作用到自旋多体态上，仅需将算符与第 n 个指标进行收缩，对应的图形表示如图 5-7 所示。

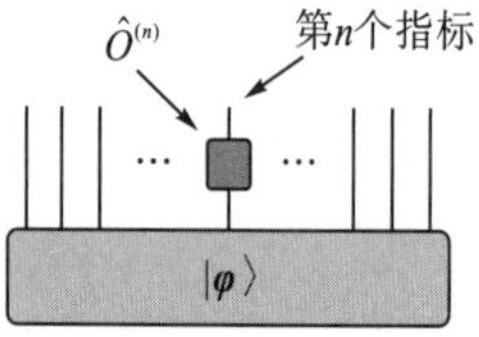

图 5-7　算符作用在多体态的第 n 个指标上

注：虽然仅进行第 n 个指标的收缩，但实际上，所有张量元可能被改变，并非仅有第 n 个指标对应的张量元发生改变，无法定义第 n 个指标对应的张量元，这与“无法定义对某一个自旋的单独操作”这一事实是一致的。但是，量子态与量子算符在确定其基底后，则可由张量来表示它们的系数，有了基底和系数，就可以进行算符与量子态、算符与算符的计算。这就是量子态、量子算符与张量之间的关系(图 5-8)。

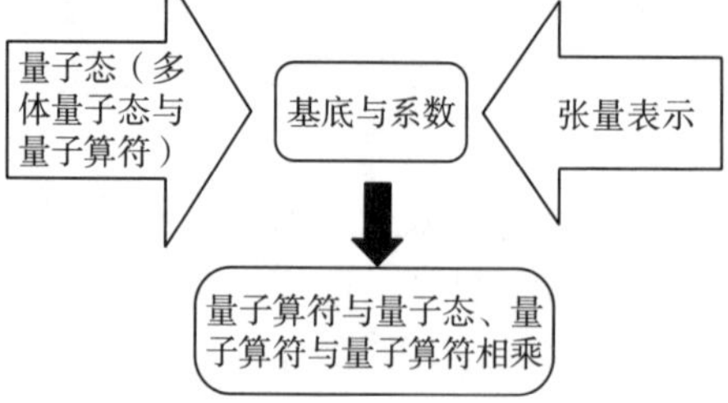

图 5-8　量子态、量子算符与张量之间的关系

5.3.3　多体算符的运算

对于多体算符，若其可以写成多个定义在不同空间的单体算符的张量积，则计算该算符作用到多体态上时，仅需进行多次单体算符的作用即可(多体算符等于多个单体算符)。又由于单体算符定义在不同的空间，算符之间相互对易(即其对易子为 0)，因此，作用的顺序不影响结果：

$$\hat{O}^{(m)}\hat{O}^{(n)}=\hat{O}^{(n)}\hat{O}^{(m)} <=> \left[\hat{O}^{(m)},\hat{O}^{(n)}\right]=0 \tag{5-16}$$

注：对易子为 0。

【例 3】问算符 $\hat{O}=\hat{O}^{(1)}\otimes\hat{O}^{(2)}$ 作用到三自旋态 $|\varphi\rangle$ 上，如何得到量子态 $|\varphi'\rangle$？

解：

$$\varphi'_{i'j'k}=\sum_{ijk}O^{(1)}_{ii'}O^{(2)}_{jj'}\varphi_{ijk}$$

其对应的图形表示如图 5-9 所示。

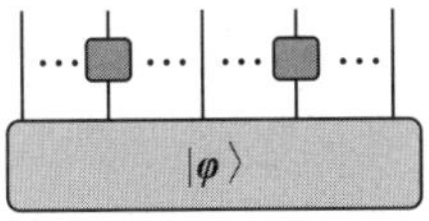

图 5-9　两个算符作用在多体量子态上的张量表示

利用 1.5 节中对易子和反对易子的定义，我们可以给出同时对角化定义和量子力学的全同性公设。

定义 4　同时对角化定理：若正规算符 ***A*** 和 ***B*** 是对易的，当且仅当存在一组正交归一基矢，使得 ***A*** 和 ***B*** 在其上是对角的，在这种情况下，***A*** 和 ***B*** 被称为可同时对角化。

量子力学的全同性公设：描写全同粒子系统的态矢量，对于任意一对粒子的对调，是对称的(对调前后完全相同)或反对称的(对调前后相差一个负号)。服从前者的粒子被称为玻色子，后者被称为费米子。这一原理可以简单描述为：任意两个全同粒子交换，不会改变系统的状态。

如果算符不能分解成多个单体算符张量积的形式，则就要根据各算符的情况进行收缩；如果存在不同算符作用在相同自旋上，则重复上述规则，由下至上依次将各个算符作用到量子态上。图 5-10 给出了一个图形表示示例。图 5-10(a)为多个算符作用在不同自旋上时的情况，直接各自收缩即可；图 5-10(b)为不同算符作用在相同自旋上时的情况，则根据各算符情况进行收缩。算符①为不能进行分解的二体算符，算符②为一个三体算符，它可分解为一个二体算符与一个单体算符，算符③为一个不能进行分解的三体算符。

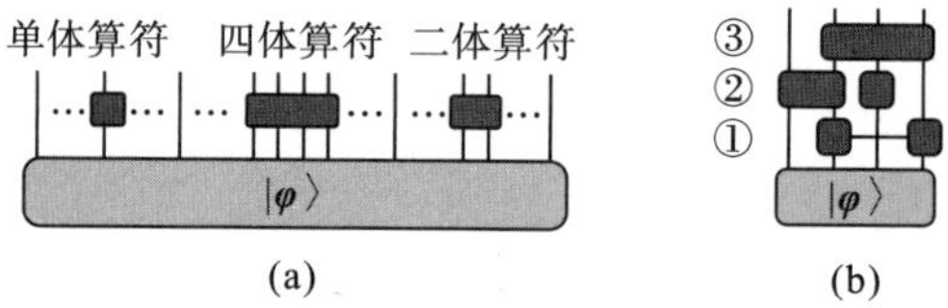

图 5-10 多个算符作用在不同自旋上的示意图

定义 5 量子线路：如果每个量子算符为幺正算符(又称酉矩阵)，则这些算符构成一个作用在多体态上的大的幺正操作，称为量子线路(注：特殊情况下可不满足幺正性)。

量子线路是可运行于量子计算机上的模型(类似于逻辑门线路与经典计算机间的关系)，张量网络为量子线路提供了一个给定基底下的数学表示(量子线路实际就是一个张量网络，但又有所区别，张量网络是一堆数的集合，而量子线路是由一个个算符构成)，如图 5-11 所示。

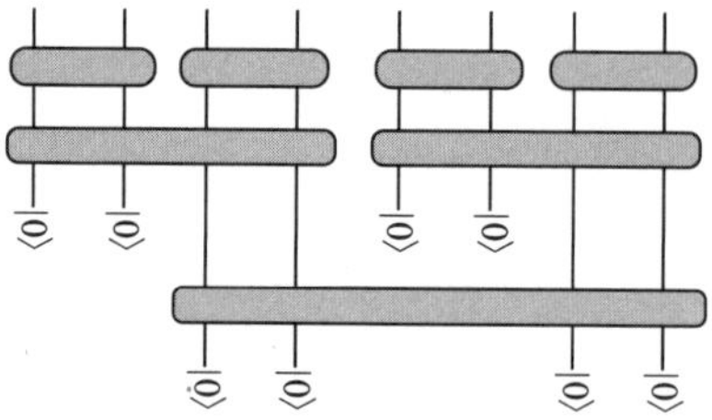

作用在|00000000⟩上的量子线路，
由3个四体量子门和4个二体门构成

图 5-11 多体量子门的量子线路表示示意图

5.4 经典热力学基础

对于经典平衡态，系综理论的核心是：对于一个全同粒子构成的系统，该系统处于某一种状态[或构型，记为$(s_1,s_2,\cdots)$]的概率P，由该状态的能量E决定(设玻尔兹曼常量与普朗克常量为 1)，满足

$$P(s_1,s_2,\cdots;\beta)=\frac{e^{-\beta E(s_1,s_2,\cdots)}}{Z} \tag{5-17}$$

式中，$\beta=1/T$ 为倒温度；Z 为配分函数(partition function)，等于所有可能构型概率之和，满足 $Z=\sum_{s_1,s_2,\cdots}e^{-\beta E(s_1,s_2,\cdots)}$，$Z$ 可理解为概率的归一化因子。机器学习中的玻尔兹曼机(Boltzmann machine)具备同样的数学形式。

热力学量即对应物理量的概率平均值：

$$O(\beta)=\sum_{s_1,s_2,\cdots}P(s_1,s_2,\cdots;\beta)O(s_1,s_2,\cdots) \tag{5-18}$$

式中，$O(s_1,s_2,\cdots)$ 是当前构型下物理观测量的值。可见，建立描述给定物理系统热力学性质的关键，在于建立能量 E 与状态之间的函数关系。

定义 6　伊辛(Ising)模型是由 N 个 Ising 自旋构成一个图(graph)(图 5-12)，每个 Ising 自旋为图中一个节点(node)，其可取状态 s_i 为 1 或−1；对于给定状态，其能量满足

$$E(s_1,s_2,\cdots)=\sum_{\langle i,j\rangle}J_{ij}s_is_j \tag{5-19}$$

式中，$\langle i,j\rangle$ 代表图中任意一对相连的 Ising 自旋；J_{ij} 为对应连接的耦合系数。

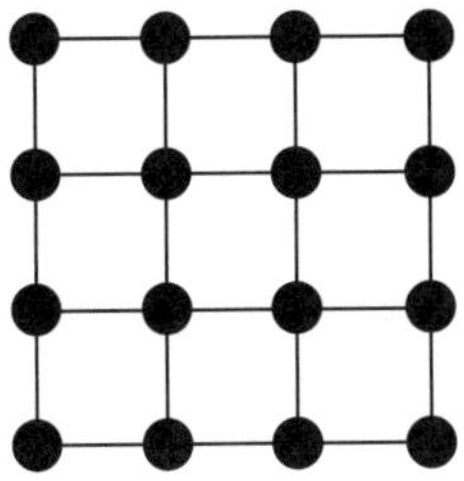

图 5-12　4×4 正方格点(勿与张量网络混淆)

故 Ising 模型由图(节点与边)定义；当每个节点可取的状态 S 数大于 2 时，模型推广为 S 态波茨(Potts)模型；后面我们将介绍如何使用张量网络计算 Ising 模型热力学。但是这里并不建议将 Ising 模型当作一种物理上的存在，它应是用来近似描述一大类物理现象的一个数学模型，因而这里使用了概率图理论的术语来描述 Ising 模型；它们都是用来解释已知物理实在、预言未知物理实在的数学模型而已。

定义 7　量子系统的热力学由有限温密度算符给出，且为

$$\hat{\rho}(\beta)=\mathrm{e}^{-\beta\hat{H}}/Z \tag{5-20}$$

式中，$\hat{H}$ 为系统哈密顿量；Z 为量子配分函数；β 为倒温度。由此公式，可以看出：想要定义一个量子模型，则需要定义哈密顿量，因此可以认为哈密顿量是量子系统热力学的关键所在。

对于量子系统，给定状态(量子态)下的能量满足：

$$E(s_1,s_2,\cdots)=\left\langle s_1s_2\cdots|\hat{H}|s_1s_2\cdots\right\rangle \tag{5-21}$$

该式即前面提到的建立能量与状态之间的关系，是 $\hat{H}$ 在 $s_1s_2\cdots$ 构型下的能量。定义了能量后，就可由此推到概率论，与经典热力学理论相同，定义处于 $|s_1s_2\cdots\rangle$ 的概率为

$$P(s_1,s_2,\cdots;\beta)=\frac{\mathrm{e}^{-\beta E(s_1,s_2,\cdots)}}{Z} \tag{5-22}$$

且配分函数满足 $Z=\sum_{s_1,s_2,\cdots}\mathrm{e}^{-\beta E(s_1,s_2,\cdots)}$。将能量表达式代入得量子配分函数：

$$Z=\sum_{s_1s_2\cdots}\mathrm{e}^{-\beta\left\langle s_1s_2\cdots|\hat{H}|s_1s_2\cdots\right\rangle} \tag{5-23}$$

再根据基矢的正交完备性 $\sum_{s_1s_2\cdots}|s_1s_2\cdots\rangle\langle s_1s_2\cdots|=\boldsymbol{I}$，得

$$Z = \sum_{s_1 s_2 \cdots} \left\langle s_1 s_2 \cdots | \mathrm{e}^{-\beta \hat{H}} | s_1 s_2 \cdots \right\rangle = \mathrm{tr}(\mathrm{e}^{-\beta \hat{H}}) \tag{5-24}$$

式中，$\left\langle s_1 s_2 \cdots | \mathrm{e}^{-\beta \hat{H}} | s_1 s_2 \cdots \right\rangle$ 为 $\mathrm{e}^{-\beta \hat{H}}$ 的系数矩阵，该系数矩阵左右两边指标相等时求和就为该矩阵的迹。

注意多个热力学量可由配分函数关于温度的导数求得，如自由能、能量、熵等，因此，求解配分函数是求解热力学问题的关键一步；而量子系统中的算符平均值可由密度矩阵计算获得。

5.4.1 量子格点模型中的基态问题

定义 8 系统的基态(ground state)：当系统温度极低时($\beta \to \infty$)，系统密度算符由哈密顿量最低的唯一本征态(记为$|g\rangle$)给出，称为系统的基态，对应的本征值 E_g 称为基态能，为

$$\begin{gathered} \lim_{\beta \to \infty} \mathrm{e}^{-\beta \hat{H}} / Z = |g\rangle\langle g| \\ \hat{H}|g\rangle = E_g |g\rangle \end{gathered} \tag{5-25}$$

该公式的核心思想为：当温度极低时($\beta \to \infty$)，系统的能量也极低，这时就可以得到基态。其过程类似于幂级数算法，哈密顿量最低的基态$|g\rangle$对应于系统密度算符 $\mathrm{e}^{-\beta \hat{H}} / Z$ 本征值最高的态，因此按照幂级数算法的步骤，得到密度算符的最大本征态，即可得到哈密顿量的基态。

基态观测量满足：$O(\beta) = \mathrm{tr}(\hat{O}\mathrm{e}^{-\beta \hat{H}} / Z) = \left\langle g | \hat{O} | g \right\rangle$，与量子态观测量公式一致。

量子态观测量：在线性代数中，求矩阵特征值与特征向量的公式为 $\boldsymbol{A}\alpha = \boldsymbol{\lambda}\alpha$，将其引入量子世界，则对应于 $\hat{\boldsymbol{\rho}}|\varphi\rangle = \boldsymbol{\rho}|\varphi\rangle$，算符 $\hat{\boldsymbol{\rho}}$ 作用到量子态$|\varphi\rangle$上，就相当于对量子态$|\varphi\rangle$进行观测，可得到一个数值 $\boldsymbol{\rho}$ 与原量子态$|\varphi\rangle$。这个数值 $\boldsymbol{\rho}$ 就是我们在经典世界中可以测量到的观测值，这正好就是联系量子物理与经典物理的桥梁。

基态求解即求解哈密顿量对应矩阵的最低本征态$|g\rangle$及本征值 E_g，对应于如下最优化问题：

$$E_g = \min_{g|g=1} \left\langle g | \hat{H} | g \right\rangle \tag{5-26}$$

式中，$\langle g|g\rangle = 1$ 是量子态的归一性。可以将上式理解为解哈密顿量算符 $\hat{H}$ 在给定基底$|g\rangle$下所对应的矩阵的最小本征值(基态能)及对应的本征态(基态)。式(5-26)解出基态和基态能后，就可以计算基态的任意性质了，如在基态下的一些观测量等。

5.4.2 磁场中二自旋海森伯模型的基态计算

二自旋(图 5-13)问题中首先求出哈密顿量 $\hat{H}$，而后进行本征值分解得到基态。

图 5-13　简单量子二自旋示意图

定义 9　磁场中二自旋的海森伯(Heisenberg)模型为

$$\hat{H}(h^{\alpha})=\sum_{\alpha=x,y,z}[\hat{s}_1^{\alpha}\hat{s}_2^{\alpha}+h^{\alpha}(\hat{s}_1^{\alpha}+\hat{s}_2^{\alpha})] \tag{5-27}$$

式中，h^{α} 定义为沿自旋 α 方向的外磁场；$\hat{s}^{\alpha}=\hat{\sigma}^{\alpha}/2$。由于该系统是二自旋系统，因此上式中的 $h^{\alpha}(\hat{s}_1^{\alpha}+\hat{s}_2^{\alpha})$ 其实相当于 $h^{\alpha}\hat{s}_1^{\alpha}\hat{I}_2+h^{\alpha}\hat{I}_1\hat{s}_2^{\alpha}$。

下面考虑自旋 1/2($\hat{s}^{\alpha}=\hat{\sigma}^{\alpha}/2$，自旋算符与泡利算符相差因子 2)，选择 $\hat{s}^{z}$ 本征态作为基矢，为简便起见，设 $h^{x}=h^{y}=0$，$h^{z}=h$(只考虑 Z 方向的磁场)。

显而易见，$\hat{H}$ 不能写成多个单体算符的直积(由于有求和项，所以只能把 $\hat{H}$ 当成一个二型算符)。

$\hat{H}$ 的系数可看作是 $2\times2\times2\times2$ 的四阶张量或 4×4 矩阵，其计算步骤为：

(1) 获得各个自旋算符的矩阵($\hat{\sigma}^{\alpha}/2$)；

(2) 计算 $\hat{s}_1^{\alpha}\hat{s}_2^{\alpha}$，为 $2\times2\times2\times2$ 张量；

(3) 计算 $\hat{s}_1^{\alpha}I_2$ 与 $I_1\hat{s}_2^{\alpha}$，为 $2\times2\times2\times2$ 张量；

(4) 将各项求和，进行本征值分解获得最终结果。

显然，得到哈密顿量之后，可直接调用求解最低本征态的函数计算基态及基态能。

5.4.3　海森伯模型的基态计算——退火算法

退火算法的核心思想：想要计算基态，不一定要获得完整的哈密顿量。

【例 4】四个自旋构成的一维海森伯格点模型(无外磁场，图 5-14)。对应的数学公式表达为

$$\hat{H}=\sum_{\langle i,j\rangle}\hat{H}_{ij} \tag{5-28}$$

求和符号每一项为二自旋海森伯哈密顿量 $\hat{H}_{ij}=\sum_{\alpha=x,y,z}\hat{s}_i^{\alpha}\hat{s}_j^{\alpha}$，其中 $\langle i,j\rangle$ 遍历图 5-14 中所有相连的格点对 $(\langle1,2\rangle,\langle2,3\rangle,\langle3,4\rangle)$。

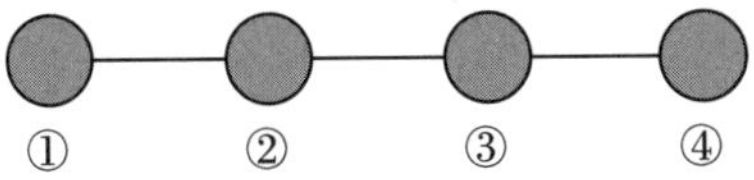

图 5-14　无外磁场的四自旋海森伯格点模型

定义 10　基态计算的退火算法的基本原理为对任意初态 $|\varphi\rangle$ 进行投影

$$\lim_{\beta\to\infty}\mathrm{e}^{-\beta\hat{H}}|\varphi\rangle\to|g\rangle \tag{5-29}$$

注：$\mathrm{e}^{-\beta\hat{H}}$ 的最大本征态为 $|g\rangle$，回顾绝对值最大本征问题的幂级数求解法可得；$|\varphi\rangle$ 为

任一不与$|g\rangle$正交的量子态，该公式由$\lim\limits_{\beta\to\infty}\mathrm{e}^{-\beta\hat{H}}/Z=|g\rangle\langle g|$得到。

“退火”一词来自金属热处理工艺，是指将金属加热到一定温度，保持足够时间，然后以适宜速度冷却。退火算法过程与之类似，在量子系统中任取一初态(相当于已被加热到一定温度)，然后对其进行类似于幂级数算法的迭代(相当于持续冷却)，该量子态迭代到收敛时(退火完成)，则得到了基态。退火算法的过程图形表示如图 5-15 所示。

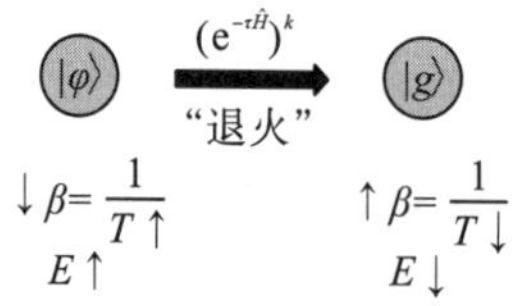

图 5-15　退火算法过程示意图

例如，4 个自旋构成的一维海森伯链退火算法具体步骤(图 5-16)为：

(1)随机初始化量子态$|g_0\rangle$；

(2)计算$|g'_{t+1}\rangle=\mathrm{e}^{-\tau\hat{H}_{12}}\mathrm{e}^{-\tau\hat{H}_{34}}|g_t\rangle$并归一化结果；

(3)计算$|g_{t+1}\rangle=\mathrm{e}^{-\tau\hat{H}_{23}}|g'_{t+1}\rangle$并归一化结果；

(4)检查$|g_{t+1}\rangle$是否收敛，若不收敛则返回至步骤(2)。

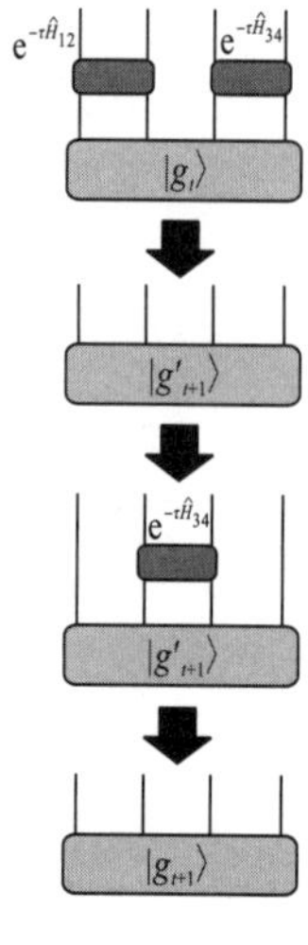

图 5-16　退火算法量子计算步骤张量示意图

退火算法类似于幂级数算法，使用迭代的思想。退火算法将$\hat{H}$分解为$\hat{H}_{12}$、$\hat{H}_{23}$、$\hat{H}_{34}$，其中的$|g'_{t+1}\rangle$相当于$|g_t\rangle$与$|g_{t+1}\rangle$的一个中间态。$\hat{H}_{12}$、$\hat{H}_{23}$、$\hat{H}_{34}$作用到$|g_t\rangle$上，结果是β增加了τ，$\tau=\frac{1}{n},n\to\infty$,则$\tau\to 0$，所以可以认为$\tau$就是一个极小的变量。

退火算法的数学原理为特罗特-苏祖基(Trotter-Suzuki)分解。对于算符$\hat{A}$和$\hat{B}$，有如下关系：

$$\mathrm{e}^{\tau(\hat{A}+\hat{B})}=\mathrm{e}^{\tau\hat{A}}\mathrm{e}^{\tau\hat{B}}+\tau^2[\hat{A},\hat{B}]+\cdots \tag{5-30}$$

当 $\hat{A}$ 和 $\hat{B}$ 对易时，$\mathrm{e}^{\tau(\hat{A}+\hat{B})}=\mathrm{e}^{\tau\hat{A}}\mathrm{e}^{\tau\hat{B}}$；

当 τ 为小量时，$\mathrm{e}^{\tau(\hat{A}+\hat{B})}-\mathrm{e}^{\tau\hat{A}}\mathrm{e}^{\tau\hat{B}}=O(\tau^2)$。

对于上述例子，取 τ 为小量，有

$$\mathrm{e}^{-\tau\hat{H}}\approx\mathrm{e}^{-\tau(\hat{H}_{12}+\hat{H}_{34})}\mathrm{e}^{-\tau\hat{H}_{23}}=\mathrm{e}^{-\tau\hat{H}_{12}}\mathrm{e}^{-\tau\hat{H}_{34}}\mathrm{e}^{-\tau\hat{H}_{23}} \tag{5-31}$$

在张量网络中，基于退火算法发展出了著名的时间演化块消减(time-evolving block decimation，TEBD)算法，但是在小尺寸可严格计算的体系中，并没有必要采用退火算法，因为在进行 Trotter-Suzuki 分解时会额外引入误差。

下面引入一种更加直接的计算方法(通常被称为严格对角化算法)：

(1) 定义线性映射 $f(|\varphi\rangle):|\varphi\rangle\to(I-\tau\hat{H})|\varphi\rangle=|\varphi\rangle-\tau\sum_{\langle i,j\rangle}\hat{H}_{ij}|\varphi\rangle$；

(2) 求解线性映射 f 的最大本征值与本征态。

该方法通过引入线性映射 ($I-\tau\hat{H}$) 将求解哈密顿量 $\hat{H}$ 的最低本征态(基态)平移为求 f 的最大本征值与本征态。其中，τ 为小量，保证绝对值最大的本征值在 $I-\tau\hat{H}$ 中代数值最大；步骤(1)可通过多次计算局域哈密顿量与量子态的作用实现(如图 5-17)。

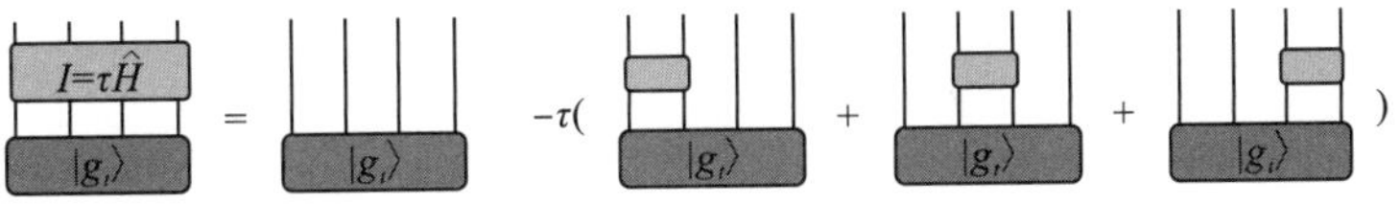

图 5-17　四自旋量子态的严格对角化算法流程

上述方法同样避免了写出总哈密顿量，且不引入额外的误差。

图 5-18 清晰直观地反映了 5.1～5.4 节的主要内容。在量子格点模型的基态问题中，热力学与统计能够为我们指明问题“锁芯”的位置，而最大本征问题就是“钥匙”，有了“钥匙”和“锁芯”，再有转动“钥匙”的方法：退火算法、严格对角化算法，就可以解决这一问题。

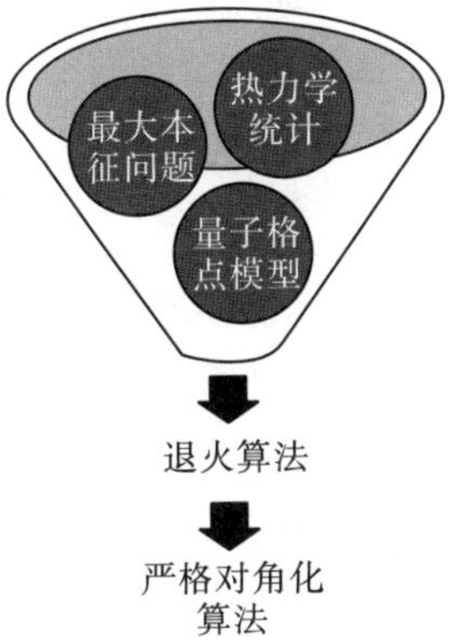

图 5-18　不同算法和模型的相互联系与延伸

5.5 矩阵乘积态与量子纠缠

根据第 4 章可知，MPS 将表征量子多体态的参数复杂度由指数级降低到了线性级。在 TT 分解中，需要先知道要分解的具体张量是什么。但是 MPS 的关键在于，并不需要知道指数复杂的量子态系数是什么，也不需要进行 TT 分解，而是直接假设基态具备给定截断维数的 MPS 态，直接处理 MPS 中的“局域”张量，从而绕过了“指数墙”问题。但是这样做就会导致误差的产生，并不能确定这样的 MPS 是否可以有效地描述基态。这种情况下，我们需要一个量来帮助判断 MPS 的有效性。回顾基于奇异值分解的矩阵低秩近似有裁剪误差刻画，约等于被裁减的奇异值的范数，即

$$\varepsilon \sim \left|\Lambda_{R':R-1}\right| \tag{5-32}$$

因此，可以从奇异谱入手定义刻画 MPS 有效性的量，即量子纠缠。由 SVD 中的奇异谱扩展，通过量子纠缠来定义 MPS 的有效性，MPS 对应的奇异谱刚好就是量子态的量子纠缠谱，即我们希望能够从概率论和张量网络的角度，更为数学地、严谨地理解量子纠缠。

施密特分解(Schmidt decomposition)与纠缠谱(entanglement spectrum)：给定 N 自旋(或其他自由度)的量子态为

$$|\boldsymbol{\varphi}\rangle = \sum_{s_1 s_2 \cdots s_N} \boldsymbol{\varphi}_{s_1 s_2 \cdots s_N} \prod_{\otimes n=1}^{N} |s_n\rangle \tag{5-33}$$

将自旋二分成两部分 $\{s_n\}=(s_1,s_2,\cdots,s_K)\cup(s_{K+1},s_{K+2},\cdots,s_N)$，$K\geqslant 1$，且$K\neq N$，意味着二分的两部分不能为空集，将$|\boldsymbol{\varphi}\rangle$的系数$\varphi_{s_1 s_2\cdots s_N}$前面的指标($s_1,s_2,\cdots,s_K$)重构成一个大的指标，后面的指标$(s_{K+1},s_{K+2},\cdots,s_N)$重构成另一个大的指标，那么该 N 阶张量就被重构为了有两个大指标的矩阵，然后对矩阵化的系数进行奇异值分解得

$$\boldsymbol{\varphi}_{s_1 s_2 \cdots s_N} = \sum_{\alpha=0}^{D-1} \boldsymbol{U}_{s_1,s_2,\cdots,s_K,\alpha} \Lambda_\alpha \boldsymbol{V}^*_{s_{K+1},s_{K+2},\cdots,s_N,\alpha} \tag{5-34}$$

对应于将量子态进行如下分解：

$$|\boldsymbol{\varphi}\rangle = \sum_{\alpha=0}^{D-1} \Lambda_\alpha \left|\boldsymbol{U}^\alpha\right\rangle \left|\boldsymbol{V}^\alpha\right\rangle \tag{5-35}$$

式中，$\left|\boldsymbol{U}^\alpha\right\rangle$和$\left|\boldsymbol{V}^\alpha\right\rangle$为 D 个量子态，满足

$$\left|\boldsymbol{U}^\alpha\right\rangle = \sum_{s_1,s_2,\cdots,s_K} \boldsymbol{U}_{s_1,s_2,\cdots,s_K,\alpha} \prod_{\otimes n=1}^{K} |s_n\rangle,\ \left|\boldsymbol{V}^\alpha\right\rangle = \sum_{s_1,s_2,\cdots,s_K} \boldsymbol{V}^*_{s_{K+1},s_{K+2},\cdots,s_N,\alpha} \prod_{\otimes n=K+1}^{N} |s_n\rangle \tag{5-36}$$

该分解被称为量子态的施密特分解，Λ 称为量子态的纠缠谱。式(5-36)就是量子态施密特分解的过程。由此可以看出量子态的施密特对应于其系数矩阵的奇异值分解。

由于$|\boldsymbol{\varphi}\rangle$归一，有$|\Lambda|=1$，则有

$$\sum_{\alpha=0}^{D-1} \Lambda_\alpha^2 = 1 \tag{5-37}$$

考虑有$|\boldsymbol{\varphi}\rangle = \sum_{\alpha=0}^{D-1} \Lambda_\alpha \left|U^\alpha\right\rangle \left|V^\alpha\right\rangle$，定义$|\boldsymbol{\varphi}\rangle$被投影到$\left|U^\alpha\right\rangle\left|V^\alpha\right\rangle$态的概率满足：

$$P_\alpha = \Lambda_\alpha^2 \tag{5-38}$$

显然，概率满足归一化条件 $\sum_\alpha P_\alpha = 1$。根据概率论香农熵（也称信息熵）的定义 $E^S = -P_\alpha \sum_\alpha \ln P_\alpha$，可定义量子态的纠缠熵：

$$S = -\sum_{\alpha=0}^{D-1} \Lambda_\alpha^2 \ln \Lambda_\alpha^2 \tag{5-39}$$

量子态的纠缠熵，就是经典信息论中香农熵的量子版本，可刻画信息量大小。不过，得到纠缠熵有一定的前提，就是要先进行张量的二分，这样才能对张量进行 SVD。二分以后，两个子体系再进行给定基底下的概率测量，得到的香农熵就是这个体系在该二分下的纠缠熵。量子系统中，纠缠的强弱程度常利用纠缠熵来定量分析。

观察：奇异值分解中 $\boldsymbol{\varphi}_{s_1 s_2 \dots s_N} = \sum_{\alpha=0}^{D-1} \boldsymbol{U}_{s_1,s_2,\cdots,s_K,\alpha} \Lambda_\alpha \boldsymbol{V}^*_{s_{K+1},s_{K+2},\cdots,s_N,\alpha}$，$\boldsymbol{U}$ 和 $\boldsymbol{V}$ 为等距（isometries），满足正交性：

$$\boldsymbol{U}^\dagger \boldsymbol{U} = \sum_{s_1,s_2,\cdots,s_K} \boldsymbol{U}^*_{s_1,s_2,\cdots,s_K,\alpha} \boldsymbol{U}_{s_1,s_2,\cdots,s_K,\alpha'} = I,\ \boldsymbol{V}^\dagger \boldsymbol{V} = \sum_{s_1,s_2,\cdots,s_K} \boldsymbol{V}^*_{s_1,s_2,\cdots,s_K,\alpha} \boldsymbol{V}_{s_1,s_2,\cdots,s_K,\alpha'} = \boldsymbol{I} \tag{5-40}$$

根据上述性质来计算开放边界 MPS 的纠缠，设 MPS 态满足

$$\boldsymbol{\varphi}_{s_1 s_2 \cdots s_N} = \sum_{a_1 a_2 \cdots a_{N-1}} \boldsymbol{A}^{(1)}_{s_1 a_1} \cdots \boldsymbol{A}^{(K)}_{s_K a_{K-1} a_K} \Lambda^{(K)}_{a_K} \boldsymbol{A}^{(K+1)}_{s_{K+1} a_K a_{K+1}} \cdots \boldsymbol{A}^{(N)}_{s_N a_{N-1}} \tag{5-41}$$

如满足以下条件时，$\Lambda^{(K)}$ 为 MPS 给出的前 K 个自旋与其余自旋之间的纠缠：

(1) $\sum_{s_1} \boldsymbol{A}^{(1)}_{s_1 a_1} \boldsymbol{A}^{(1)*}_{s_1 a'_1} = I_{a_1 a'_1}$；

(2) $\sum_{s_n a_{n-1}} \boldsymbol{A}^{(n)}_{s_n a_{n-1} a_n} A^{(n)*}_{s_n a_{n-1} a'_n} = I_{a_n a'_n}$，$(1 < n < K)$；

(3) $\sum_{s_N} \boldsymbol{A}^{(N)}_{s_N a_{N-1}} \boldsymbol{A}^{(N)*}_{s_N a'_{N-1}} = I_{a_{N-1} a'_{N-1}}$；

(4) $\sum_{s_n a_{n+1}} \boldsymbol{A}^{(n)}_{s_n a_{n-1} a_n} \boldsymbol{A}^{(n)*}_{s_n a_{n-1} a_n} = I_{a_{n-1} a'_{n-1}}$，$(K < n < N)$；

(5) $\Lambda^{(K)}_0 \geqslant \Lambda^{(K)}_1 \geqslant \cdots \geqslant 0$。

条件（1）和条件（2）为左正交条件，左正交条件是指纠缠谱 Λ 左边的这些张量满足从左到右的正交形式，如图 5-19 所示。

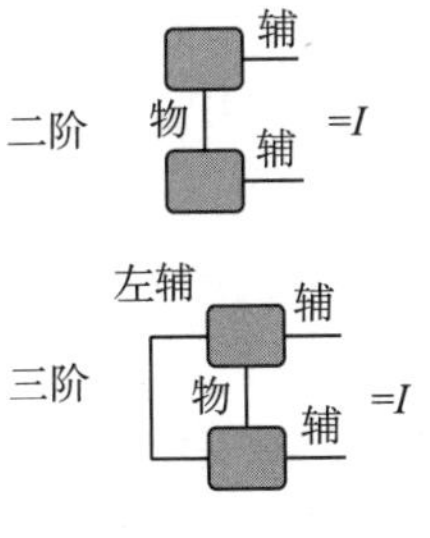

图 5-19　左正交条件示意图

注：“物”表示物理指标；“辅”表示辅助指标

条件(3)和条件(4)为右正交条件，右正交条件是指纠缠谱 Λ 右边的这些张量满足从右到左的正交形式，如图 5-20 所示。

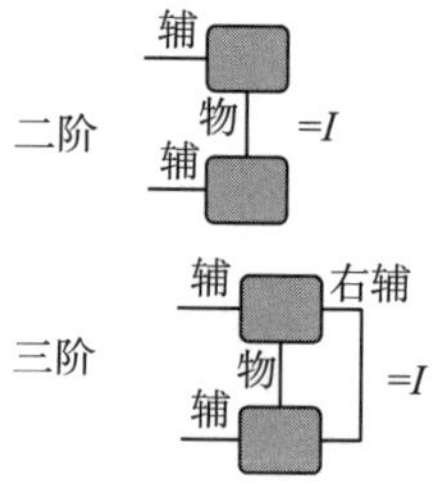

图 5-20　右正交条件示意图

注：“物”表示物理指标；“辅”表示辅助指标

条件(5)是指中间的纠缠谱 Λ 满足半正定且对角元素为非升序排列。

前面 K 个张量的收缩构成 SVD 中的 $\boldsymbol{U}$，其余(除 $\boldsymbol{\Lambda}^{(K)}$ 外)张量的收缩构成 SVD 中的 $\boldsymbol{V}$，称之为 MPS 的键中心正交形式(bond center orthogonal form)，或 SVD 形式。以长度为 4 的 MPS 为例，其键中心正交形式如图 5-21 所示。

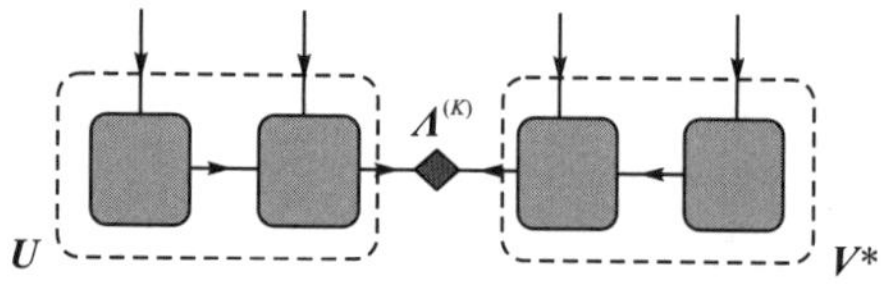

图 5-21　长度为 4 的 MPS 的键中心正交形式

5.6　矩阵乘积态的规范自由度与正交形式

5.6.1　规范变换与规范自由度

对于一个 MPS，可以改变其中的张量，但不会改变其所表示的量子态(不改变其实际物理量，只改变其数学表示)，这样的变换被称为规范变换(gauge transformation)。5.5 节提到的施密特分解就是一种规范变换，将 MPS 变换成 SVD 形式。

对于同一个量子态，可以由多组不同的张量组成的 MPS 来表示其系数(同一个物理量可以用不同的数学表达式来表示)，这就叫作 MPS 的规范自由度(gauge degrees of freedom)。

例如，可通过如下方式对 MPS 进行规范变换，已知 MPS 满足：

$$\varphi_{s_1 s_2 \cdots s_N} = \boldsymbol{A}^{(1)}_{s_1:} \cdots \boldsymbol{A}^{(n)}_{s_n::} \boldsymbol{A}^{(n+1)}_{s_{n+1}::} \cdots \boldsymbol{A}^{(N)\mathrm{T}}_{s_N:} \tag{5-42}$$

引入任意可逆矩阵 $\boldsymbol{U}$ 及其逆矩阵 $\boldsymbol{U}^{-1}$，定义：

$$\boldsymbol{B}^{(n)}_{s_n::} = \boldsymbol{A}^{(n)}_{s_n::}\boldsymbol{U},\ \boldsymbol{B}^{(n+1)}_{s_{n+1}::} = \boldsymbol{U}^{-1}\boldsymbol{A}^{(n+1)}_{s_{n+1}::} \tag{5-43}$$

易得，同一个量子态的两种 MPS 表示：

$$\varphi_{s_1 s_2 \cdots s_N} = \boldsymbol{A}_{s_1:}^{(1)} \cdots \boldsymbol{A}_{s_n::}^{(n)} \boldsymbol{A}_{s_{n+1}::}^{(n+1)} \cdots \boldsymbol{A}_{s_N:}^{(N)\mathrm{T}} = \boldsymbol{A}_{s_1:}^{(1)} \cdots \boldsymbol{B}_{s_n::}^{(n)} \boldsymbol{B}_{s_{n+1}::}^{(n+1)} \cdots \boldsymbol{A}_{s_N:}^{(N)\mathrm{T}} \tag{5-44}$$

对其进行扩展，则 MPS 规范变换如图 5-22 所示，一对红蓝方块代表任意可逆矩阵及其逆矩阵(虚线框)；将变换矩阵作用到各个张量 $\{\boldsymbol{A}^{(n)}\}$ 上，得到新的张量 $\{\boldsymbol{B}^{(n)}\}$ 。

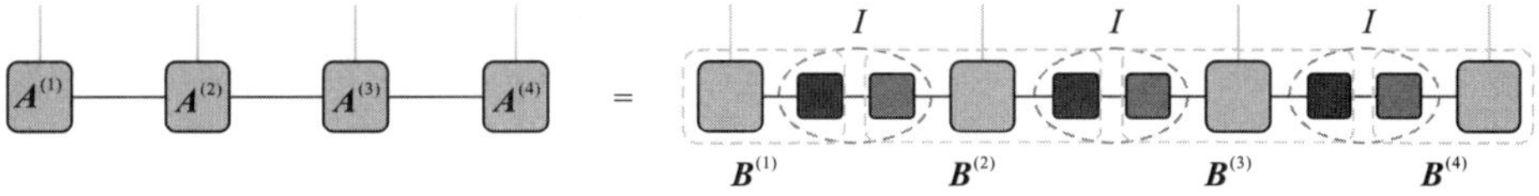

图 5-22　MPS 规范变换示意图(彩图见彩色附图)

新张量的数学公式表示为

$$\varphi_{s_1 s_2 \cdots s_N} = \boldsymbol{A}_{s_1:}^{(1)} \cdots \boldsymbol{A}_{s_n::}^{(n)} \boldsymbol{A}_{s_{n+1}::}^{(n+1)} \cdots \boldsymbol{A}_{s_N:}^{(N)\mathrm{T}} = \boldsymbol{A}_{s_1:}^{(1)} \boldsymbol{U} \cdots \boldsymbol{U}^{-1} \boldsymbol{A}_{s_n::}^{(n)} \boldsymbol{A}_{s_{n+1}::}^{(n+1)} \boldsymbol{U} \cdots \boldsymbol{U}^{-1} \boldsymbol{A}_{s_N:}^{(N)\mathrm{T}} = \boldsymbol{B}_{s_1:}^{(1)} \cdots \boldsymbol{B}_{s_n::}^{(n)} \boldsymbol{B}_{s_{n+1}::}^{(n+1)} \cdots \boldsymbol{B}_{s_N:}^{(N)\mathrm{T}} \tag{5-45}$$

这样，一个 MPS 就有无数种数学表现形式，但可以通过引入新的约束条件，固定 MPS 的规范自由度，使得给定量子态具备唯一的 MPS 表示。联系前面提到的左/右正交条件，将其作为约束条件引入 MPS，那么 MPS 就具有唯一表示了，即固定规范自由度(fixed gauge degrees of freedom)。

固定规范自由度的意义在于：首先，使用左/右正交条件对 MPS 规范自由度进行固定，则可以由此来计算纠缠谱；其次，可以对两个张量表示不一样的 MPS 进行比较，检验它们是否表示同一个量子态。

5.6.2　*K*-中心正交形式

定义 11　MPS 的中心正交形式：当张量 $\{\boldsymbol{A}^{(n)}\}, (n<K)$ 满足左正交条件，$\{\boldsymbol{A}^{(n)}\}, (n>K)$ 满足右正交条件时，MPS 被称为具有 K-中心正交形式，如图 5-23 所示。

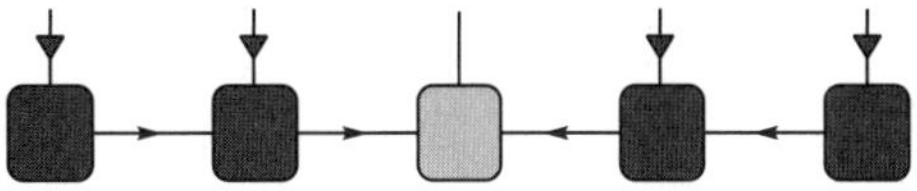

图 5-23　K-中心正交形式张量示意图

与 5.5 节提到的键中心正交形式不同之处在于，K-中心正交形式中第 K 项是一个张量而不是一个纠缠谱，故一般叫作张量中心正交形式(tensor center orthogonal form)，且中心张量不满足正交条件，还易得如下结论：

(1) 正交中心的移动，可通过多次的 SVD 或 QR 分解进行规范变换，从 K -中心正交形式变换成 K' -中心正交形式($K \neq K'$)；

(2)通过中心正交形式计算 MPS 纠缠谱，给定任意一个矩阵乘积态(MPS)，利用 K-中心正交形式可经过两步求它的纠缠谱：第一步，对该 MPS 做中心正交化，先把它变成一个

K-中心正交形式；第二步，把中心张量 reshape 为一个矩阵后做一个 SVD。例如在图 5-24 中，把 1、2 两个指标看作一个大指标，然后进行 SVD，即可得到该 MPS 的纠缠谱。

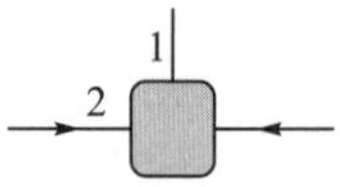

图 5-24 中心正交形式的 MPS

5.6.3 基于 K-中心正交形式的最优裁剪

基于 K-中心正交形式，可对 MPS 辅助指标维数进行最优裁剪(该裁剪算法的“最优性”由矩阵 SVD 低秩近似的最优性保证)：设需要裁剪的指标为第 K 个辅助指标，裁剪方法如下。

(1)进行中心正交化，将正交中心放置于第 K 个张量；

(2)对中心张量进行奇异值分解 $\boldsymbol{A}^{(K)}_{s_K a_{K-1} a_K} = \sum_{\beta=0}^{x-1} \boldsymbol{U}_{s_K a_{K-1} \beta} \boldsymbol{\Lambda}^{(K)}_{\beta} \boldsymbol{V}_{a_K \beta}$，仅保留前 x 个奇异值及对应的奇异向量(x 为截断维数)；

(3)将第 K 个张量更新为 $\boldsymbol{U} \to \boldsymbol{A}^{(K)}$；

(4)将第 K+1 个张量更新为 $\sum_{a_K} \boldsymbol{\Lambda}^{(K)}_{\beta} \boldsymbol{V}_{a_K \beta} \boldsymbol{A}^{(K+1)}_{s_{K+1} a_K a_{K+1}} \to \boldsymbol{A}^{(K+1)}_{s_{K+1} \beta a_{K+1}}$。

上述裁剪也可通过将正交中心放置在第 K+1 个张量上来实现。

这里对 MPS 辅助指标维数进行最优裁剪，可以跟前面介绍过的 TT 形式的最优低秩近似结合起来进行学习。

TT 形式的最优低秩近似主要思想是首先知道一个高阶张量，然后把它分解成一个 MPS 或 TT 形式，这种方法是从 TT 形式出发，对 TT 形式做 TT 分解，并规定辅助指标维数的上限，但 TT 形式通常存在指数墙，我们不希望去直接处理它。

MPS 辅助指标的最优裁剪主要思想是希望找到一个最高辅助指标维数较低的 MPS，能够近似于最高辅助指标维数较高的 MPS，使得两个 MPS 之间范数 f 极小。该方法不需要知道高阶张量具体是什么，直接从辅助指标维数较高的 MPS 出发，找到维数较低的 MPS，可以绕过高阶张量，从而避免指数墙。该裁减算法究其根本，其实也是进行 SVD，因此，由 SVD 低秩近似的最优性可以保证该裁减算法是全局最优的。MPS 的中心正交形式对于多个张量网络算法极为重要，我们将在后面介绍 TEBD 与 DMRG 算法。

5.6.4 正则形式

MPS 的另一个重要的正交形式被称为正则形式(canonical form)，其定义如下：给定量子态 $|\varphi\rangle = \sum_{s_1 s_2 \cdots s_N} \varphi_{s_1 s_2 \cdots s_N} \prod_{\otimes n=1}^{N} |s_n\rangle$，其系数满足

$$\boldsymbol{\varphi}_{s_1 s_2 \cdots s_N} = \boldsymbol{A}^{(1)}_{s_1:} \boldsymbol{\Lambda}^{(1)} \boldsymbol{A}^{(2)}_{s_2::} \boldsymbol{\Lambda}^{(2)} \cdots \boldsymbol{\Lambda}^{(N-2)} \boldsymbol{A}^{(N-1)}_{s_{N-1}::} \boldsymbol{\Lambda}^{(N-1)} \boldsymbol{A}^{(N)\mathrm{T}}_{s_N:} \tag{5-46}$$

式中，$\boldsymbol{\Lambda}^{(n)},(1<n<K)$ 为对角矩阵，对角元素按非升序排列，且满足：

(1) $\sum_{s_1} \boldsymbol{A}^{(1)}_{s_1 a_1} \boldsymbol{A}^{(1)*}_{s_1 a'_1} = \boldsymbol{I}_{a_1 a'_1}$；

(2) $\sum_{s_n a_{n-1}} \boldsymbol{A}^{(n)}_{s_n a_{n-1} a_n} \boldsymbol{A}^{(n)*}_{s_n a_{n-1} a'_n} = \boldsymbol{I}_{a_n a'_n}$, $(1<n<K)$；

(3) $\sum_{s_N} \boldsymbol{A}^{(N)}_{s_N a_{N-1}} \boldsymbol{A}^{(N)*}_{s_N a'_{N-1}} = \boldsymbol{I}_{a_{N-1} a'_{N-1}}$；

(4) $\sum_{s_n a_{n+1}} \boldsymbol{A}^{(n)}_{s_n a_{n-1} a_n} \boldsymbol{A}^{(n)*}_{s_n a_{n-1} a_n} = \boldsymbol{I}_{a_{n-1} a'_{n-1}}$,$(K<n<N)$。

条件(1)与条件(2)为左正交条件，其图形表示如图 5-25 所示。与前面 K-中心正交形式的左正交条件有所不同，因为它们的张量数学表达形式不同。可以看到条件(2)所示的正交条件是将一个三阶张量与一个对角矩阵看作一个整体。

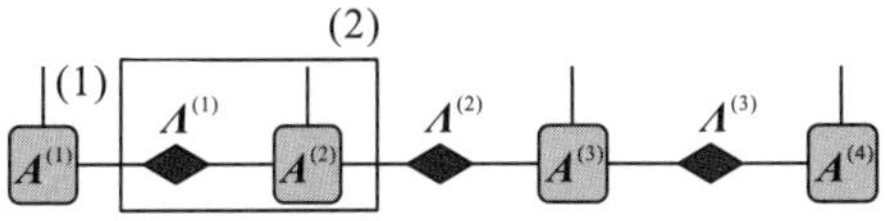

图 5-25　MPS 左正交条件(1)和(2)

条件(3)与条件(4)为右正交条件，其图形表示如图 5-26 所示。整个正则形式的 MPS 由 N 个张量和 N−1 个对角矩阵构成。在研究无穷长平移不变的 MPS 时，中心正交形式很难满足平移对称性，因为必须要有一个中心张量。

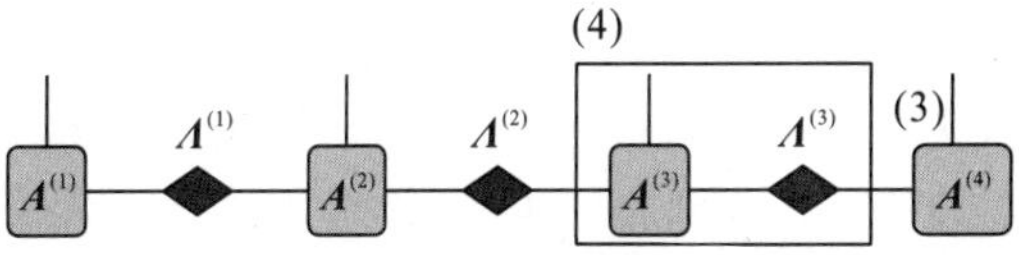

图 5-26　MPS 右正交条件(3)和(4)

在正则形式中，每一处的二分纠缠谱显式地出现在了 MPS 的定义中；该定义在研究无穷长平移不变的 MPS 时十分有用。

在研究物理算法的时候，有时会涉及无穷大的物理体系，这时就需要引入平移不变性。无穷长平移不变的 MPS 有单张量平移不变的 MPS，还有多张量平移不变的 MPS。单张量平移不变的 MPS，其定义为中间的每个张量都相等的无穷长的 MPS，又称为均匀 MPS(uniform MPS)。

5.7　TEBD 算法

给定一个由 $H\times W$ 个张量组成的张量网络(设 H 为偶数)，其图形表示构成一个正方格子，各张量的指标顺序如图 5-27 所示。

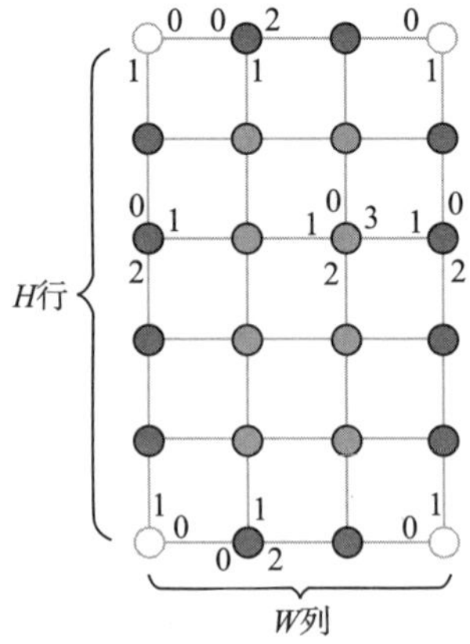

图 5-27 $H \times W$ 个张量组成的张量网络(彩图见彩色附图)

图 5-27 的张量网络是由 3 种不等价张量构成，在四个角上的张量为二阶张量 $\boldsymbol{C}$ (蓝色空心圆圈)，在边上的张量为三阶张量 $\boldsymbol{B}$ (橙色实心圆)，在内部为四阶张量 $\boldsymbol{T}$ (蓝色实心圆)。

张量网络的图形结构画出来以后，指标与指标之间的缩并关系就被严格地定义了。整个张量网络其实就是一个标量，因为其没有开放指标，所有指标都是共有指标，按照张量网络图形表示的规则，共有指标都要被求和掉，一个张量网络求和完成后为一个标量。

很多物理问题可最终等价为类似的张量网络收缩计算问题，如经典模型热力学配分函数的计算、量子格点模型基态和含时动力学计算等。但是，严格收缩类似张量网络的计算代价，随着 W 或 H 增大，属于 NP 难问题，因此，必须采取时间演化一块消减(time-evolving block decimation，TEBD)算法这种近似方法计算收缩。

定义 12 TEBD 算法是一种基于矩阵乘积态的、近似收缩张量网络的数值算法。

TEBD 算法的主要思路是：从处于边界的张量构成的 MPS 开始，一行一行(或一列一列)地收缩张量网络，也就是一行一行(或一列一列)地求和掉张量网络指标。

TEBD 算法要解决的问题是：给定一个张量网络，如何把张量网络所有指标求和掉？具体怎么收缩张量网络中的指标呢？将张量网络沿水平(或竖直)方向从中间分成两部分，以下半部分为例(图 5-28)，下边界的张量实际上组成了一个长度为 W 的 MPS，记为 $\left|\varphi^{D_0}\right\rangle$，整个下半部分收缩的结果可记为另一个 MPS $\left|\varphi^{D}\right\rangle$，中间每一层张量构成一个作用在 $\left|\varphi^{D_0}\right\rangle$ 上的算符，记为 $\hat{\rho}$，则有

$$\left|\varphi^{D}\right\rangle = \hat{\rho}^{\frac{H}{2}-1}\left|\varphi^{D_0}\right\rangle \tag{5-47}$$

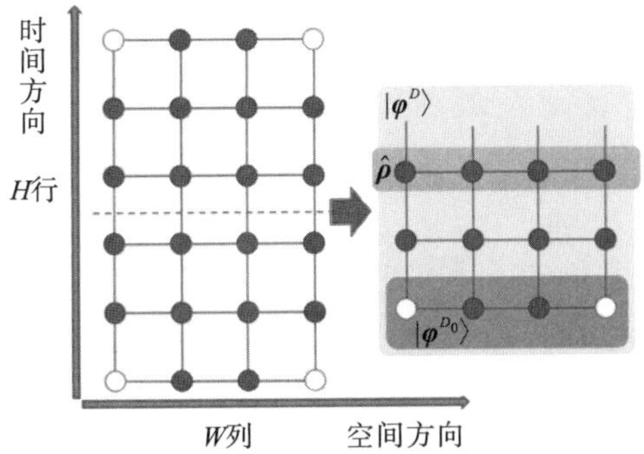

图 5-28　下半部分先收缩成多个长度为 W 的 MPS(彩图见彩色附图)

相应地，对于张量网络的上半部分，可以类似地定义 $\left|\varphi^{U_0}\right\rangle$ 和 $\left|\varphi^{U}\right\rangle$，显然有

$$\left|\varphi^{U}\right\rangle=(\hat{\rho}^{\mathrm{T}})^{\frac{H}{2}-1}\left|\varphi^{U_0}\right\rangle \tag{5-48}$$

整个张量网络的收缩结果满足：

$$\boldsymbol{Z}=\left\langle\boldsymbol{\varphi}^{\boldsymbol{U}}\mid\boldsymbol{\varphi}^{\boldsymbol{D}}\right\rangle=\left\langle\boldsymbol{\varphi}^{\boldsymbol{U}_0}\middle|\hat{\boldsymbol{\rho}}^{H-2}\middle|\boldsymbol{\varphi}^{D_0}\right\rangle$$

于是，张量网络收缩计算变成了计算 $\left|\varphi^{U}\right\rangle$ 和 $\left|\varphi^{D}\right\rangle$。其中，$\hat{\rho}$ 被称为转移矩阵(transfer matrix)，这里 $\hat{\rho}$ 具备的张量收缩的形式，被称为矩阵乘积算符(matrix product operator，MPO)，其作用于边界层 MPS 的过程如图 5-29 所示。

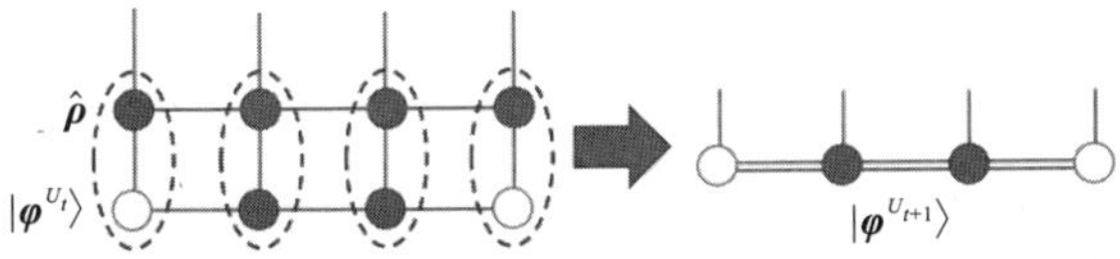

图 5-29　$\hat{\rho}$ 作用于边界层 MPS 效果示意图(彩图见彩色附图)

回顾 5.3.3 节多体算符的运算，算符 $\hat{\rho}$ 作用于边界层 MPS 其实也相当于一个多体算符作用到量子态上，公式表示为 $\hat{\rho}\left|\varphi^{D_0}\right\rangle=\rho\left|\varphi^{D_0}\right\rangle$，前面也提到过，这个数值 ρ 就是我们能够测得的物理量。图形表示如图 5-30 所示。

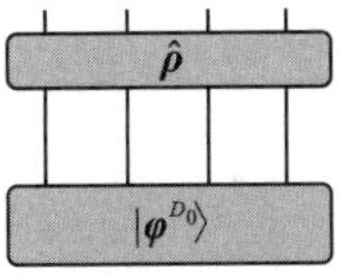

图 5-30　多体算符作用在某个量子态上

由图 5-31 可以看出，每次收缩，都会使 MPS 辅助指标维数扩大 D 倍(设 D 为 $\hat{\rho}$ 水平方向指标的维数)，也就是说，MPS 辅助指标的维数随收缩次数指数增大，就会撞上“指数墙”。

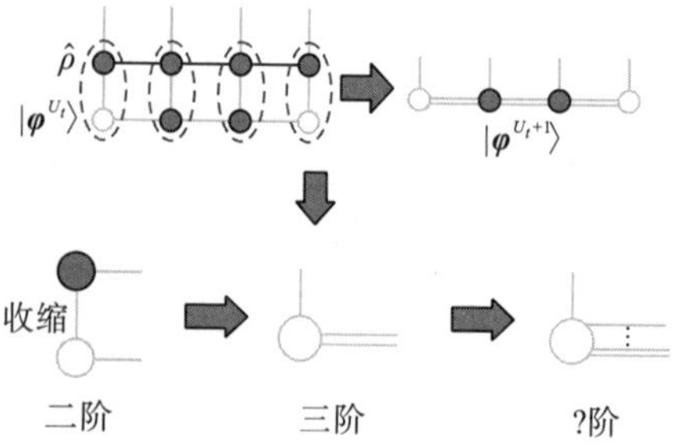

图 5-31 收缩使得 MPS 维数指标迅速扩大(彩图见彩色附图)

故需要引入 MPS 的最优裁剪，将维数限定为预先设定的截断维数 x，如图 5-32 所示。

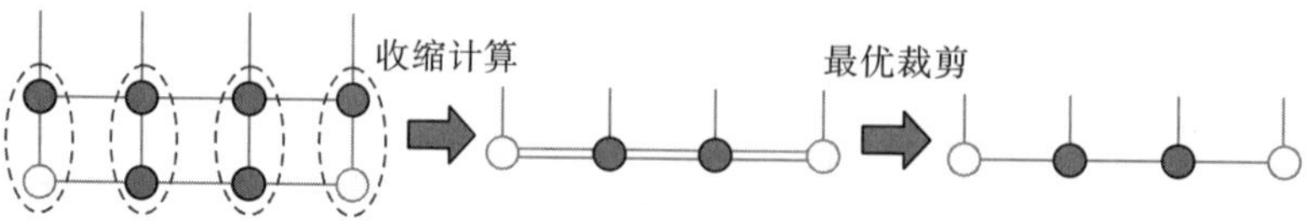

图 5-32 最优裁剪简单示意图(彩图见彩色附图)

最优裁剪具体算法总结如下：

(1) 用处于边界的对应的张量初始化 $\left|\varphi^{U_0}\right\rangle$ 和 $\left|\varphi^{U_0}\right\rangle$；

(2) 计算 $\left|\varphi^{U_{t+1}}\right\rangle=\hat{\rho}^{\mathrm{T}}\left|\varphi^{U_t}\right\rangle$，$\left|\varphi^{D_{t+1}}\right\rangle=\hat{\rho}\left|\varphi^{D_t}\right\rangle$，得到新的 MPS 态；

(3) 如果 MPS 辅助指标维数超过截断维数 x，则进行 5.6.3 节介绍的最优裁剪，将辅助指标维数截断到 x；

(4) 进行 $\frac{H}{2}-1$ 次裁剪后，计算 $\boldsymbol{Z}=\left\langle\varphi^{U} \mid \varphi^{D}\right\rangle$。

由图 5-32 可以看出，每进行一次收缩计算后，边界 MPS 中各张量之间的辅助指标都变为两个。这两个辅助指标所代表的信息类别是不同的，但对其进行裁剪时，不需要考虑这个因素。直接将它们代表的所有信息视为一个整体进行裁剪，裁剪掉低奇异值的冗余信息，保留高奇异值的关键信息(图 5-33)。

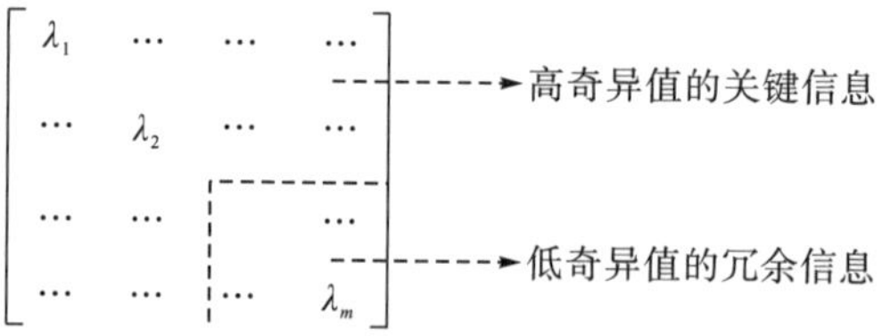

图 5-33 对低奇异值的冗余信息进行裁剪

5.8 一维格点模型基态的 TEBD 算法计算

先回顾 5.4.3 节的退火算法——对于任一量子态 $|\varphi\rangle$，我们可以认为它是具有高能量

的，处于“红温”状态，而通过$(e^{-\tau\hat{H}})^k$对其进行迭代的过程，就相当于对该量子态的“退火降温”处理，直至其收敛得到低能量的$|g\rangle$，则$|g\rangle$就是该系统的基态(图 5-16)。它的数学原理就是 Trotter-Suzuki 分解，核心思想是：要计算基态，不一定要获得完整的哈密顿量$\hat{H}$，而是利用$e^{-\tau\hat{H}} \approx e^{-\tau\sum_{\langle i,j\rangle}\hat{H}_{ij}}$。而用 TEBD 算法计算一维格点模型基态的主要思路是：将上述方法转换为张量网络收缩问题，并使用 TEBD 算法求解该收缩。TEBD 算法的主要步骤如下。

(1)定义张量网络：定义出张量网络，才能进行张量网络的收缩。量子算符与其系数之间满足$\sigma_{ij}^{\alpha}=\langle i|\hat{\sigma}^{\alpha}|j\rangle$，由此可以获得演化算符$e^{-\tau\hat{H}_{ij}}$的系数张量(其中$\tau$为小的正实数，图 5-34)：

$$G_{s'_1s'_2s_1s_2}=\left\langle s'_1s'_2\left|e^{-\tau\hat{H}_{ij}}\right|s_1s_2\right\rangle \tag{5-49}$$

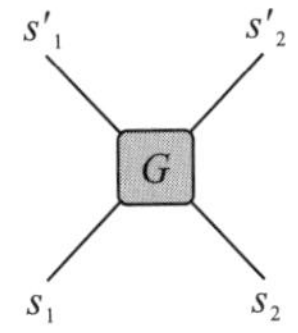

图 5-34　演化算符$e^{-\tau\hat{H}_{ij}}$的系数张量

由 Trotter-Suzuki 分解得，对于 7 个自旋构成的一维海森伯模型，其演化算符可分解为

$$e^{-\tau\hat{H}} \approx e^{-\tau\hat{H}_{12}}e^{-\tau\hat{H}_{23}}e^{-\tau\hat{H}_{34}}e^{-\tau\hat{H}_{45}}e^{-\tau\hat{H}_{56}}e^{-\tau\hat{H}_{67}} \tag{5-50}$$

回顾在 5.4 节的退火算法学习中，演化算符作用于基态的图形表示如图 5-35 所示。

可以看出，演化算符$e^{-\tau\hat{H}}$分解后，首先是奇偶之间的相互作用，再是偶奇之间的相互作用。因此，在本问题下演化算符$e^{-\tau\hat{H}}$的系数张量就可以被定义为如图 5-36 所示的张量网络。

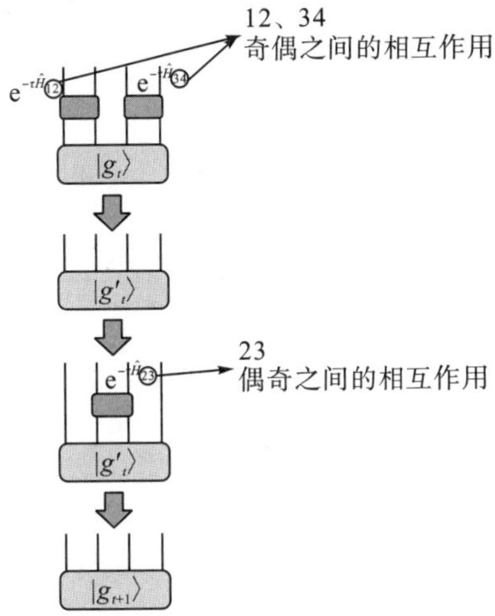

图 5-35　退火算法中演化算符的作用过程示意图

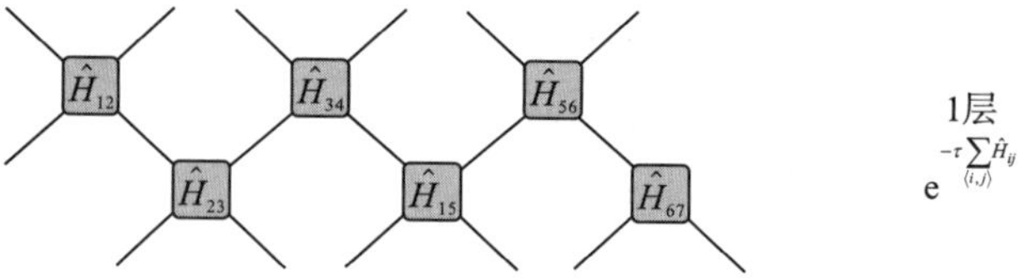

图 5-36　演化算符 $e^{-\tau\hat{H}}$ 分解的张量网络

这就构成了完整的一层张量网络，将该层复制 K 次，就是对 $e^{-\tau\sum_{\langle i,j\rangle}\hat{H}_{ij}}$ 进行 K 次方运算，可以得到图 5-37 所示的张量网络，用公式表示为

$$\hat{P} = \lim_{K\to\infty}\left(e^{-\tau\sum_{\langle i,j\rangle}\hat{H}_{ij}}\right)^K \tag{5-51}$$

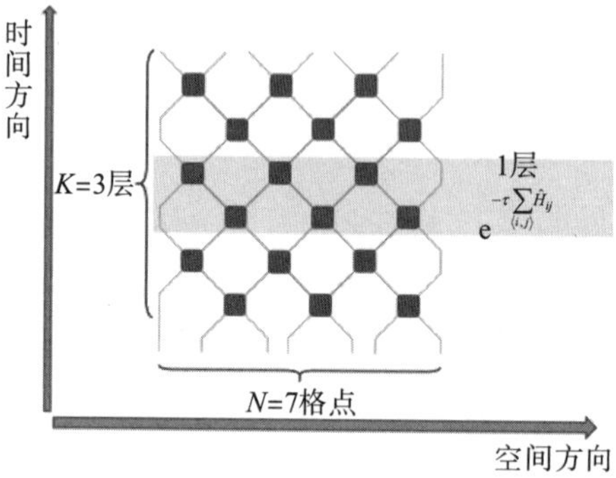

图 5-37　系数张量经过多次复制后得到的张量网络

得到该张量网络的竖直方向称为时间方向，水平方向称为空间方向。空间方向描述该系统拥有的自旋个数，时间方向表示张量网络进行演化的方向，这也是 TEBD 算法名称的含义。

(2) 随机初始化 MPS，放置于张量网络底部。为什么可以随机初始化 MPS？正如 5.4 节提到的退火算法，随机初始化的 MPS 其实为任一量子态 $|\varphi\rangle$ 的系数，当 MPS 被迭代至收敛时，即 $|\varphi\rangle$ 达到基态，如图 5-38 所示。

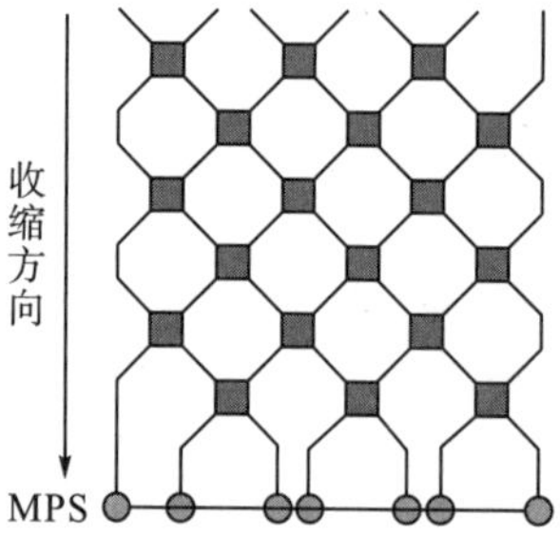

图 5-38　初始化的 MPS 置于张量网络底部

(3) 将靠近 MPS 的半层张量与 MPS 中相关的张量进行收缩，部分近邻的两个张量被收缩成为一个四阶张量，如图 5-39 所示。

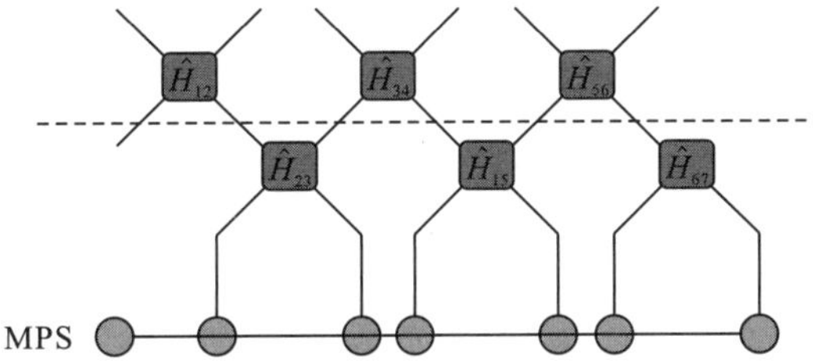

图 5-39　底部 MPS 与上方张量进行收缩

先收缩下半层，再收缩上半层，整个过程就对应于算符 $e^{-\tau\sum_{\langle i,j\rangle}\hat{H}_{ij}}$ 作用于底层 MPS 一次。整个过程，其实可以转换为多体算符作用到基态上的形式，如图 5-40 所示。

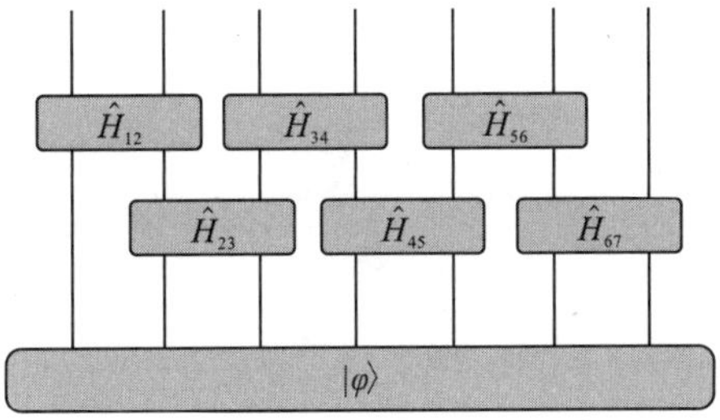

图 5-40　整体收缩过程类比多体算符作用量子基态的过程

每收缩一个哈密顿分量，对应 MPS 上的两个张量之间的辅助指标会被收缩掉，从而形成一个四阶张量。

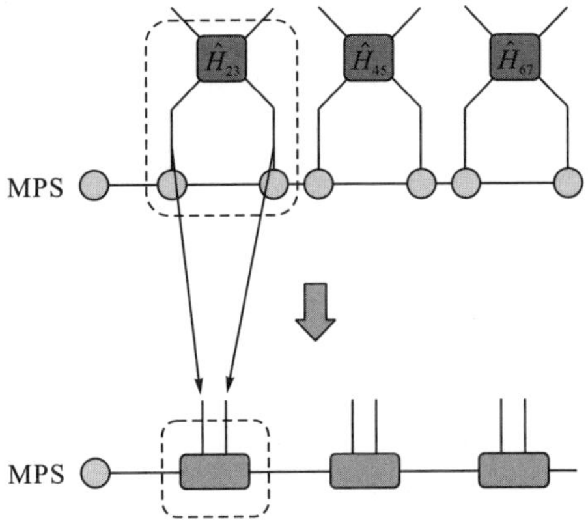

图 5-41　每次收缩使得辅助指标数量增多

从上面的收缩中和前期的铺垫不难发现，MPS 中所包含的数据量会随收缩层数呈指数上升(图 5-41)。因此，需要对 MPS 的辅助指标维数进行最优裁剪，并将包含四阶张量的 MPS 还原到最初的形式，以方便进行下一次的收缩。

(4) 利用规范变化，将 MPS 变换为中心正交形式，正交中心为第一个四阶张量。

(5) 对中心张量进行奇异值分解，如果奇异谱的维数大于预设的截断维数 x，则仅保留 x 个最大的奇异值与相应的奇异向量。

(6) 移动正则中心到下一个四阶张量，重复步骤 (4) 和步骤 (5)，直到所有四阶张量被分解为三阶张量。

(7) 进行完上述步骤后，MPS 被变换成为演化前的形式（由三阶张量构成），重复步骤 (3)～步骤 (6)，收缩下一个半层张量。重复收缩直到 MPS 收敛，如图 5-42 所示。

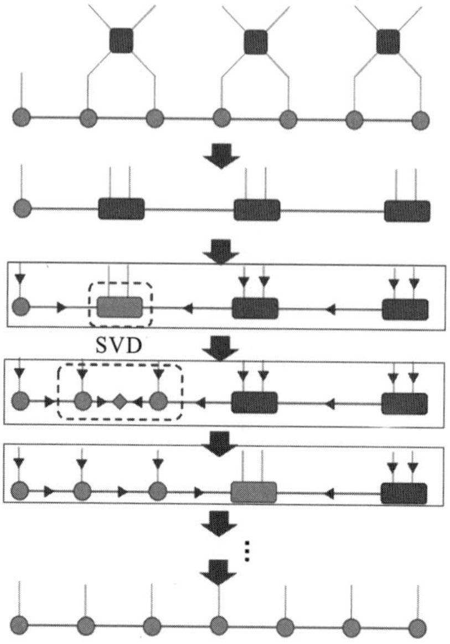

图 5-42 移动正则中心到下一个四阶张量，重复直到所有四阶张量被分解为三阶张量

TEBD 算法的具体实施方案并不唯一。例如，不像图 5-42 那样一层一层地收缩，可以每次只演化一个局域门（即一个哈密顿分量），随后便还原 MPS，再演化下一个局域门，如图 5-43 所示。

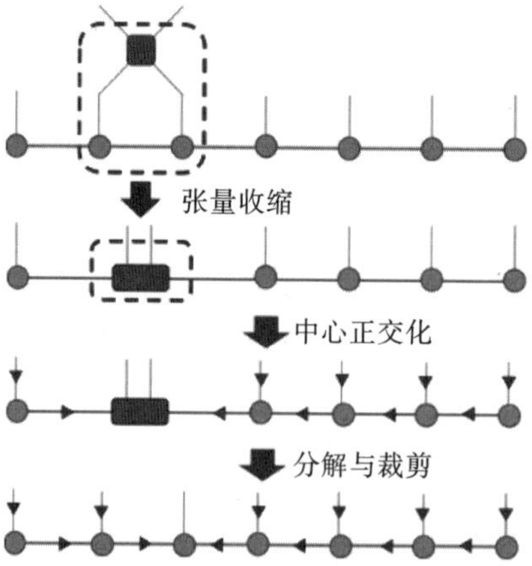

图 5-43 每次只演化一个局域门的 TEBD 算法

我们也可以将每层的 $e^{-\tau\sum\limits_{\langle i,j\rangle}\hat{H}_{ij}}$ 转换成一个算符的形式。转换后的形式被称为 $e^{-\tau\sum\limits_{\langle i,j\rangle}\hat{H}_{ij}}$ 的矩阵乘积算符(MPO)，表示如图 5-44 所示。

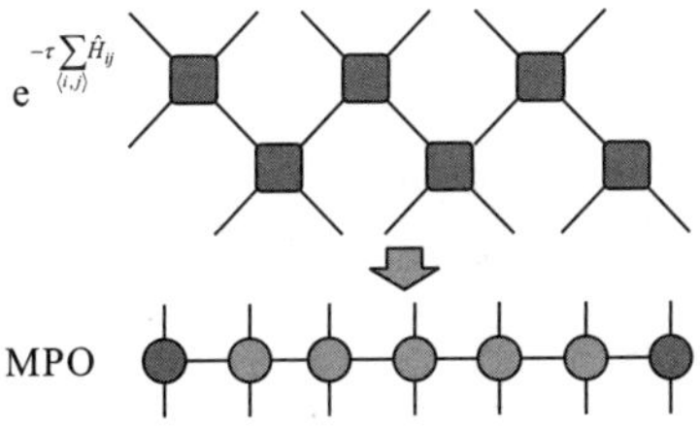

图 5-44　转换后的形式被称为 $e^{-\tau\sum\limits_{\langle i,j\rangle}\hat{H}_{ij}}$ 的 MPO 表达式

这样就类似于 5.7 节中提到TEBD时，中间算符作用到边缘层MPS上的形式(图5-45)。

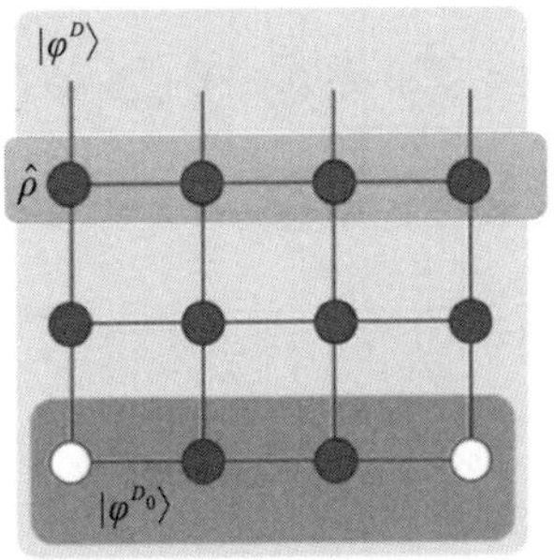

图 5-45　TEBD 中间算符作用到边缘层 MPS 上的形式

5.9　密度矩阵重整化群

TEBD 算法计算基态的思路是退火，密度矩阵重整化群(DMRG)采取的另一种思路是：基于最大本征态求解对应的最优化问题。

$$\begin{gathered}\hat{H}|\varphi\rangle = E|\varphi\rangle \\ \downarrow \\ E = \langle\varphi|\hat{H}|\varphi\rangle \\ \downarrow \\ E_g = \min_{\langle g|g\rangle=1}\langle g|\hat{H}|g\rangle \\ \downarrow \\ E_g = \min_{\langle g|g\rangle=1}\sum_{\langle i,j\rangle}\langle g|\hat{H}_{ij}|g\rangle\end{gathered} \tag{5-52}$$

DMRG 算法要做的就是优化式(5-52)的最后一步，得到哈密顿量的最小本征值及其本征态。

DMRG 的策略：更新各个张量，使能量达到极小，以得到最小本征态，但更新的策略不唯一，这其实也是一种降温的思想。

我们这里介绍单点(one-site)DMRG 方法，即每次只更新 MPS 中的一个张量，其余张量看成是给定的参数，具体步骤如下。

(1)随机初始化一个 MPS，并将该 MPS 跟自身做内积(即为$\langle \varphi|\varphi \rangle$的系数)，如图 5-46 所示。

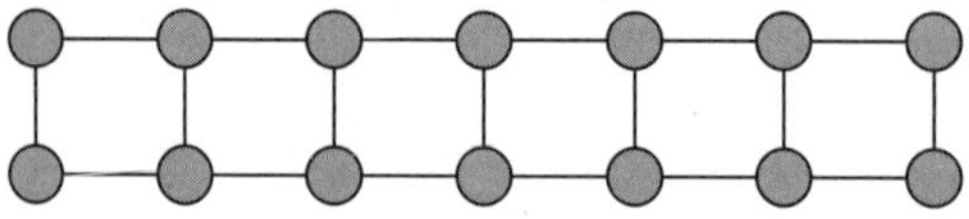

图 5-46 MPS 跟自身做内积(即为$\langle \varphi|\varphi \rangle$的系数)

(2)将要更新的张量作为正交中心，分别对两个 MPS 做中心正交化，我们以第二个张量为例，如图 5-47 所示。

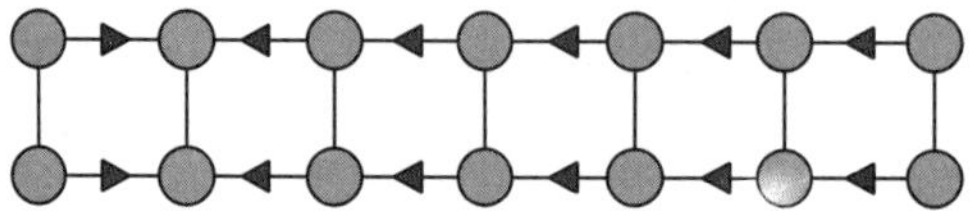

图 5-47 对两个 MPS 做中心正交化

(3)留下除正交中心外的其他张量，并将它们看作是已给定的参数，如图 5-48 所示。

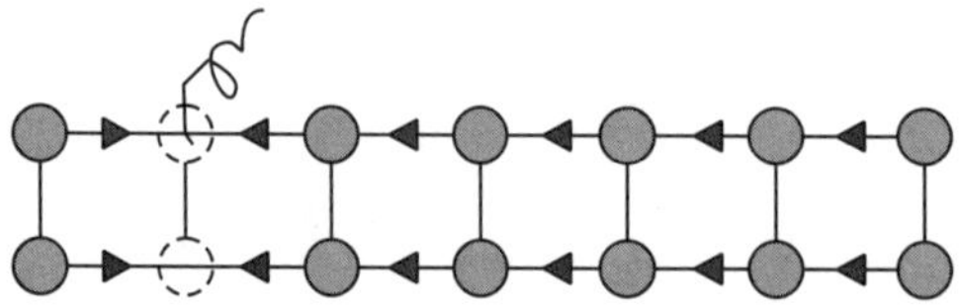

图 5-48 图示留下除正交中心外的其他张量

(4)将这些张量与各个哈密顿分量相互作用，如图 5-49 所示。

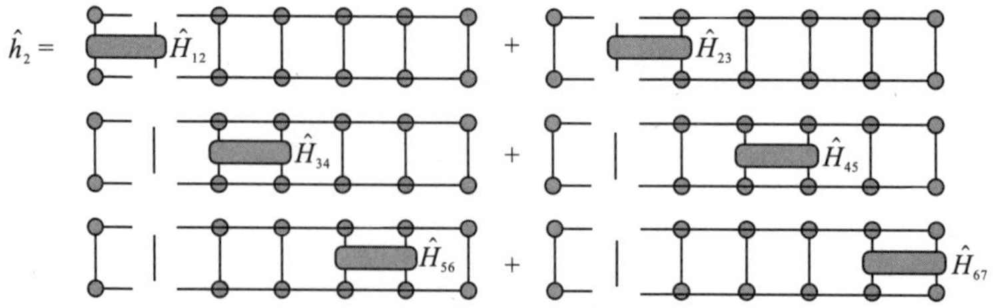

图 5-49 图示张量与各个哈密顿分量相互作用

(5)收缩完成后，$\hat{\boldsymbol{h}}_2$为多个六阶张量的求和，因此也为六阶张量，如图 5-50 所示。

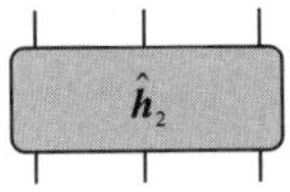

图 5-50　图示六阶张量 $\hat{\boldsymbol{h}}_2$

这时，再将得到的六阶张量 $\hat{\boldsymbol{h}}_2$ 作用到图 5-50 的正交中心(要更新的张量)上，如图 5-51 所示。

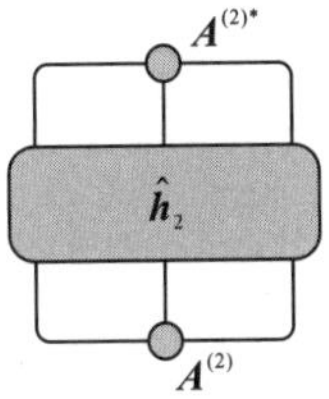

图 5-51　六阶张量 $\hat{\boldsymbol{h}}_2$ 作用到图 5-50 的正交中心上

用公式表示为

$$\boldsymbol{E}=\left\langle \boldsymbol{A}^{(2)}|\hat{\boldsymbol{h}}_2|\boldsymbol{A}^{(2)}\right\rangle \tag{5-53}$$

$\boldsymbol{A}^{(2)}$ 为正交中心，因此其满足正交归一性：

$$\langle\varphi|\varphi\rangle=1\to\left|\boldsymbol{A}^{(2)}\right|=1 \tag{5-54}$$

之后优化问题就变成了

$$E_g=\min_{\left|\boldsymbol{A}^{(2)}\right|=1}\left\langle \boldsymbol{A}^{(2)}|\hat{\boldsymbol{h}}_2|\boldsymbol{A}^{(2)}\right\rangle \tag{5-55}$$

即让该能量值达到极小。此时，$\boldsymbol{A}^{(2)}$ 为 $\hat{\boldsymbol{h}}_2$ 的最低本征态；E_g 就为 $\hat{\boldsymbol{h}}_2$ 的最小本征值。求解 $\hat{\boldsymbol{h}}_2$ 本征态的计算复杂度可控：即求解维数为 $dx^2\times dx^2$ 的厄米矩阵的本征态。

上面就是用 DMRG 算法更新一次单个张量的整个过程。因此，在 DMRG 算法中，对第 n 个张量 $\boldsymbol{A}^{(2)}$ 的更新步骤可以总结如下：

(1) 将 MPS 正交中心移动到第 n 个张量；

(2) 计算第 n 个张量对应的有效哈密顿量 $\hat{h}_n$；

(3) 将 $\boldsymbol{A}^{(n)}$ 更新为 $\hat{\boldsymbol{h}}_n$ 的最低本征态。

整个 DMRG 算法的步骤如下：

(1) 随机初始化 MPS 中的各个张量 $\{\boldsymbol{A}^{(n)}\}$；

(2) 按对第 n 个张量 $\boldsymbol{A}^{(n)}$ 的更新步骤(1)～步骤(3)依次更新第 1 到第 N 个张量，再依次更新第 N 个到第 1 个张量，步骤(2)被称为一个 sweep(扫描)；

(3) 如果 MPS 收敛，计算完成，否则返回第(2)步。

注意，我们上面在求 $\boldsymbol{A}^{(2)}$ 时，是将除正交中心外的其余张量看成给定的参数，所以按照这样的算法将 MPS 更新一遍以后，不一定能达到一个最优解。我们就需要再更新一遍 MPS，不断地扫描(sweep)。

总结：DMRG 算法的关键在于将整个 MPS 的优化问题转化成多个有效哈密顿量的最小本征问题，循环优化直至 MPS 收敛。

得到基态 MPS 后，可利用中心正交形式简化对算符观测量的计算(注：在部分文献里，如果对右矢的 MPS 或 TN 态取转置共轭到左矢，箭头的方向也要相应地变化。但在这里我们把转置共轭后的 MPS 也当作纯粹的 TN 看待，故不对箭头进行反向；省略物理指标上的箭头)。

在前面介绍过，对于一个量子态，要对其进行观测，则需要通过公式 $\hat{P}|\varphi\rangle = P|\varphi\rangle$，这个数值 P 就成为在经典世界中测量到的物理量的值，是联系量子物理和经典物理的桥梁。

因此，公式 $E_g = \langle g|\hat{h}_{ij}|g\rangle$，$E_g$ 就是我们能够观测到的量。对于经过 DMRG 算法得到的收敛 MPS，对它进行正交化后，即可简化计算算符观测量。

当正交中心与观测量所在格点重合时，如图 5-52 所示，因为其余张量都满足正交等距条件，所以只需要关注观测量所在格点的张量。

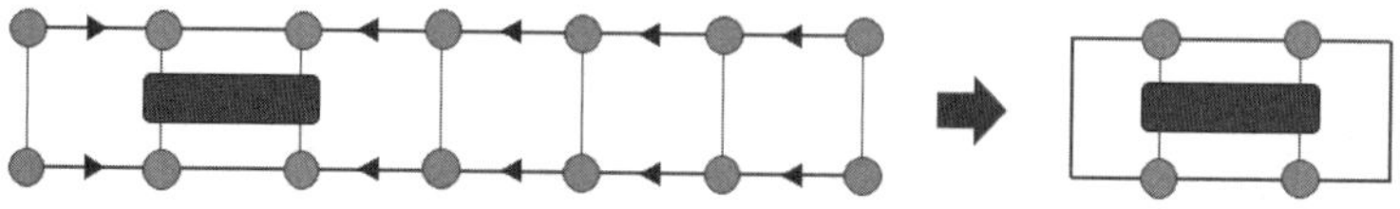

图 5-52　当正交中心与观测量所在格点重合时，只需要关注观测量所在格点的张量

当正交中心不与观测量所在格点重合时，如图 5-53 所示。在不移动正交中心的情况下，我们可以忽略掉等距，只关注正交中心与算符所在格点。

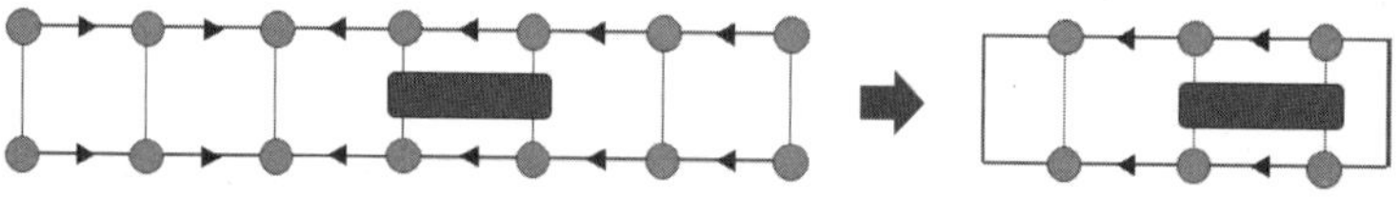

图 5-53　正交中心不与观测量所在格点重合时，只关注正交中心与算符所在格点

在理论物理中，“重整化”(renormalization)可被理解为：通过对系统进行某种空间或能量等的尺度/标度变换，研究相应物理性质的变化。“群”(group)取自于群论，代指标度变换的方式。重整化群并不一定真正构成一个群，但是往往意味着某种变换不变性，并以自洽的方式去掉物理系统的细节信息，提取本质属性。

从低秩近似的角度，密度矩阵重整化群中的“重整化”，可以理解成对量子 Hilbert 空间的最优低秩压缩，就是把不太重要的态给去掉，只保留重要的态。把指数大的空间压缩成一个有限大的空间，这就是重整化的一个过程。我们一般保留低能态，为什么低能态重要呢？因为低能态对应的概率高，而一旦能量太高了，这个态出现的概率就低，所以高能态在测量的时候很少出现，相比之下高能态就不重要了，因此在重整化的时候就可以忽略高能态。因为从概率统计上看，高能态不会做太多的贡献，所以只保留贡献最大的低能态。

具体而言，正交条件对应的方向，可以看成是重整化流(RG flow)的方向，每个辅助指标，可以看作是沿重整化流反方向经过的所有物理指标的低秩近似，即在相应 Hilbert 空间中提取重要的基矢，去掉不重要的基矢。

综上，在 DMRG 中，基矢的重要程度是由能量决定的，这也符合热力学的原理。

5.10　基于自动微分的基态变分算法

要解决优化问题，有两种思路：一种是把这个优化问题转化为张量网络的问题，如 DMRG 算法；另一种是仍然保留张量网络的假设，但使用梯度法来解决。

对于优化问题，可以使用自动微分技术求解，该技术在机器学习中具有广泛的应用，被用于计算模型变分参数关于损失函数的梯度，称之为反向传播(back propagation，BP)算法。

例如，利用自动微分求解实对称矩阵最大本征向量，即求解 $\max_{|\boldsymbol{v}|=1}\left|\boldsymbol{v}^{\mathrm{T}}\boldsymbol{M}\boldsymbol{v}\right|$ 的极大值问题。我们定义损失函数 $f=-\dfrac{\boldsymbol{v}^{\mathrm{T}}\boldsymbol{M}\boldsymbol{v}}{|\boldsymbol{v}|^2}$，则上述极大化问题被转化为损失函数的极小化问题。损失函数一般是要极小化的，所以在前面加了一个负号。

计算 $\boldsymbol{v}$ 关于 f 的梯度 $\dfrac{\mathrm{d}f}{\mathrm{d}\boldsymbol{v}}$，要使得 f 减小，需将 $\boldsymbol{v}$ 沿负梯度方向更新：

$$\boldsymbol{v}\leftarrow\boldsymbol{v}-\eta\frac{\mathrm{d}f}{\mathrm{d}\boldsymbol{v}} \tag{5-56}$$

式中，η 为人为给定的常数，被称为更新步长或学习率；梯度 $\dfrac{\mathrm{d}f}{\mathrm{d}\boldsymbol{v}}$ 可直接使用自动微分技术计算，可使用 Pytorch 实现自动微分。更新过程中，可使用优化器(如 Adam)，让程序自适应地控制学习率，以达到较好的稳定性和收敛速率。进行多次迭代更新之后，得到收敛的 $\boldsymbol{v}$，则最大本征向量 $\tilde{\boldsymbol{v}}$ 与最大本征值 λ 满足：

$$\tilde{\boldsymbol{v}}=\frac{\boldsymbol{v}}{|\boldsymbol{v}|},\lambda=\tilde{\boldsymbol{v}}^{\mathrm{T}}\boldsymbol{M}\tilde{\boldsymbol{v}} \tag{5-57}$$

上述例子太过简单，其效率显然不如传统的本征值分解算法。但在更为复杂的问题中，自动微分的优势就会体现出来。把上面最大本征问题中的矩阵 $\boldsymbol{M}$ 换成一个多体哈密顿量，就跟张量网络建立起了关系。但更换之后，由于维数会指数上升，因此就不能很简单地求解最大本征问题，但可以采取如下一些技巧。

根据最大本征值问题与基态问题的等价性，自动微分方法可用于求解多体系统基态，对应的优化问题可写为

$$E=\min_{\{\boldsymbol{A}^{(n)}\}}\frac{\left\langle\varphi\middle|\hat{H}\middle|\varphi\right\rangle}{\left\langle\varphi\middle|\varphi\right\rangle} \tag{5-58}$$

式中，变分参数为 MPS 中的各个张量 $\{\boldsymbol{A}^{(n)}\}$，梯度更新公式为

$$\boldsymbol{A}^{(n)}\leftarrow\boldsymbol{A}^{(n)}-\eta\frac{\partial E}{\partial\boldsymbol{A}^{(n)}} \tag{5-59}$$

相比于 DMRG 中 MPS 的“重整化群”解释，这里可以更加直接地将 MPS 看作是对基态的一种特殊的参数化形式，能量 E 即为变分的损失函数(loss function)。一旦能量极小，则量子态$|\varphi\rangle$就达到了基态。若使用张量网络来处理，量子态$|\boldsymbol{\varphi}\rangle$就不能直接表示，会撞上“指数墙”，而是以一个 MPS 来表示$|\varphi\rangle$的系数。多体哈密顿量 $\hat{H}$ 也不能完整地表示，而需要通过 Trotter-Suzuki 分解将其拆为多个分量，这样也是为了避免撞上“指数墙”。这样，我们就可以在线性复杂度下计算出损失函数，可使用 BP 算法及各种优化器进行梯度更新。

5.11 矩阵乘积态与纠缠熵面积定律

在 5.5 节介绍 MPS 的纠缠谱时，详细介绍了“纠缠熵”这一概念。回顾其公式为

$$S=-\sum_{\alpha=0}^{D-1}\Lambda_{\alpha}^{2}\ln\Lambda_{\alpha}^{2} \tag{5-60}$$

纠缠熵存在上限。图 5-54 是一个键中心正交化的 MPS，其奇异谱 Λ 的维数等于辅助指标的维数(该奇异谱就是该 MPS 的纠缠谱)。由 MPS 的归一化条件，可以得出$|\Lambda|=1$。

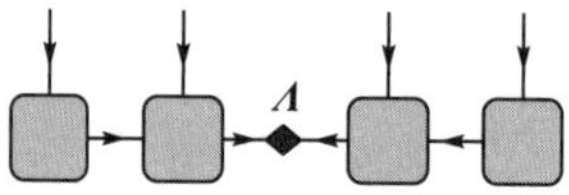

图 5-54 键中心正交化的 MPS

为什么由 MPS 的归一化条件，就可以得出纠缠谱的模等于 1？

答：其一，因为在 MPS 的正交形式(图 5-55)中，纠缠谱的左/右张量都满足左/右正交条件，所以在对该 MPS 做内积时，左/右两边的张量都会被收缩成为单位矩阵，此时就剩下处于中心的纠缠谱，而 MPS 是满足归一化条件的，所以$|\Lambda|=1$。

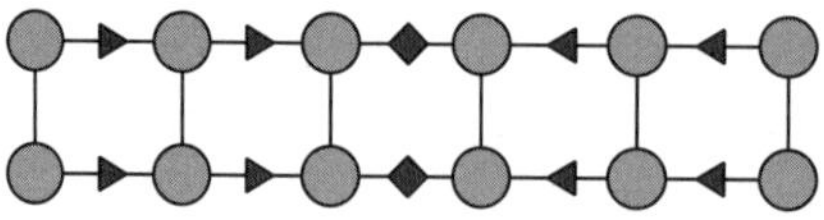

图 5-55 正交形式的 MPS

其二，从另一个角度来讲，纠缠谱中每一个纠缠值都对应于某一种基底下的测定概率，而纠缠谱的模就等于各测定概率的和，测定概率的和肯定是等于 1 的：

$$\Lambda=\begin{bmatrix}\Lambda_0 & \cdots & 0\\ \vdots & & \vdots\\ 0 & \cdots & \Lambda_{D-1}\end{bmatrix}\rightarrow P=\sum_{\alpha=0}^{D-1}\Lambda_{\alpha}^{2}=1 \tag{5-61}$$

设纠缠谱维数为截断维数 x，当 $\varLambda = \mathrm{diag}\left(\dfrac{1}{\sqrt{x}}, \dfrac{1}{\sqrt{x}}, \cdots, \dfrac{1}{\sqrt{x}}\right)$，即所有基态的测定概率均

等时，纠缠熵 S 达到极大值。因此，给定 MPS 辅助指标维数后，纠缠熵的上限为

$$S = -\sum_{k=0}^{x-1} \frac{1}{x} \ln \frac{1}{x} = \ln x \tag{5-62}$$

由上，可以得出，当纠缠谱均匀分布时，纠缠熵是最大的。并且，纠缠熵的大小与 MPS 两部分包含的格点个数（即体积大小）无关，仅与边界处辅助指标的维数有关。

纠缠熵是一个物理领域的定义，其对应的数学性质是计算复杂度。那么就可以从一个角度来解释为什么纠缠谱均匀分布时，纠缠熵是最大的。此时，纠缠谱中各奇异值是相等的，所以对应各个基态的测定概率是均等的。在做 SVD 分解低秩近似时，裁去的是低奇异值的冗余信息[图 5-56(a)]，而对于均匀分布的纠缠谱，可以认为它是无法进行裁剪的[图 5-56(b)]，所以其计算复杂度最大，其纠缠熵也就最大。

$$\begin{bmatrix} \lambda_1 & \cdots & \cdots & \cdots \\ \cdots & \lambda_2 & & \\ \cdots & & \ddots & \vdots \\ \cdots & \cdots & \vdots & \lambda_m \end{bmatrix} \qquad \begin{bmatrix} \frac{1}{\sqrt{\chi}} & \cdots & 0 \\ \vdots & \ddots & \vdots \\ 0 & \cdots & \frac{1}{\sqrt{\chi}} \end{bmatrix} \;\;\lessgtr$$

(a)　　　　　　　　　(b)

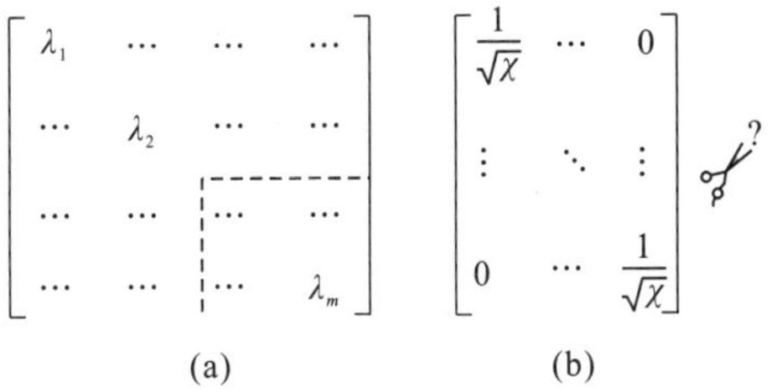

图 5-56　SVD 分解矩阵(a)和裁剪后的矩阵(b)

纠缠熵可以用来衡量二分 MPS 的两个子系统之间的量子纠缠关系，对于一个二维的张量网络，又应该怎么去表示其纠缠关系呢？这就要引入纠缠熵面积定律（area law of entanglement entropy）。

由纠缠熵的上限，可以得出纠缠熵的大小只与边界处辅助指标的维数有关。由此定义纠缠熵的面积定律：对于 D 维格点系统的量子态，将系统二分后，两部分之间的纠缠熵满足：

$$S \sim O(l^{D-1}) \tag{5-63}$$

式中，l 代表空间尺度（length scale）。

(a)　　　　　　　　　　　　　　　　　　"双层" MPS　　(b)

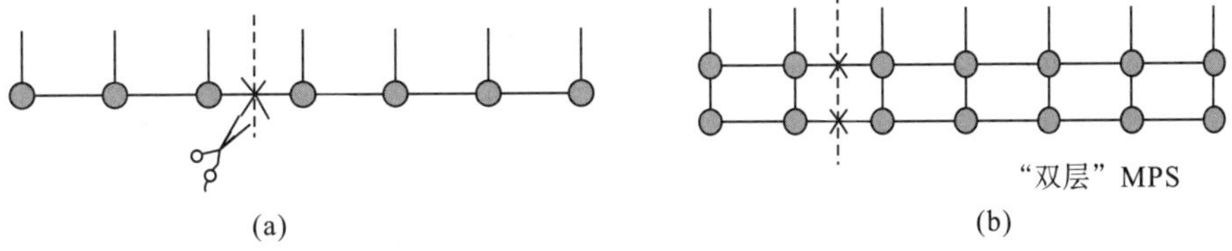

图 5-57　MPS 截断一个辅助指标后形成的二分形式和一个"双层" MPS

（其二分边界穿过两个辅助指标的二分形式）

图 5-57(a) 是一个 MPS 截断一个辅助指标后形成的二分形式，该一维体系边界是一个点，其纠缠熵上限 $S = \ln x \sim O(l^{1-1=0})$，$l^0$ 表明其纠缠熵是一个常数，与 l 没有关系。图 5-57(b) 是一个"双层" MPS，其二分边界穿过两个辅助指标，因此其纠缠熵上限 $S = 2\ln x$。综上，

纠缠熵上限 $S = N\ln x$，其中 N 表示边界穿过的辅助指标的个数，D 表示系统是满足几维格点系统，并且 $N \sim O(l^{D-1})$。

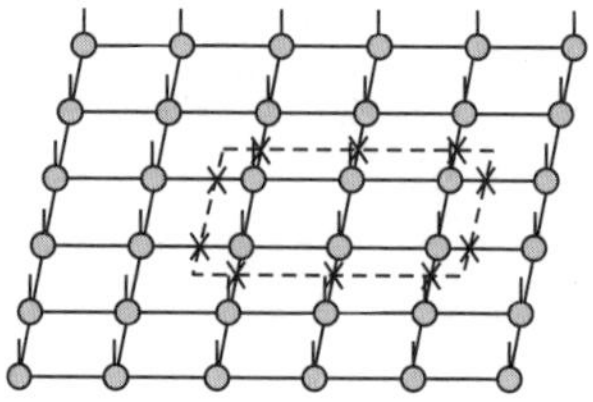

图 5-58 二维张量网络上的投影纠缠对态

现在，就可以构建一个满足二维纠缠熵面积定律的张量网络态，定义在二维张量网络上的投影纠缠对态(projected-entangled pair state，PEPS)。

沿着图 5-58 中的虚线框对 PEPS 进行二分，边界边长 $L = 2(L_x + L_y) \sim l$，并且 $N \sim l \sim O(l^{2-1})$。两个子系统的体积满足 $O(l^2)$，穿过边界的指标个数满足 $O(l^1)$。

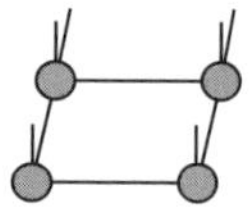

图 5-59 由辅助指标构成的一个闭环

这样由辅助指标构成的一个闭环就称作一个“圈”(loop)。一个张量网络中有非常多个 loop(图 5-59)。一般而言，PEPS 的计算复杂度远高于 MPS，主要原因是 PEPS 的网络结构中包含大量的 loop。

介绍完纠缠熵的面积定律，就可以由其来指导选择使用什么样的张量网络态近似求解基态。比如，若量子系统满足一维纠缠熵面积定律，那么使用 MPS 来表示其系数就可以，但若满足的是二维纠缠熵面积定律，那么此时 MPS 就不太合适了，可以考虑用 PEPS。

5.8 节提到，利用 TEBD 算法计算一维格点模型还有另外一种方法，就是将演化算符转换为 MPO 的表达式，这样的方法被称为线性张量重整化群算法(linearized tensor renormalization group，LTRG)。

算法思路：直接以 MPO 的形式，计算有限温度密度算符：

$$\hat{\rho}(\beta) = \mathrm{e}^{-\beta \sum_{\langle i,j \rangle} \hat{H}_{ij}} \tag{5-64}$$

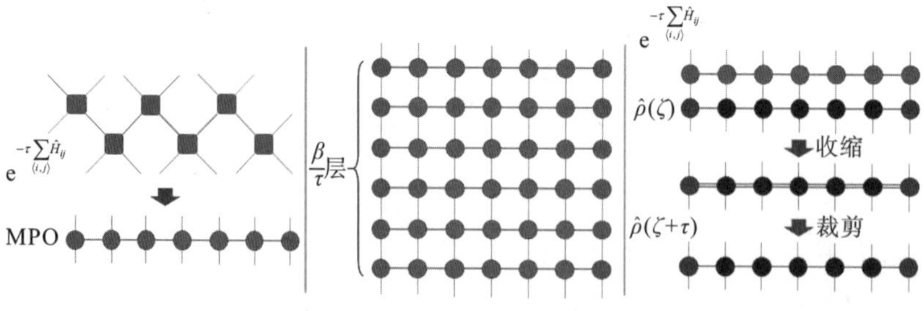

图 5-60 线性张量重整化群算法示例

MPO 中算符朝上的指标可以看成是算符的左矢空间，算符朝下的指标看成是算符的右矢空间。有了 MPO，就不再需要在张量网络底层边缘处随机初始化 MPS，直接可以进行 MPO 之间的收缩。每收缩一次 MPO，就相当于给倒温度 β 加上一个极小量 τ，因此，总共有 β/τ 层算符进行收缩(图 5-60)。

LTRG 算法的难点在于每次收缩后的裁剪，一种裁剪方法为：MPO 是一个混合态，有两个物理指标，可以通过某种方式将这两个指标 reshape 为一个物理指标，那么这个 MPO 就变成了 MPS，由于 MPS 为纯态，因此这个过程被称为纯化(purification)。

5.12　张量网络收缩算法

回顾第 4 章给出张量网络的一般定义，即：将多个张量(包含向量、矩阵、高阶张量)按照特定规则缩并，形成一个网络。其中，收缩规则由网络图确定，即一个节点代表一个张量，与该节点连接的边代表该张量的指标，连接不同节点的边代表对应张量的共有指标，需进行求和计算。仅连接一个节点的指标被称为开放指标；连接两个节点的指标被称为辅助指标(auxiliary)或虚拟指标(virtual)、几何指标(geometric)。当张量网络被用于表示量子态时，开放指标代表物理空间的自由度，故也被称为物理指标。

从张量网络的一般定义出发，不难看出，张量网络为张量的一种表示形式：任意张量网络代表一个张量，该张量的指标为张量网络的开放指标。张量网络可记为 $\boldsymbol{T}=\mathrm{tTr}(A,B,\cdots)$，其中 $\boldsymbol{T}$ 代表收缩所有几何指标后得到的张量，括号中为构成张量网络的张量，tTr (total trace)代表对所有几何指标求和。换言之：一个高阶张量可表示为不同的张量网络。例如，图 5-61 的两种张量网络均表示一个五阶张量 $\boldsymbol{T}_{s_1s_2s_3s_4s_5}$。

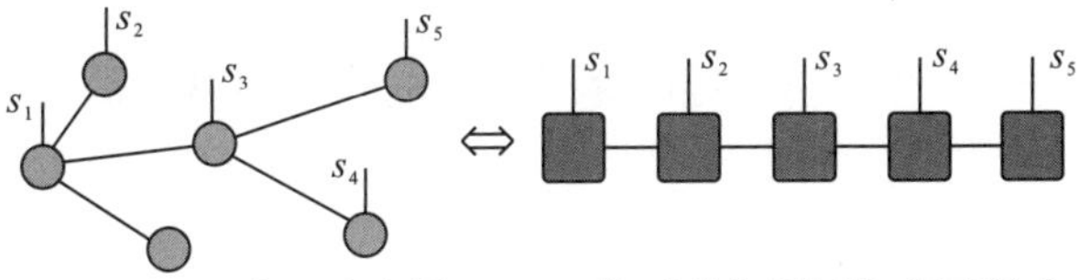

图 5-61　一个五阶张量 $\boldsymbol{T}_{s_1s_2s_3s_4s_5}$ 的两种张量网络表示形式

所以缩并的物理意义在于：得到坐标系变换下的不变量。

定义一类特殊的张量网络：称没有开放指标的张量网络为闭合张量网络。闭合张量网络可用来表示一大类问题，如格点模型的配分函数、量子多体态的观测量等，如图 5-62 所示。

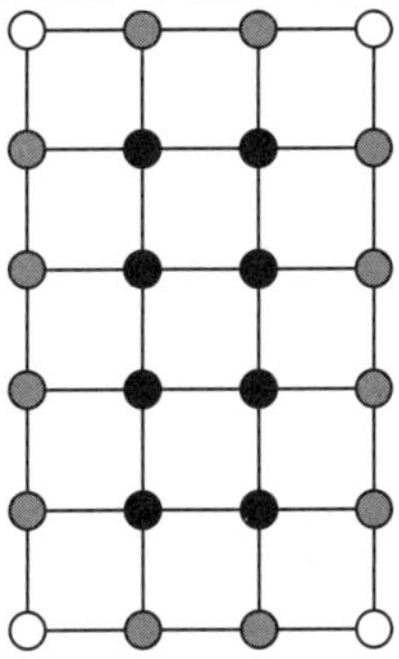

图 5-62　没有开放指标的闭合张量网络

5.12.1 张量网络的最优低秩近似

考虑如下问题：在给定张量网络中，如何裁剪某一几何指标的维数，使得裁剪前后的误差极小(裁剪前后张量网络几何结构不变)？首先考虑无圈(loop-free)张量网络的几何指标维数裁剪，以图 5-63 的张量网络 $\boldsymbol{T}_{s_1s_2s_3s_4s_5}$ 为例，考虑对图 5-63 中加粗的辅助指标进行维数裁剪。

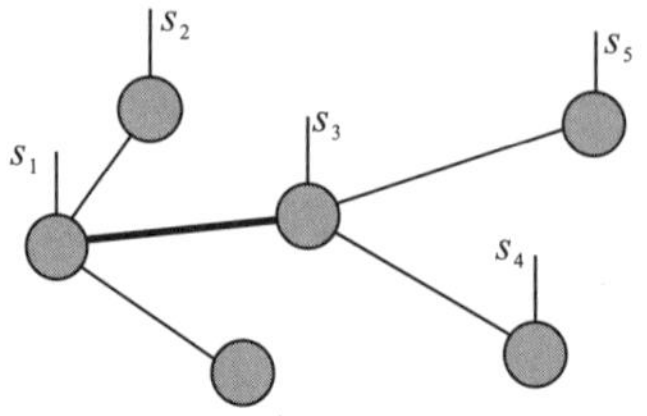

图 5-63　无圈张量网络的几何指标维数裁剪

可将上述问题化为矩阵的最优低秩近似问题：求 $\boldsymbol{T}_{[s_1s_2][s_3s_4s_5]}$ 的最优低秩近似，其中，$\boldsymbol{T}_{[s_1s_2][s_3s_4s_5]}$ 代表将张量 reshape 成矩阵，两个方括号中的指标被看作是矩阵的左、右指标，分别代表切断待裁剪指标后张量网络两部分中的开放指标。但并不推荐通过上述的 SVD 来实现维数裁剪。原因有两点：一是使用张量网络本就是为了避免“指数墙”的计算瓶颈，但将张量 reshape 为一个大矩阵后，只保留了两个指标，它们的维数将会非常大；二是我们的目标问题要求是不改变张量网络的结构，上述方法没有满足。

另一种思路：通过引入非方的裁剪矩阵，与连接待裁剪指标的张量进行收缩，实现该指标的维数裁剪。图 5-64 非常形象地解释了指数爆炸问题以及裁剪维数 x 在其中发挥的具体作用。

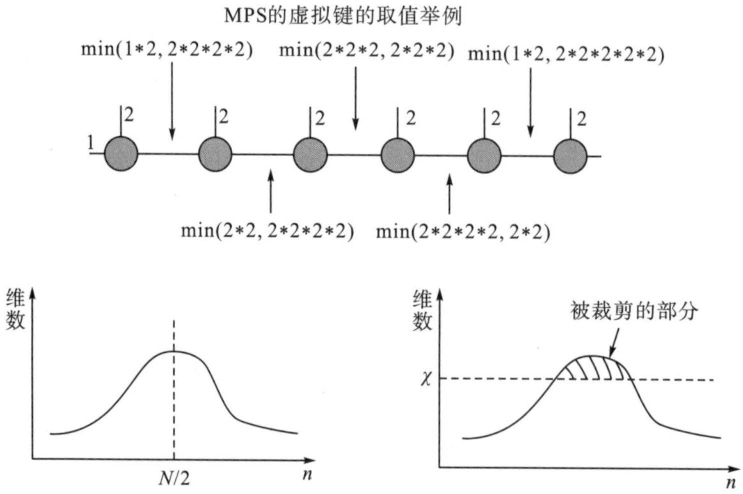

图 5-64　引入非方的裁剪矩阵来解释指数爆炸问题以及裁剪维数 x 在其中发挥的具体作用

设连接待裁剪指标的张量为 $\boldsymbol{A}^{(1)}$ 与 $\boldsymbol{A}^{(3)}$，待裁剪指标记为 a，裁剪前后该指标的维数为 D 与 x（有 $D \geqslant x$），则引入维数为 $D \times x$ 的矩阵 $\boldsymbol{V}^L$ 与 $\boldsymbol{V}^R$，将其维数为 D 的指标与张量中待裁剪的指标收缩：

$$\boldsymbol{A}'^{(1)}_{s_1 a_1 a_2 a'} = \sum_a \boldsymbol{A}^{(1)}_{s_1 a_1 a_2 a} \boldsymbol{V}^L_{aa'}, \quad \boldsymbol{A}'^{(3)}_{s_3 a_3 a_4 a'} = \sum_a \boldsymbol{A}^{(3)}_{s_3 a_3 a_4 a} \boldsymbol{V}^R_{aa'} \tag{5-65}$$

上述计算对应的图形表示如图 5-65 所示。$\boldsymbol{V}^L$ 与 $\boldsymbol{V}^R$ 被称为裁剪矩阵。裁剪矩阵就是一维等距(isometric)矩阵，连接两个 isometric 矩阵的指标的维数为 x，isometric 矩阵与张量之间的指标的维数为 D。这样，就将几何指标维数裁剪问题转换为了如何计算裁剪矩阵，使得裁剪误差极小。

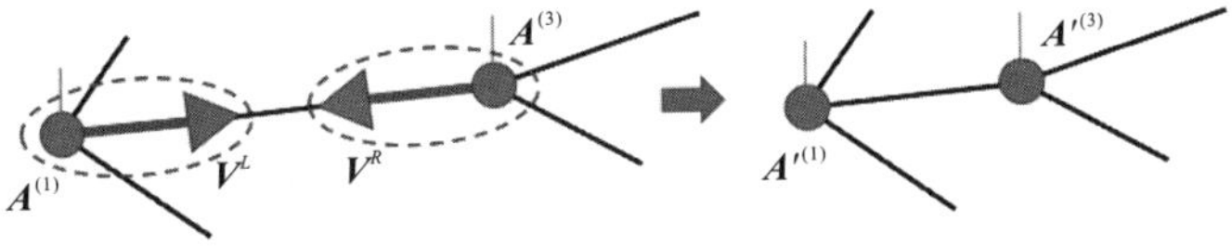

图 5-65 裁剪指标的张量为 $\boldsymbol{A}^{(1)}$ 与 $\boldsymbol{A}^{(3)}$

一种常用的算法步骤如下。

(1) 通过规范变化，将张量网络变换为中心正交形式，正交中心为连接待裁剪指标的两个张量中的其中一个(这里以 $\boldsymbol{A}^{(3)}$ 为例，正交形式如图 5-66 所示，其中，开放指标上的箭头默认向下；回顾 5.5 节：除正交中心张量外，其他张量满足正交性，由箭头表示正交条件，即将该张量的所有内向指标对应与其共轭进行收缩，得到以外向指标为指标的单位阵)。

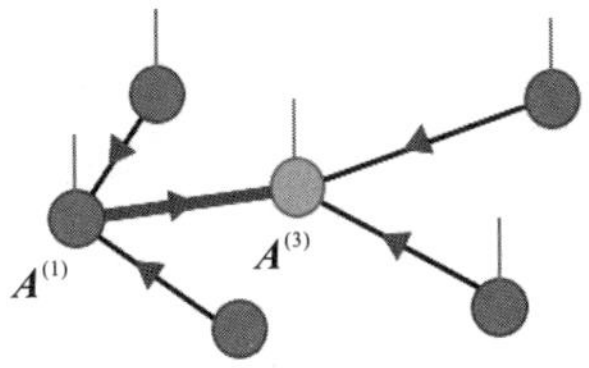

图 5-66 将张量网络变换为中心正交形式示例

(2) 对正交中心的张量进行奇异值分解，由前 x 个奇异向量构成 $\boldsymbol{V}^L$，且 $\boldsymbol{V}^L = \boldsymbol{V}^R$（以 $\boldsymbol{A}^{(3)}$ 为正交中心，则进行奇异值分解 $\boldsymbol{A}^{(3)}_{s_3 a_3 a_4 a} = \sum_{a'} \boldsymbol{U}_{s_3 a_3 a_4 a'} \boldsymbol{\Lambda}_{a'} \boldsymbol{V}^*_{aa'}$，则由 $\boldsymbol{V}$ 的前 x 个奇异向量构成裁剪矩阵，即 $\boldsymbol{V}^L = \boldsymbol{V}^R = \boldsymbol{V}_{:,0:x}$）。

由于 $\boldsymbol{V}^L$ 的正交性，容易证明：

(1) 更新以后的 $\boldsymbol{A}'^{(1)}_{s_1 a_1 a_2 a'} = \sum_a A^{(1)}_{s_1 a_1 a_2 a} \boldsymbol{V}^L_{aa'}$ 正交性质不变；

(2) $\boldsymbol{A}'^{(3)}_{s_3 a_3 a_4 a'} = \sum_a \boldsymbol{A}^{(3)}_{s_3 a_3 a_4 a} \boldsymbol{V}^R_{aa'} = \sum_{a'=0}^{x-1} \boldsymbol{U}_{s_3 a_3 a_4 a'} \boldsymbol{\Lambda}_{a'}$，故变换后的 $\boldsymbol{A}^{(3)}$ 可写成定义在指标 a 上的 $\boldsymbol{\Lambda}$ 乘上正交张量 $\boldsymbol{U}$，此时，张量网络的正交中心为 $\boldsymbol{\Lambda}$，如图 5-67 所示。

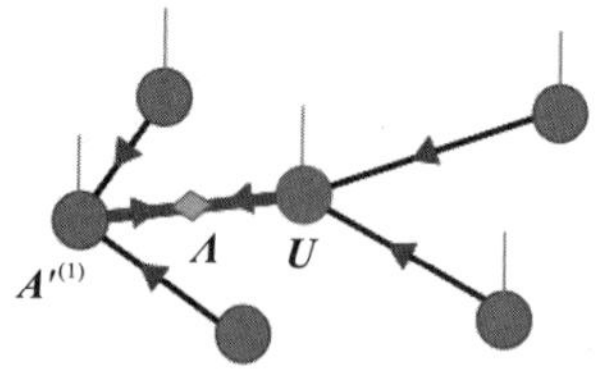

图 5-67 对正交中心的张量进行奇异值分解示例

(3) 由(1)和(2)可推出，上述裁剪方式实际上是对张量网络进行了中心正交化，将张量 $\boldsymbol{A}^{(3)}$ 作为正交中心进行的 SVD。裁剪完成后，$\boldsymbol{\Lambda}$ 为正交中心，保留了 $\boldsymbol{\Lambda}$ 中 x 个最大奇异值以及相关的奇异向量。

(4) 上述奇异值裁剪为全局最优的裁剪，即极小化了裁剪误差：

$$\varepsilon=\left|\mathrm{tTr}(\boldsymbol{A}^{(1)},\boldsymbol{A}^{(2)},\boldsymbol{A}^{(3)},\boldsymbol{A}^{(4)},\boldsymbol{A}^{(5)})-\mathrm{tTr}(\boldsymbol{A}'^{(1)},\boldsymbol{A}^{(2)},\boldsymbol{A}'^{(3)},\boldsymbol{A}^{(4)},\boldsymbol{A}^{(5)})\right| \tag{5-66}$$

且避免了计算整个整理网络 $\boldsymbol{T}_{[s_1s_2][s_3s_4s_5]}$ 的奇异值分解，从而绕开了“指数墙”。

该例子中的裁剪环境是整个张量网络，称为全局裁剪环境(global truncation environment)。如果裁剪环境不是整个张量网络，而仅仅是张量网络的一部分，称为局域裁剪环境(local truncation environment)。在局域环境下也能得到很好的结果，但如果想提升精度，就得使用全局环境。因此，如何考虑裁剪环境的选择，也是张量网络算法里面的核心之一。

5.12.2 张量重整化群算法

下面我们介绍一种特殊的张量网络收缩计算，即由无穷多个张量构成的闭合张量网络，且所有张量都相等(图 5-68)。记该类张量网络为 $\boldsymbol{Z}=\mathrm{tTr}([\boldsymbol{T}]^{\infty})$，$\boldsymbol{T}$ 被称为构成该张量网络的不等价(inequivalent)张量。

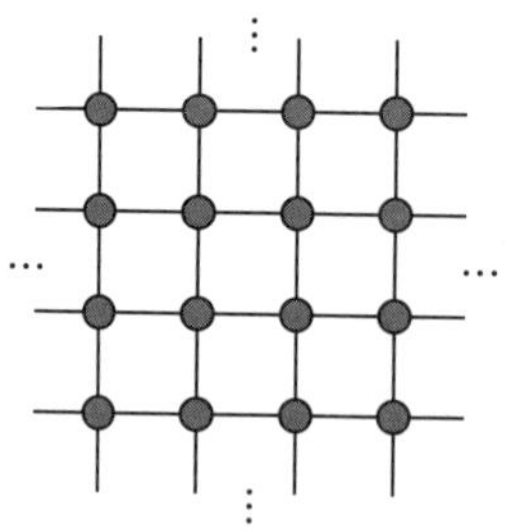

图 5-68 由无穷多个相等张量构成的闭合张量网络

不等价张量网络由两个因素完全确定：不等价张量与网络几何结构。

下面，以定义在无穷大正方格子上的张量网络为例，其示意图如图 5-69 所示。显然，严格收缩该张量网络的计算复杂度会随着收缩的进行指数上升。

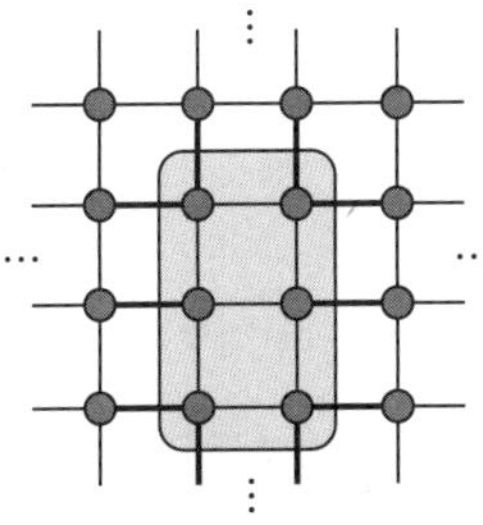

图 5-69　收缩边界处几何指标得到的一个高阶张量示例

如果收缩一部分几何指标，如图 5-69 中阴影部分内的指标，则会得到一个高阶张量，其指标为边界处的几何指标，易得：该张量的维数会随着边界处指标个数指数上升：

$$\dim \sim O(D^L)\ (L\text{为边界指标个数}) \tag{5-67}$$

因此，需要发展算法，引入合理的近似，将计算复杂度控制到多项式级，下面将介绍张量重整化群(tensor renormalization group，TRG)算法，设第 0 步时 $\boldsymbol{T}^{(0)}=\boldsymbol{T}$，计算步骤如下。

步骤 1：在第 t 次循环中，利用 SVD 对不等价张量做如下两种不同的分解，如图 5-70 所示。

$$\boldsymbol{T}^{(t)}_{[s_1s_2][s_3s_4]} \cong \sum_{s'=0}^{\chi-1} \boldsymbol{U}_{[s_1s_2]s'} \boldsymbol{V}_{[s_3s_4]s'}$$

$$\boldsymbol{T}^{(t)}_{[s_1s_4][s_2s_3]} \cong \sum_{s''=0}^{\chi-1} \boldsymbol{U}_{[s_1s_4]s''} \boldsymbol{V}_{[s_2s_3]s''}$$

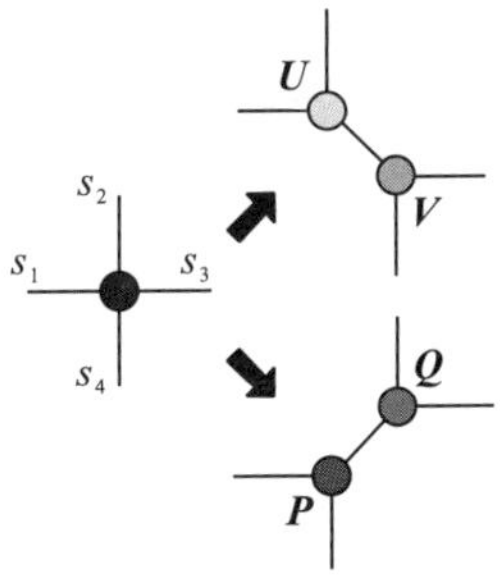

图 5-70　利用 SVD 对不等价张量做两种不同的分解示例

具体操作用文字描述就是，先把 s_1s_2 reshape 成一个指标，s_3s_4 reshape 成另一个指标，这时该不等价张量就变成了一个二阶张量，对其做 SVD 后，形成 $\boldsymbol{U}$ 与 $\boldsymbol{V}$ 两个三阶张量(SVD 后中间的奇异谱可以任意收缩到一个张量中)，再用同样的方法可以得到 $\boldsymbol{P}$ 与 $\boldsymbol{Q}$。可以总结出 TRG 算法的思想就是：reshape + SVD。其中，当 SVD 中求和的维数(即被分解矩阵的秩)大于截断维数 x 时，则仅保留前 x 个最大的奇异值及对应的奇异向量(注：$\boldsymbol{T}^{(t)}=\boldsymbol{T}$)。

经过步骤 1，张量网络被变换为如图 5-71 所示的形式。设原本张量网络中不等价张量的个数为 N，可以发现，张量的个数变成了 $2N$。

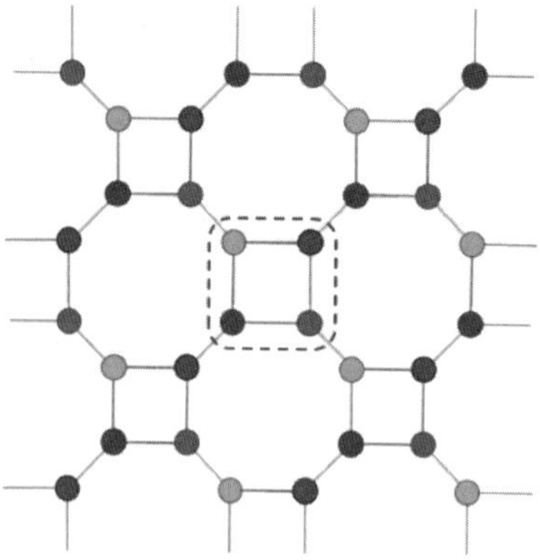

图 5-71　对图中虚线框中的张量进行收缩示例

步骤 2：计算如下收缩(图 5-71 中虚框所示)：

$$\boldsymbol{T'}^{(t)}_{s'_1 s'_2 s'_3 s'_4} = \sum_{s_1 s_2 s_3 s_4} \boldsymbol{V}_{s_3 s_4 s'_1} \boldsymbol{Q}_{s_2 s_3 s'_2} \boldsymbol{U}_{s_1 s_2 s'_3} \boldsymbol{P}_{s_1 s_4 s'_4} \tag{5-68}$$

即对图 5-71 虚线框中的张量进行收缩。虚线框中的四个张量分别来自四个不同的不等价张量，将其记为一个岛(island)。因为步骤 1 中所有不等价张量都是相同的，所以每个岛也是相同的。

在步骤 2 中，每四个张量缩并成一个张量，可以发现张量网络中张量的个数变成了 $\boldsymbol{N}/2$。

步骤 3：归一化张量，引入重整化因子 $\boldsymbol{C}^{(t)}$，对步骤 2 中收缩形成的新张量进行归一化，用公式表示为

$$\begin{aligned} \boldsymbol{C}^{(t)} &= \left| \boldsymbol{T'}^{(t)}_{s'_1 s'_2 s'_3 s'_4} \right| \\ \boldsymbol{T'}^{(t+1)}_{s'_1 s'_2 s'_3 s'_4} &= \boldsymbol{T'}^{(t)}_{s'_1 s'_2 s'_3 s'_4} / \boldsymbol{C}^{(t)} \end{aligned} \tag{5-69}$$

经过步骤 3 后，张量网络变回正方格子网络形式，用公式可以表示为 $\boldsymbol{Z} = \mathrm{tTr}\left([\boldsymbol{T}^{(t+1)}]^{\frac{\infty}{2^t}} \right)$，其中 t 表示循环迭代的次数。循环 t 次后，张量总个数为最初的 $\frac{1}{2^t}$ 倍。不断地通过这三个步骤对张量网络进行收缩，其中张量的个数是指数减小的。假如循环 10 次后，每一个张量就代表了最初张量网络中 2^{10} 个张量，这就是重整化群。

步骤 4：检查不等价张量是否收敛，如果未达到收敛阈值，则返回步骤 1；如果收敛，张量网络中的张量就达到了一个不动点(fix point)，这时收敛后的张量可以代表无穷大张量网络的性质。最终，张量网络会收缩成一个标量：

$$Z = \sum_{t=1}^{\tilde{t}} [C^{(t)}]^{\frac{N}{2^t}} = \sum_{t=1}^{\tilde{t}} [C^{(t)}]^{2^{(\tilde{t}-t)}} \tag{5-70}$$

式中，N 为收敛时张量网络中每个张量等效代表的原张量 $\boldsymbol{T}^{(0)}$ 的个数，满足 $N = 2^{\tilde{t}}$；$\tilde{t}$ 为收敛时的迭代次数。

式(5-70)中，Z 很明显是一个发散掉的数，是难以计算的，其取值取决于收敛次数，这显然不是一个被良好定义(well-defined)的量。但其实并不需要 Z 的结果，我们定义张量

网络平均自由能来刻画张量网络：

$$F=-\frac{\ln Z}{N}=-\sum_{t=1}^{\tilde{t}}2^{-t}\ln C^{(t)} \tag{5-71}$$

显然，重整化因子 $C^{(t)}$ 为有限大小的正实数，随着迭代次数增大，它是趋近于 1 的，那么 $\ln C^{(t)}$ 就趋近于 0，F 也就趋近于 0(收敛)。因此，可以说 F 是一个被良好定义的量，可以很好地刻画张量网络的缩并结果。

对于伊辛(Ising)模型，由 N 个 Ising 自旋构成，每个自旋可取状态为 1 或−1。当张量网络代表 Ising 模型配分函数时，根据热力学公式，在倒温度 β 下的模型的平均格点自由能满足：

$$f(\beta)=-\frac{\ln Z}{N\beta}=\frac{F}{\beta} \tag{5-72}$$

因此，平均格点自由能也就是在倒温度 β 下的张量网络平均自由能。

TRG 算法并不是严格地计算了张量网络的收缩。在步骤 1 中，设张量 $\boldsymbol{T}^{(t)}$ 的维数为 $D\times D\times D\times D$，如果进行严格的奇异值分解，则分解出的新指标(奇异谱维数)维数为 D^2，即张量 $\boldsymbol{T}^{(t+1)}$ 的维数为 $D^2\times D^2\times D^2\times D^2$。

可以看出，如果每次迭代都进行严格的奇异值分解，则不等价张量的指标维数会随着迭代次数指数上升。

在 TRG 中，如果奇异值分解出的指标维数大于截断维数 χ，则进行维数裁剪，保留前 x 个奇异谱与对应的奇异向量。该近似中的误差，对于被分解的不等价张量是极小化的($\boldsymbol{T}^{(t)}_{[s_1s_2][s_3s_4]}$ 与 $\boldsymbol{T}^{(t)}_{[s_1s_2][s_2s_3]}$ 的最优低秩近似)，因此，$\boldsymbol{T}^{(t)}$ 被称为裁剪环境，且 TRG 的裁剪环境是局域的(local truncation environment)，即对整个张量网络而言裁剪并不是最优的，这也是限制 TRG 精度的主要因素。

根据上述本征方程，整个张量网络可被看成是无穷多层 MPO，其收缩可以被等效为“基态”MPS 与一层 MPO 的内积。

对于图 5-72 右边的三层张量网络，应该怎么进行收缩呢？

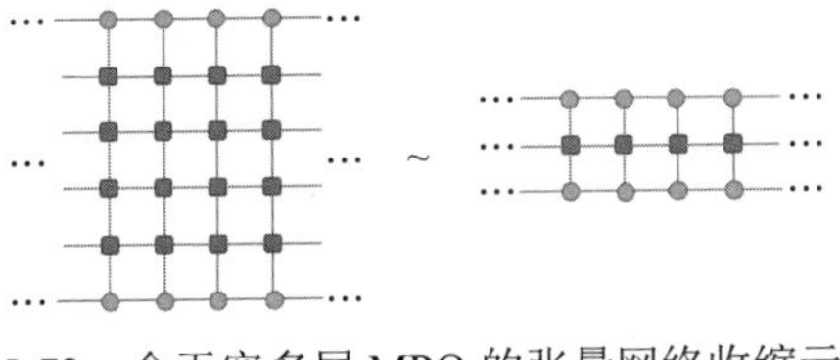

图 5-72　含无穷多层 MPO 的张量网络收缩示例

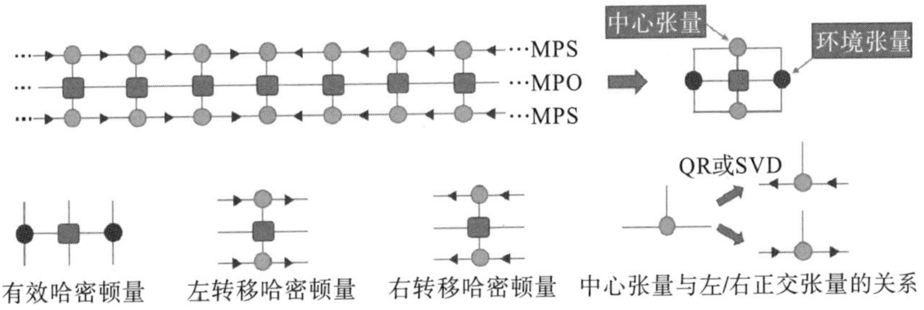

图 5-73　对 MPS 进行中心正交化示例

对 MPS 进行中心正交化，就可以开始水平方向上的收缩，同样变为三层。最后形成只包含五个张量的张量网络（图 5-73）。其中，只有中间的张量是我们最开始就知道的张量，其他四个张量都是需要求得的。

参考文献

Orús R，2014. A practical introduction to tensor networks: Matrix product states and projected entangled pair states[J]. Annals of Physics，349: 117-158.

Ran S J，Tirrito E，Peng C，et al.，2020. Tensor Network Contractions: Methods and Applications to Quantum Many-Body Systems[M]. Heidelberg: Springer Nature.

冉仕举，2022. 张量网络[M]，北京：首都师范大学出版社.

第 6 章　基于张量网络的量子机器学习

最近十年，张量网络在机器学习领域崭露头角。在机器学习中，张量分解可以用来解决非凸优化任务，并在许多其他重要问题上取得进展，而在物理学方面，张量网络是量子多体物理中一种非常强大的工具，这种方法通过将多体量子物理中产生的维数指数大的多体量子波函数分解为张量网络来处理，即利用“系统局域性和基态波函数的纠缠熵往往满足面积律”这个先验知识，用一组张量的乘积来表示波函数系数，非常高效地抓住了波函数的主要信息。而且张量网络的表示和张量网络的算法为判别学习和生成学习提供了具有更强表达能力的模型。张量网络这种形式是打开量子机器学习的门户，因为量子电路在形式上等价于一种特殊的张量网络。张量网络态为电路提供了架构设计和参数初始化的方法。注意到张量网络和量子张量网络机器学习的相似之处后(表 6-1)，一种解决特征提取与模式识别的新想法——基于张量网络的量子机器学习被提出。

表 6-1　张量网络和量子张量网络机器学习中的相关术语的对应关系

张量网络	量子张量网络机器学习
N 阶张量	秩为 N 的张量
高/低阶张量	高/低维张量
张量的秩	张量的辅助指标
展开/矩阵化	索引分组/reshape
张量化	指数分割
核	网格
变量	物理指标
ALS 算法	单网格 DMRG
MALS 算法	双或多网格 DMRG
列向量	$\lvert\varphi\rangle$
行向量	$\langle\varphi\rvert$
内积 $\langle \boldsymbol{x},\boldsymbol{x}\rangle = \boldsymbol{x}^{\mathrm{T}}\boldsymbol{x}$	$\langle\varphi\vert\varphi\rangle$
张量火车	公开/周期边界的矩阵乘积态
层次的 Tucker 分解	秩为 3 的树状张量网络态
稀疏性	局域性
卷积网	平移对称 Hamiltonian
Softmaxing	从 Hamiltonian 计算 p
比特	自旋
KL 散度	自由能差
几乎无损的数据蒸馏	有效论
噪声	不相关算符
特征	相关的算符

以下总结一些将张量网络与量子机器学习结合的理由。

(1)其他技术拥有一些缺陷。比如，第 5 章提到的量子哈密顿量的精确对角化局限于小尺寸系统；基于连续酉变换的方法依赖无限多耦合微分方程系统的近似解；耦合聚类方法仅限于中小分子等。张量网络不是没有限制，它的主要限制在于量子多体态中纠缠的数量和结构。这种限制反而扩展了模型的范围，使经典计算机可以在新的方向上进行模拟。

(2)张量网络方法用相互连接的张量网络来表示量子态，从而捕获系统的相关纠缠特性，使量子理论更加可视化。根据系统的维数，纠缠结构应该是不同的。在某种程度上，可以把张量网络态看作是量子态，用某种纠缠表示。大致来说，哪些张量之间需要缩并指标，代表这些张量之间存在量子纠缠(缩并指标即是对两个张量某一指标的求和，对于代表某两个粒子的张量之间的指标缩并，假设这个求和结果为从 1 到 k，这代表这两个粒子间存在最大为 k 的量子纠缠)。严格来说，对于一个张量网络表示的量子多体态，取一个子系统，为了将这个子系统从 N 个粒子构成的网络中孤立出来，所需要截断的缩并数乘以 k，即可给出子系统量子纠缠的上界。张量网络的图形表示形象地描述了上述的抽象过程。

(3)Hilbert 空间是非常大的。对于一个自旋数为 $\frac{N}{2}$ 的系统，Hilbert 空间的维数为 2^N，这在粒子数量上是指数级的。Hilbert 空间里面的一个典型的态是所有基矢的一个叠加，不考虑归一化，这导致我们必须使用 2^N 个参数描述这样的一个态，这在粒子数较大的时候几乎是不可能的(如为了描述 100 个粒子，需要接近10^{30}个浮点数)。但是，若这 N 个粒子形成一个晶格并且粒子之间只有短距离的相互作用，那么一般一个低能激发态有着粒子只与邻近的粒子存在量子纠缠的性质。基于这种性质，自然而然地会用量子纠缠的多少及随空间的变化来刻画多体量子态，因此张量网络在此处非常适用。

监督学习是机器学习领域内发展最成熟的一类学习算法，它在自动特征提取和模式识别方面取得了显著进步。第一个利用张量网络处理监督判别型学习的工作是利用 MPS 模型处理 MNIST 是一个手写体数字的图片数据集，该数据集来由美国国家标准与技术研究所（National Institute of Standards and Technology (NIST)）发起整理的一组由美国高中生和人口调查局员工手写的 70000 个数字的图片。(mixed national institute of standards and technology database)数据的分类问题并达到了相当不错的准确度。随后斯塔登迈尔(Stoudenmire)通过首先使用树状张量网络执行无监督特征提取进一步提高了 MPS 模型的分类准确度。在无监督生成型学习问题中，第一个代表性工作同样是将 MPS 模型应用于二进制化的 MNIST①模型中。MPS 在某些方面发展出了传统机器学习生成型模型不具备的优势。之后的树状张量网络生成型模型继承了 MPS 模型的这些优势，同时可以更好地实现长程关联的建模；相比判别型模型，生成型模型难度更大，而且学者认为正是在这类问题中，张量网络强大的表达能力的优势才能被更多地释放出来。

在有监督和无监督环境中，张量网络都可以用作机器学习任务的实用工具和概念工具。这些方法基于以下思想：提供物理学启发的学习模式和网络结构代替较常规采用的随机学习模式和前向神经网络(feed forward neural network，FFNN)。例如，矩阵乘积态(MPS)

① MNIST 是一个手写体数字的图片数据集，该数据集来由美国国家标准与技术研究所(National Institute of Standards and Technology(NIST))发起整理的一组由美国高中生和人口调查局员工手写的 70000 个数字的图片。

表示一组用于相互作用的一维量子系统模拟工具(White,1992),已被重新用于分类任务(Liu et al.,2018; Novikov et al.,2016; Stoudenmire and Schwab,2016),最近还被用作无监督学习的显式生成模型(Han et al.,2018; Stokes and Terilla,2019)。值得一提的是,在应用数学的背景下开发的其他相关高阶张量分解已用于机器学习目的(Acar and Yener,2008; Anandkumar et al.,2014)。形式上与 MPS 表示形式等效的张量火车分解(Oseledets,2011)已被用作各种机器学习任务的工具(Gorodetsky et al.,2019; Izmailov et al.,2018; Novikov et al.,2016)。还已经探索了与 MPS 紧密相关的网络以进行时间序列建模(Guo et al.,2018)。

为了增加在这些低秩张量分解中编码的纠缠量,最近的工作集中在用张量网络表示代替 MPS 形式。一个著名的例子是使用具有层次结构的树状张量网络(Hackbusch and Kühn,2009; Shi et al.,2006),这些技术已在分类(Liu et al,2017; Stoudenmire and Schwab,2016)和生成模型 (Cheng et al.,2019)任务中取得了成功。另一个例子是元格纠缠态使用(Changlani et al.,2009; Gendiar and Nishino,2002; Mezzacapo et al.,2009)和弦键合状态(Schuch et al.,2008),都显示了分类任务的显著改进。

从理论上讲,张量网络与量子多体波函数的复杂性度量(例如纠缠熵)之间的深层联系可用于理解并可能启发成功的机器学习网络设计。张量网络形式主义已被证明可以通过重归一化组概念来解释深度学习。在这个方向上的开拓性工作已经将 MERA 张量网络状态(Vidal,2007)连接到分层贝叶斯网络。在后来的分析中,卷积算术电路(Cohen et al.,2016)是一个具有乘积非线性的卷积网络家族,已经引入了一种方便的模型来将张量分解与前向神经网络体系结构联系起来。除了它们在概念上的相关性,这些联系可以帮助建立归纳性偏见在现代和普遍采用的神经网络中的作用(Levine et al.,2017)。

6.1　在量子空间(Hilbert 空间)编码图像数据

在量子空间(Hilbert 空间)编码图像数据的基本思想是:通过特征映射,将图像数据转换为在 Hilbert 空间上定义的乘积态。

例如,图 6-1 将描述黑白或彩色图像转换为在 Hilbert 空间上定义量子态。

$\lvert\varphi_{00}\rangle$	$\lvert\varphi_{01}\rangle$	$\lvert\varphi_{02}\rangle$	$\lvert\varphi_{03}\rangle$
$\lvert\varphi_{10}\rangle$	$\lvert\varphi_{11}\rangle$	$\lvert\varphi_{12}\rangle$	$\lvert\varphi_{13}\rangle$
$\lvert\varphi_{20}\rangle$	$\lvert\varphi_{21}\rangle$	$\lvert\varphi_{22}\rangle$	$\lvert\varphi_{23}\rangle$
$\lvert\varphi_{30}\rangle$	$\lvert\varphi_{31}\rangle$	$\lvert\varphi_{32}\rangle$	$\lvert\varphi_{33}\rangle$

图 6-1　将黑白或彩色图像转换为在 Hilbert 空间上定义量子态示例

单个像素数据的映射函数为

$$\varphi(x_j) = \left[\cos\left(\frac{\pi}{2}x_j\right),\ \sin\left(\frac{\pi}{2}x_j\right) \right],\ x_j \in [0,1] \tag{6-1}$$

所有像素的结合为

$$X=[x_1,x_2,\cdots,x_n]\to|\varphi(X)\rangle=\begin{bmatrix}\cos\left(\dfrac{\pi}{2}x_1\right)\\ \sin\left(\dfrac{\pi}{2}x_1\right)\end{bmatrix}\otimes\begin{bmatrix}\cos\left(\dfrac{\pi}{2}x_2\right)\\ \sin\left(\dfrac{\pi}{2}x_2\right)\end{bmatrix}\otimes\cdots\otimes\begin{bmatrix}\cos\left(\dfrac{\pi}{2}x_n\right)\\ \sin\left(\dfrac{\pi}{2}x_n\right)\end{bmatrix} \tag{6-2}$$

然后，把这些态作用到一个张量网络上，产生出一个输出向量，该输出向量决定图像分类到预先定义的哪一个标签上。根据这条线索，我们可以看到，对使用构型空间来解决图像识别问题的监督学习，张量网络算法在量子多体问题中发展出来的很多技巧可以有效地迁移过来。

注意：特征映射还可以是以下三种情况。

(1) $|\varphi(X)\rangle=\begin{bmatrix}x\\1-x\end{bmatrix}$其中$0\leqslant x\leqslant 1$,满足 1-范和为 1，这种特征映射被用在 Mille（2019）的文献中。

(2) $|\varphi(X)\rangle=\begin{bmatrix}\cos^2\left(\dfrac{\pi}{2}x\right)\\ \sin^2\left(\dfrac{\pi}{2}x\right)\end{bmatrix}$满足 1-范和为 1，这种特征映射被用在 Glasser 等(2018)的文献中。

(3) $|\varphi(X)\rangle=\begin{bmatrix}1\\x\end{bmatrix}$这种特征映射被用在 Novikov 等(2016)的文献中。

再以图 6-2 中著名的 MNIST 为例。这个数据库主要包含了 60000 张训练图像和 10000 张测试图像。数据库里的图像，不管是训练集数据，抑或是测试集数据，它们都是 28 像素×28 像素的灰度图[每个像素是一个八位字节(0～255)表示的灰度值，255 表示的是纯白色，反之 0 代表的就是纯黑色]。

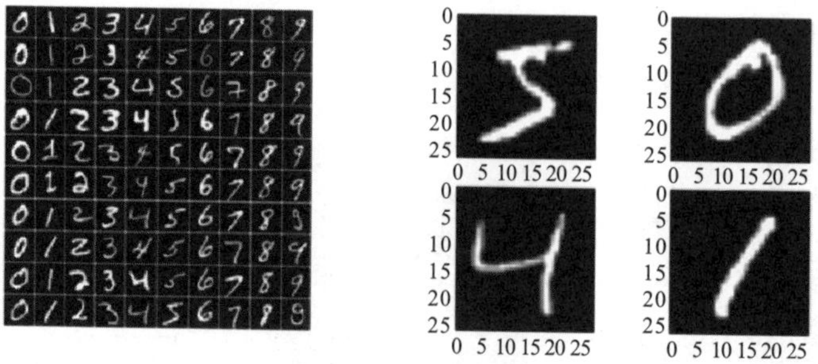

图 6-2　MNIST 和 Fashion-MNIST 手写数据集

对数据集进行降维，也就是把 28 像素×28 像素的图片变成一个有 784 个灰度值的一维向量，此时丢失了图像的二维信息，这显然是一个缺点。但是通过这样的方法，可以更方便地把图像信息编码进量子空间中，对于图像的每一个像素点，都可以进行如下操作：

$$\varphi(P)=\begin{bmatrix}\cos\left(\dfrac{\pi}{2}P\right)\\ \sin\left(\dfrac{\pi}{2}P\right)\end{bmatrix} \tag{6-3}$$

注意，上式的单个像素的映射关系中，P 已经不是原来的 784 个向量中的像素值，而是归一化后的[P(Normalization)=$P(i)/255$]。

如果关心的是彩色 RGB 图像数据的话，那么每一个像素点将是 $2^3=8$ 维，此处不做深入讨论。至此，整个图像空间被定义为所有像素空间的张量乘积形式。

$$(p_1,p_2,\cdots,p_N)\to\Phi(p_1)\otimes\Phi(p_2)\otimes\cdots\otimes\Phi(p_\mathrm{N}) \tag{6-4}$$

$$\Phi(p_1)_{i_1}\Phi(p_2)_{i_2}\cdots\Phi(p_\mathrm{N})_{i_N} \tag{6-5}$$

式(6-4)表示张量积形式的图像空间，式(6-5)为索引法表示。

此对象称为“数据张量”或“张量积态数据”。单纯地从需要的数据量来看，数据张量具有 2^N 个元素，每个元素都是局部特征映射的两个分量。在索引表示法中，由于每个 i_k 索引都有两个可能的值，所以组成的元素成分总数为 2^N 个(因为 2 维向量直积生成的 Hilbert 空间是 2^N 维的)。MPS 代表了另一种数据表达形式，它也有 2^N 个元素。它用 N 个矩阵的乘积形式写出每个元素，令 $\boldsymbol{T}$ 代表总的 MPS 张量，有

$$T_{i_1i_2\cdots i_N}=\sum_{\alpha_1,\alpha_2,\cdots,\alpha_N}A^{(1)}_{i_1\alpha_1}A^{(2)}_{i_2\alpha_1\alpha_2}A^{(3)}_{i_3\alpha_2\alpha_3}\cdots A^{(N)}_{i_N\alpha_N} \tag{6-6}$$

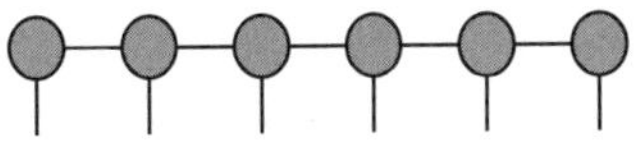

图 6-3　总的 MPS 张量数学表达及其图像表达形式

图 6-3 中竖着的“线”是代表 i_k 指标，代表每一个像素点特征映射形成的两个分量。每个横着的“线”称为键维数 α_k，α_k 是模型的超参数，它的大小取决于 $\boldsymbol{A}$ 张量的尺寸。$\boldsymbol{A}$ 张量是通过训练集来确定的变分参量(variational parameters)(或称权重，weights)。

至此，已经介绍了如何将图像编码进量子空间。此时的 MPS 张量表示一系列图片(n×784×2)，并且让它拥有这样的性质：MPS 张量 $\boldsymbol{T}$ 等于给定类别中所有图像的线性组合。不属于该类的图像与 $\boldsymbol{T}$ 正交，反之，属于该类的图像则不会。当有多个类需要分类时，可以给不同类代表的 MPS 贴上额外的类别标签，如图 6-4 所示。

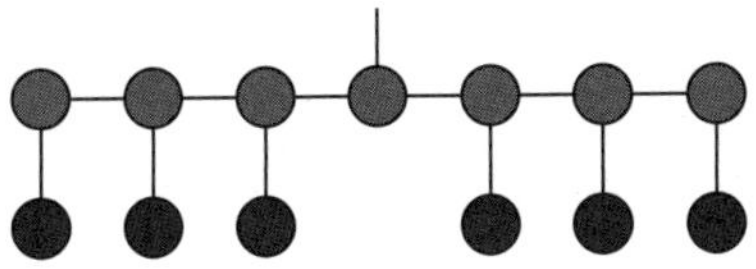

图 6-4　变分的 MPS(蓝色)与数据向量(红色)的内积(彩图见彩色附图)

注：灰色线代表额外的标签，一般来说它的位置可以是任意的

6.2 利用约化密度矩阵对图片进行特征提取

将图片转换为张量积表示除了能够简单地将图片输入张量网络模型，还可以在这个表示之下利用张量网络中约化密度矩阵的技术对图片进行局域的特征提取，从而对图片信息进行有效的压缩和粗粒化。具体的实现方法和张量网络中最经典的密度矩阵重正化群算法利用约化密度矩阵做最优截断非常相似。

首先我们定义特征空间的协方差矩阵 ρ（图 6-5）：

$$\begin{aligned}\boldsymbol{\rho} &= \frac{1}{N_T}\sum_{j=1}^{N_T}\Phi(\boldsymbol{x}_j)\Phi(\boldsymbol{x}_j)^\dagger \\ &= \sum_n \boldsymbol{U}_n^{s'}\boldsymbol{P}_n U_{\mathbf{s}}^{\dagger n}\end{aligned} \tag{6-7}$$

式中，$\boldsymbol{U}_n^s$ 是协方差矩阵的本征矢。对于特定的任务，通过丢弃特征值足够小的特征向量，可以在不显著降低模型表现的情况下十分有效地减小模型的计算代价。

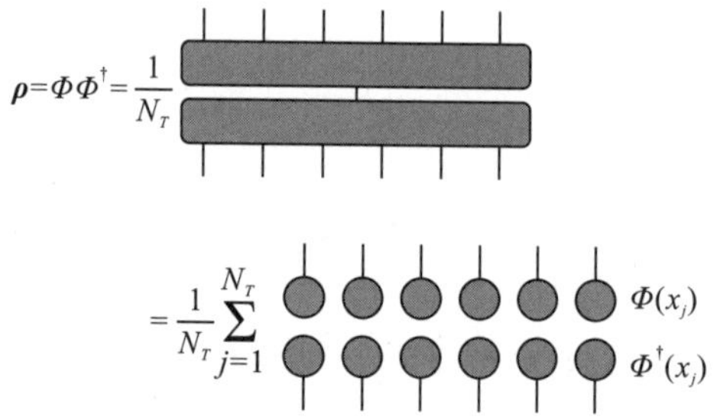

图 6-5 协方差矩阵 ρ 通过缩并 Φ 和 $\Phi^\dagger$ 得到的一个高阶张量

ρ 是一个维数会随着物理“线”的条数指数增长的矩阵，所以直接严格对角化 ρ 是不可行的，这里我们可以采用的策略是首先计算局域等距(isometric)张量(图 6-6)。局域等距张量的作用是将两个指标合并成一个指标，且用特征值较小的特征向量投影出特征空间的子空间。这里等距张量指的是一个三阶张量 $\boldsymbol{U}_t^{s_1s_2}$，

$$\sum_{s_1s_2}\boldsymbol{U}_t^{s_1s_2}\boldsymbol{U}_{s_1s_2}^{t'} = \boldsymbol{\delta}_t^{t'} \tag{6-8}$$

式中，$\boldsymbol{\delta}_t^{t'}$ 是克罗内克(Kronecker)张量，$\boldsymbol{U}_t^{s_1s_2}$ 的等距性质如图 6-6，t 的维数可以小于或等于 s_1s_2，$\boldsymbol{U}$ 等距性意味着它们可以解释为一个投影之后做一个旋转操作。

定义 1 等距矩阵(isometric matrix)：对于 $d_1\times d_2$ 维矩阵 $\boldsymbol{M}$，且 $\boldsymbol{M}\boldsymbol{M}^\dagger=\boldsymbol{I}$（当 $d_1<d_2$）或 $\boldsymbol{M}^\dagger\boldsymbol{M}=\boldsymbol{I}$(当$d_1>d_2$)，被称为等距矩阵。比如$\begin{bmatrix}1 & 0 & 0 & 0\\ 0 & \cos\theta & \sin\theta & 1\end{bmatrix}$是一个等距矩阵。

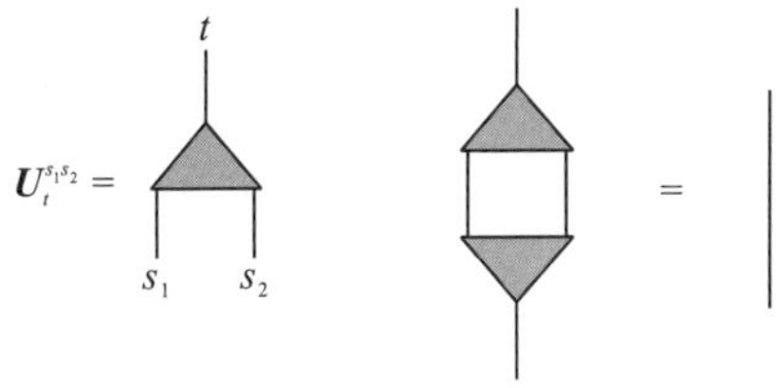

图 6-6　局域等距(isometric)张量

首先，构造第一个等距张量 U_1，这里要求 U_1 把 Φ_j^s 的两个指标 s_1 和 s_2 投影后可以最大化保真度 F，其定义为

$$F=\mathrm{tr}[\rho]=\frac{1}{N_T}\sum_j \Phi_j^\dagger \Phi_j \tag{6-9}$$

经过 U_1 的粗粒化后，近似保真度写作

$$F_1=\frac{1}{N_T}\sum_j \Phi_j^\dagger U_1 U_1^\dagger \Phi_j \tag{6-10}$$

如图 6-7 所示，因为 U_1 是等距的，所以粗粒度特征向量 $U_1^\dagger\Phi_j$ 的保真度 $F_1 \leqslant F$。为了求得 U_1，引入约化密度矩阵 ρ_{12}，它是通过把 ρ 的 $s_3,s_4,\cdots,s_N$ 指标全部求和得到的。如图 6-8(a)所示，引入约化密度矩阵后，近似保真度 F_1 可以写作：

$$F_1=\sum_{s_1s_2s_1's_2't} U_{1s_1's'}^{\dagger t}\rho_{12}^{s_1's_2'}U_1^{s_1s_2} \tag{6-11}$$

于是，最优的 U_1 可以通过计算 ρ_{12} 的对角化得到

$$\rho_{12}=U_1P_{12}U_1^\dagger \tag{6-12}$$

计算接下来的其他等距张量，只需照着类似于上面步骤的程序继续即可，如约化密度矩阵 ρ_{34} 的定义如图 6-8(c)所示。对角化它 ρ_{34} 就得到了最优的 U_{34}。协方差矩阵进行对角化来重复这个过程，从而形成第二层等距层(图 6-9)。不断迭代这一过程，我们就可以得到一个树状的张量网络，这个树状张量网络通过不断地投影可以极大地压缩特征向量的表示维数，同时又能保存特征向量的主要成分。

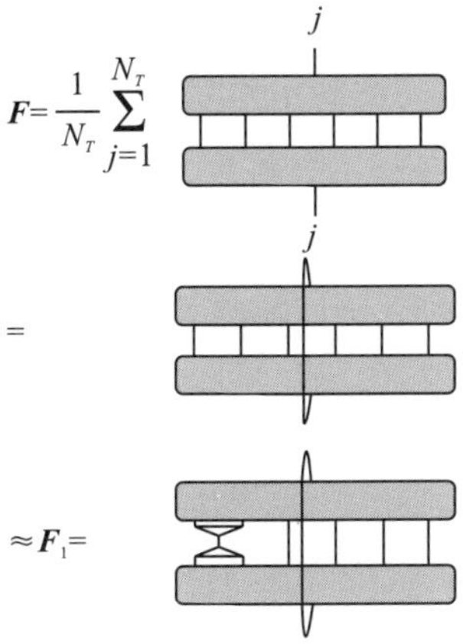

图 6-7　保真度 F 被定义为训练特征向量的平均内积，或协方差矩阵的迹

注：利用等距张量 U_1 粗粒化的目标是最大化保真度 F，这等价于最大化 ρ_{12} 的迹

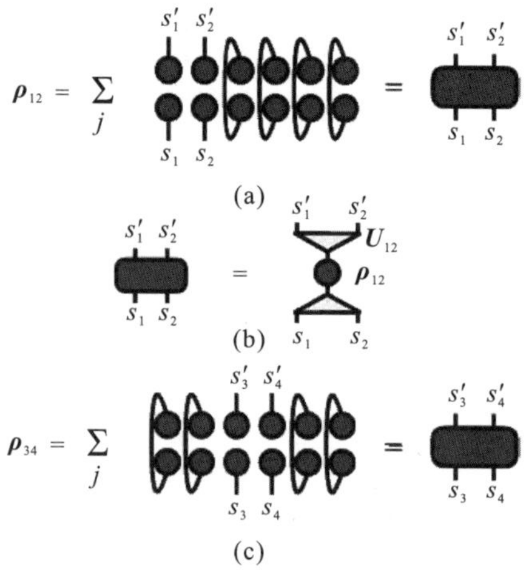

图 6-8 (a)约化密度矩阵 ρ_{12} 的定义；(b)通过对角化 ρ_{12} 并截取最小本征值对应的本征态来得到最优的 U_1；(c) ρ_{34} 的定义

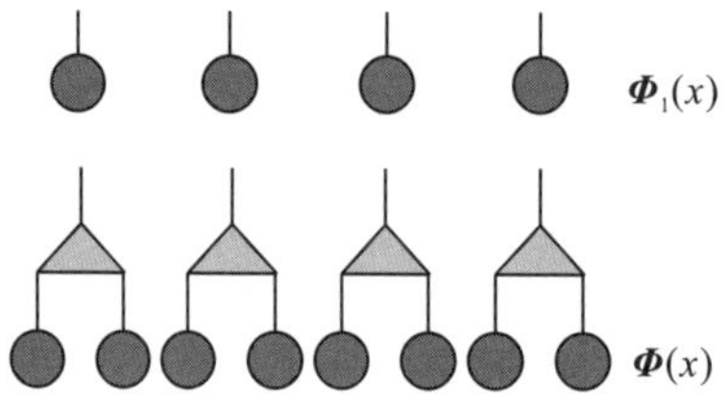

图 6-9 确定了一层等距张量后，这些等距张量可以用于粗粒化该层的特征向量

6.3 利用张量网络实现分类任务

分类任务可以表示为从对象到标签空间的映射 f。在 6.1 节提及的 MNIST 中，f 应该将每个手写图像映射到相应的标签类别上：$(0,1,2,\cdots,9)$。在机器学习中，使用大量的变分参数来参数化 f，然后使用图像样本 (x, y) 对 f 进行优化。这里 $x=(P_1, P_2, \cdots, P_N)\in[0,1]$，表示一维向量形式的图像数据，$y\in\{0,1,\cdots,L-1\}$ 表示对应的标签，$N=784$，L=10。分类程序如下：首先，我们计算数据向量和变分 MPS 之间的内积的代数表达形式：

$$f^{(l)}(x)=\sum_{i_1,i_2,\cdots,i_N=0}^{1} T^{l}_{i_1i_2\cdots i_N}\Phi(p_1)_{i_1}\Phi(p_2)_{i_2}\cdots\Phi(p_N)_{i_n} \tag{6-13}$$

图片分类定义为

$$f(x)=\arg\max_l f^{(l)}(x) \tag{6-14}$$

这个式子表明分类的结果 $f(X)$ 就是张量积态图片数据与变分 MPS 的 T 交叠最大的那一类。按照典型的机器学习过程，应调整每个 MPS 的变分参数 A，以使得训练集中的目标函数(objective function)最小化。这里选择优化在训练集 D 上定义的多类交叉熵(CE)(这是刻画不同概率分布相似程度的量)：

$$\mathrm{CE} = -\sum_{(x_i, y_i)\in D} \log \mathrm{Softmax}\, f^{(y_i)}(x_i)$$
$$\mathrm{Softmax}\, f^{(y_i)}(x_i) = \frac{\mathrm{e}^{f(y_i)}(x_i)}{\sum_{l=0}^{L-1} \mathrm{e}^{f(l)}(x_i)} \tag{6-15}$$

注意多类交叉熵(multi-class cross entropy)输出的 Softmax 函数可以解释为每个标签的预测概率。最后的预测与标签对应的概率最大。

选择梯度优化方法不是张量网络优化的典型选择。在大多数物理应用中，扫描算法，如著名的 DMRG 是首选的，因为它可以实现更快地收敛。尽管如此，使用对目标函数求梯度的“蛮力”优化的策略，对于张量网络是可行的。与更复杂的扫描方法相比，这种方法可能不是最优的，但是当用高级别库编写时，基于梯度优化的底层代码的简单性，这对机器学习的实践者更有吸引力。

在定义模型后，TensorFlow 会自动计算方程中损失函数的梯度，然后通过随机梯度下降法最小化损失。有研究人员发现执行的典型设置是使用 ADAM 优化器，其学习率为 1084。批量大小 R 根据使用的训练数据总量来设置(Efthymiou et al., 2019)。对 10～100 个样本进行分析。在 DMRG 优化方法中，每一步都更新了两个 MPS 的张量(图 6-10)。相反，在基于梯度的方法中，使用自动微分的方法通常在每个更新步骤中同时更新所有变分张量。这种方法的一个缺点是，键维 x 是一个额外的超参数，它是预先设置的，在训练过程中保持不变。在训练过程中，奇异值分解(SVD)步骤允许自适应地改变键合尺寸。这是一个特别有趣的特征，因为它允许模型根据数据的复杂性来更改它的变分参数进行学习。

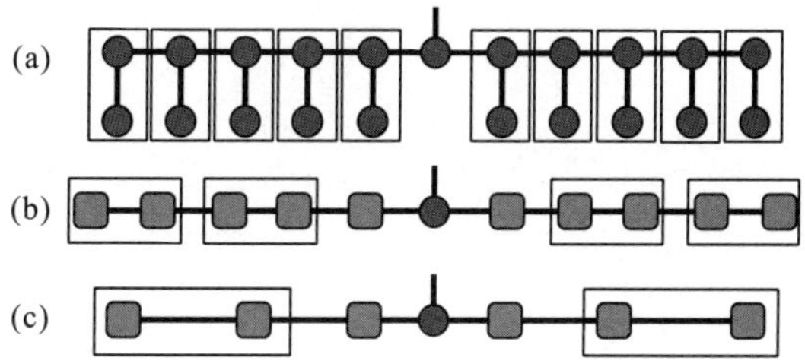

图 6-10　新的收缩顺序(并行 MPS 收缩)

Efthymiou 等(2019)使用 TensorNet work 与 TensorFlow 后端，优化使用内置的自动优化器。他们首先对由 60000 幅 28 像素×28 像素的图像组成的 MNIST 和 Fashion-MNIST 训练集进行了训练，图 6-11 展示了相关的训练记录。使用批处理大小为 50 对训练集进行完全迭代，该模型需要大约 50 个历元才能收敛到几乎 100%的训练精度和 98%的测试精度。这里的测试精度是由 10000 张图像组成的整个测试数据集计算的。

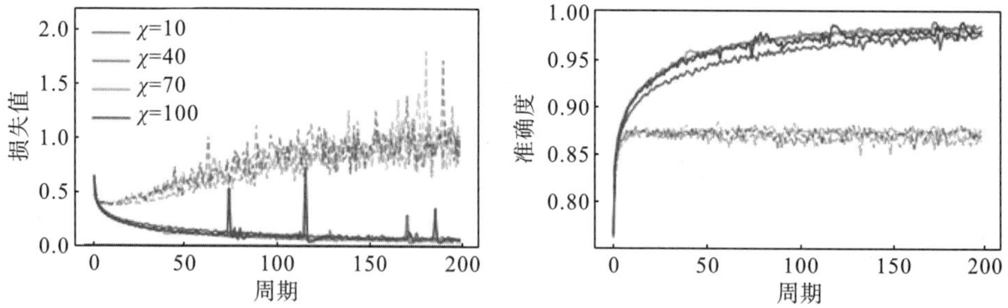

(a)在MNIST数据集上训练过程中训练集（实线）和测试集（虚线）损失演变

(b)在Fashion-MNIST数据集上训练过程中训练集（实线）和测试集（虚线）准确性的演变

图 6-11 在 MNIST 和 Fashion-MNIST 数据集上训练过程中训练集和测试集损失和准确度的演变(彩图见彩色附图)

使用自动梯度的训练被发现与使用的键维无关。当然，更大的键维数会造成在计算上更大的性能开销。Efthymiou 等(2019)再次发现它不依赖键维尺寸并获得了 98%的测试准确度。此外，他们还将优化使用的 Soft max 交叉熵损失(表示为 CE)与原始工作中使用的均方损失进行了比较，发现在最终准确度方面没有明显的差异。总的来说，平方损失函数计算效率更高，从而使计算速度稍快，但是随着键维的增加，两者计算时间的差别是可以忽略不计的。他们对 Fashion-MNIST 重复相同的优化，其他先进的深度学习方法约有 93%的测试准确度。他们能够获得 88%的测试准确度(相应的训练结果如图 6-12 所示)，并再次发现这个结果没有明显依赖键维尺寸。

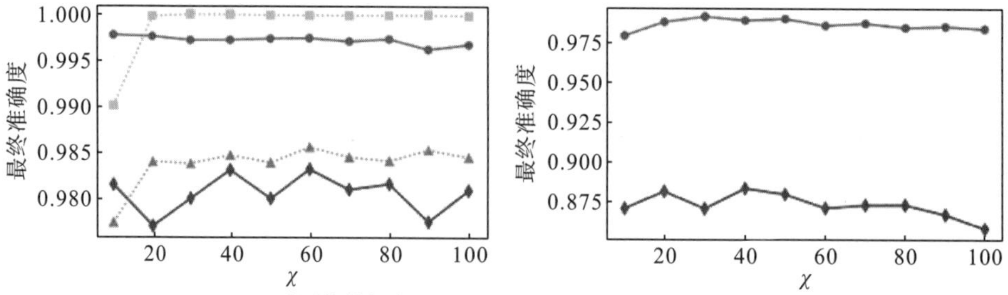

(a)MNIST手写体数据集

(b)Fshion-MNIST数据集

图 6-12 整个训练集(60000 张图片)和测试集(10000 张图片)的最终准确度作为键维尺寸的函数(彩图见彩色附图)

注：蓝色(方块和圆)对应于训练集，红色(三角形和菱形)对应于测试集。对于 MNIST，交叉熵损失(实线)与均方损失(虚线)性能对比

GPU 可以大幅减少很多机器学习模型的训练时间，尤其是对于计算复杂度主要由多线性代数主导的情况。Efthymiou 等(2019)利用 TensorFlow 搭建的代码可以直接运行在 GPU 上。训练时间对比(图 6-13)显示对于他们的模型，GPU 在最小的键维数上有 4 倍的加速，随着键维数增大有着相应的加速比的提升。

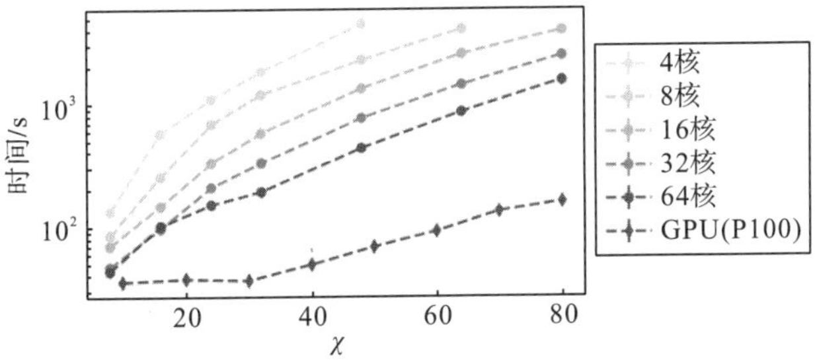

图 6-13　在 GPU 和 CPU 上实现相同的 TensorNetwork/TensorFlow 代码时，每个优化周期所需的时间（彩图见彩色附图）

注：一个周期对应于整个训练集的完整迭代（重现文本结果的所有代码都可以在 https://github. com/google/ TensorNetwork 上找到）

6.4　基于张量网络的监督学习

6.4.1　基于 MPS 监督学习模型

对于监督学习任务，每张输入的图片会对应一个正确的标签，这些标签可以是数字，可以是“猫”“狗”“汽车”等图片（图 6-14）的 N 个像素所表达的任何客体。监督学习的目标就是通过训练，让模型能够通过输入的像素构型推导出这个像素构型所对应的正确标签。这个推导要求不仅对输入模型的训练集图片保持较高的正确率，同时还要对从未输入过模型的测试集图片也保持较高的正确率。测试集图片通常是与训练集图片属于同一类别但又不完全相同的像素构型。机器学习模型对训练集图片与测试集图片的准确率是评估模型的泛化能力的重要指标。

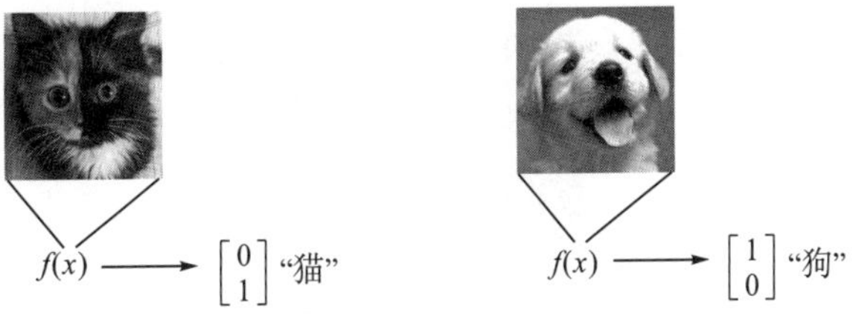

图 6-14　“猫”“狗”的 2 个像素所表达的客体

Stoudenmire 和 Schwab（2016）发现最优权重张量 $\boldsymbol{W}$ 可以近似为一个张量网络的低阶张量形式，即通过高阶权重张量 $\boldsymbol{W}$ 的 MPS 近似提供提取隐藏在训练模型中的信息的机会，并通过优化 MPS 中的各阶小张量来加速训练。代码见 https://github. com/emstoudenmire/TNML，具体算法如下。

在量子力学中，组合 N 个独立的系统相当于取它们各自状态向量的张量积。为了将类似张量网络应用到机器学习中，Stoudenmire 和 Schwab（2016）选择了下面这种形式的特征映射：

$$\boldsymbol{\Phi}^{s_1s_2\cdots s_N}(x)=\phi^{s_1}(x_1)\otimes\phi^{s_2}(x_2)\otimes\cdots\otimes\phi^{s_N}(x_N) \tag{6-16}$$

张量$\boldsymbol{\Phi}^{s_1s_2\cdots s_N}$是局部特征映射的张量积$\phi^{s_j}(x_j)$应用于$n$维向量$\boldsymbol{x}$的每个输入分量$x_j$（其中$j=1,2,\cdots,N$）。$s_j$指数从1到$d$，其中$d$被称为局部维数，是定义分类模型的超参数。每个$x_j$映射到一个$d$维向量，完整的特征映射$\boldsymbol{\Phi}(x)$可以被视为一个向量的$d^n$维空间或$n$阶张量。灰度图像输入具有$N$个像素，其中每个像素值的范围为白色的0.0到黑色的1.0。如果像素数j的灰度值为$x_j\in[0,1]$，则局部映射的拟合$\phi^{s_j}(x_j)$的简单选择为$\phi^{s_j}(x_j)=\left[\cos\left(\frac{\pi}{2}x_j\right),\sin\left(\frac{\pi}{2}x_j\right)\right]$，如图6-15所示。完整的图像被表示成这些局部向量的张量积。

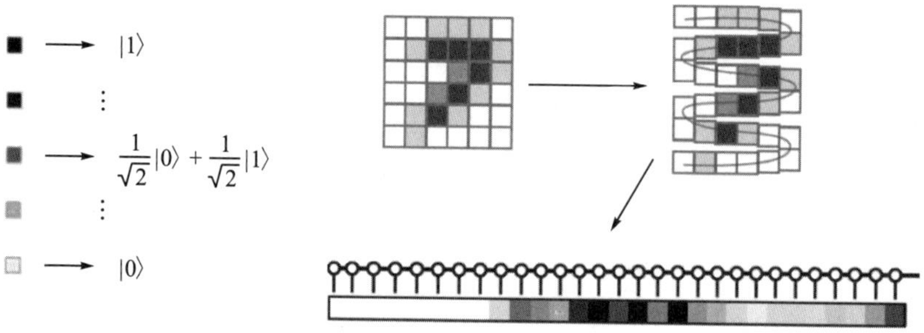

图6-15　完整的图像被表示成所有局部向量的张量积

从物理学的角度来看，“上升”状态对应于白色的单个量子位元的归一化波函数像素时，“向下”状态为一个黑色像素，而叠加对应一个灰色像素(图6-16)。上面的特征映射是由量子系统中遇到的“自旋”向量激发的。

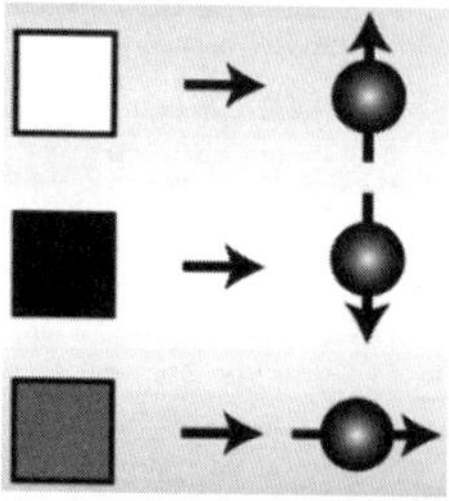

图6-16　灰度图像对应量子态的情况

为了使用预先分配的隐藏标签对数据进行分类，Stoudenmire和Schwab(2016)假设数据具有l个标签，那么模型的输出，也叫作模型的决策函数，可以定义为

$$f^l(\boldsymbol{x})=\boldsymbol{W}^l\cdot\boldsymbol{\Phi}(x) \tag{6-17}$$

式中，f^l是一个l维矢量。用$\boldsymbol{W}^l$来表示一个抽象的监督模型，它是一个d^N维向量到一个l维矢量的映射。对输入x，模型预测它的标签等于$|f^l(x)|$值最大的那一个。因为对所有输

入数据应用相同的特征映射 $\boldsymbol{\Phi}$，所以唯一依赖标签 l 的是权重向量 $\boldsymbol{W}^l$。可以把 $\boldsymbol{W}^l$ 看作是一个 $N+1$ 阶张量，其中 l 是一个张量指标，$f^l(x)$ 是一个把输入映射到标记空间的函数。图 6-17 描述了求一个特定输入 x 的 $f^l(x)$ 的张量图示。

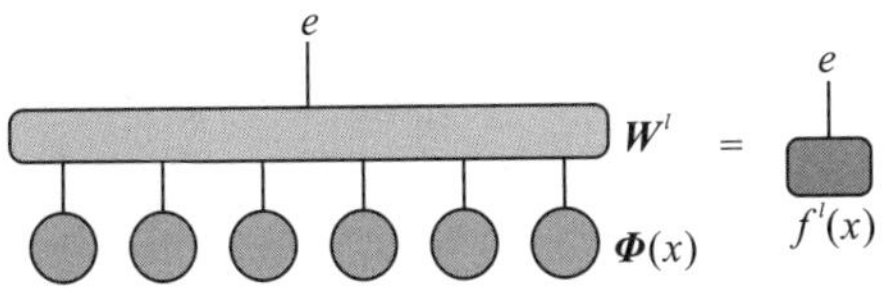

图 6-17　$\boldsymbol{W}^l$ 与特定输入 $\boldsymbol{\Phi}(x)$ 的缩并定义了决策函数 $f^l(x)$

注：$f^l(x)$ 具有最大值的标签名是模型预测的 x 的标签

【例 1】原数据为 $X=(x_1,x_2,\cdots,x_N), x_j\in[0,1], f(x)=\boldsymbol{W}^l\boldsymbol{\Phi}(x)=\sum_s W^l_{s_1s_2\cdots s_N}x_1^{s_1}x_2^{s_2}\cdots x_N^{s_N}$，$s_j\in\{0,1\}$.

当 $N=3$，$f(x)$ 可表示为

$$f(x)=\boldsymbol{W}^l\boldsymbol{\Phi}(x)=\sum_s W^l_{s_1s_2s_3}x_1^{s_1}x_2^{s_2}x_3^{s_3}$$

$$=W_{000}+W_{100}x_1+W_{010}x_2+W_{001}x_3+W_{110}x_1x_2+W_{101}W^l_{s_1s_2\cdots s_N}x_1x_3+W_{011}x_2x_3+W_{111}x_1x_2x_3$$

一般地，利用局部特征映射 $\boldsymbol{\Phi}^{s_j}(x_j)$，

$$f(x)=\boldsymbol{W}^l\boldsymbol{\Phi}(x)=\sum_s W^l_{s_1s_2\cdots s_N}\boldsymbol{\Phi}^{s_1}(x_1)\boldsymbol{\Phi}^{s_2}(x_2)\cdots\boldsymbol{\Phi}^{s_N}(x_N)$$

如果我们将 $\boldsymbol{W}^l$ 用一个高阶张量来表示，很容易验证这样的权重张量 $\boldsymbol{W}^l_{s_1s_2\cdots s_N}$ 总共具有 $N_L d^N$ 个元素，这里 N_L 是标签数目，那么严格计算这个张量是不现实的。因此我们需要一种有效的近似方法来优化这个张量，即用一组低阶张量的缩并组成的张量网络来近似一个高阶张量 $\boldsymbol{W}$(图 6-18)。

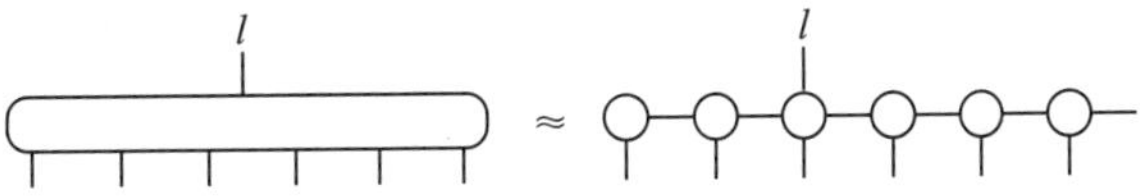

图 6-18　高阶权重张量 $\boldsymbol{W}^l$ 的 MPS 近似

权重张量的 MPS 分解具有以下形式：

$$\boldsymbol{W}^l_{s_1s_2\cdots s_N}=\sum_{\{\alpha\}}\boldsymbol{A}^{\alpha_1}_{s_1}\boldsymbol{A}^{\alpha_1\alpha_2}_{s_2}\cdots\boldsymbol{A}^{l;\alpha_j\alpha_{j+1}}_{s_j}\cdots\boldsymbol{A}^{\alpha_{N-1}}_{s_N} \tag{6-18}$$

在图 6-18 的分解等式中，标号索引 l 被任意地放置在位置 j 的某个张量上，但是这个索引可以被移动到 MPS 的任何其他张量上，而不改变它所代表的整个 $\boldsymbol{W}^l$ 张量。为此，人们将位置 j 处的张量与其一个相邻张量收缩，然后使用奇异值分解来分解这个较大的张量，即在 MPS 中，给定辅助指标截断维数为 x，易得，MPS 包含参数的个数随 N 线性增加，满足 #(MPS)～$O(Nd\chi^2)$。这里 N 是输入的规模，d 是物理指标的规模，χ 是 MPS 的键维

数。于是，$f(x)$ 可近似表示为如图 6-19 所示。

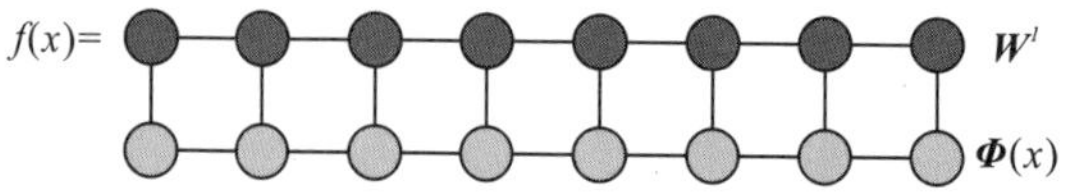

图 6-19　$f(x)$ 的近似表示

前面所述的所有步骤如图 6-20 所示。

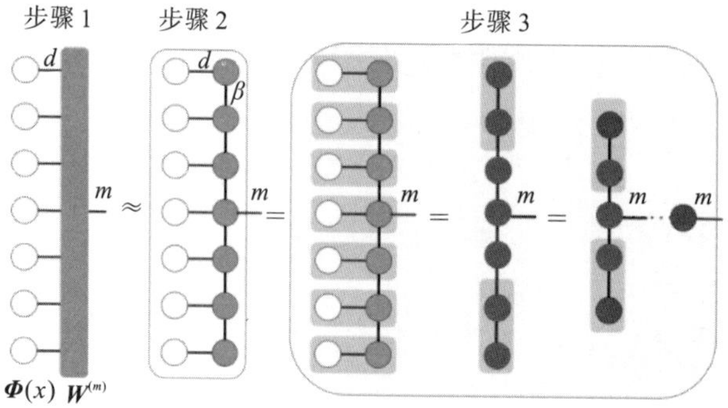

图 6-20　决策函数 $f^m(x)=\boldsymbol{W}^m\cdot\boldsymbol{\Phi}(x)$ 能够通过 $\boldsymbol{W}^m$ 的 MPS 近似进行计算

注：首先平行收缩水平边，得到收缩张量；进一步垂直收缩上一步张量；最终得到近似结果，假设数据具有 m 个标签

6.4.2　利用 TTN 进行特征提取的 MPS 模型

除了将图片直接输入张量网络以外，我们还可以利用以下方法：进行较少的几层粗粒化后，数据仍然是一个高阶张量，这时候我们可以用矩阵乘积态来表达这个高阶张量，如图 6-21 所示。这个乘积态的具体参数需要通过监督学习来给定。我们预期经过预先粗粒化处理的 MPS 监督学习模型可以表现得比直接输入图片的 MPS 更好。

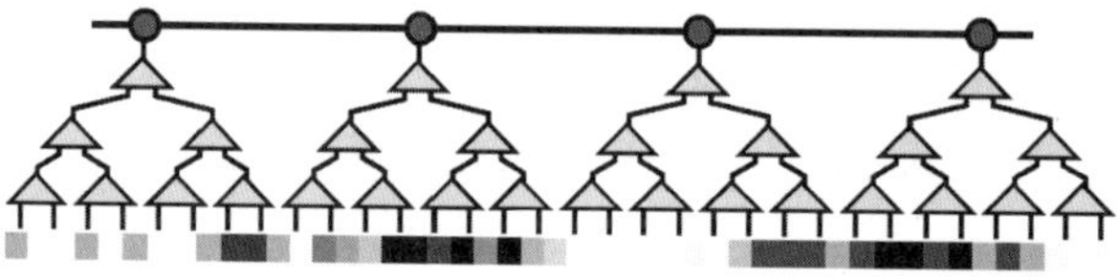

图 6-21　经过预先粗粒化处理的 MPS 监督学习模型

基于 TTN 像素映射——将每个像素 x 映射为一个 d 维的向量，映射函数为

$$v_s(x)=\sqrt{\binom{d-1}{s-1}}\cos\left(\frac{\pi}{2}x\right)^{d-s}\left[\sin\left(\frac{\pi}{2}x\right)\right]^{s-1} \tag{6-19}$$

式中，s 取值从 1 到 d。这个定义能够保证对任意的 d，有 $\sum_s |v_s(x)|^2=1$ 的条件，当 d=2 时，有如下关系：

$$v_s(x)=\left[\cos\left(\frac{\pi}{2}x\right),\sin\left(\frac{\pi}{2}x\right)\right] \tag{6-20}$$

所以第 n 个图片就被表示成了 L 个 d 维向量的矩阵乘积态，表示如下：

$$\left|v^n(x)\right\rangle=\prod_{j=1}^{l}\left|v^{[n,j]}(x)\right\rangle \tag{6-21}$$

下面构造一个 $\hat{\Psi}$ 来表示 K 层张量网络，系数由式(6-22)决定：

$$\hat{\Psi}_{p,s_{1,1}\cdots s_{L_k,4}}=\sum_{\{s\}}\prod_{k=1}^{K}\prod_{m=1}^{L_k}T^{[k,m]}_{s_{k+1,m'}s_{k,m_1}s_{k,m_2}s_{k,m_3}s_{k,m_4}} \tag{6-22}$$

式中，L_k 是第 k 层的张量个数，k 是张量的层数。在该网络中每个张量包含 5 条物理“线”(bond)。

Liu 等(2017)提出了一种基于二维 TTN 的量子启发学习算法(图 6-22)，且 TTN 中的张量在训练期间保持为幺正的。

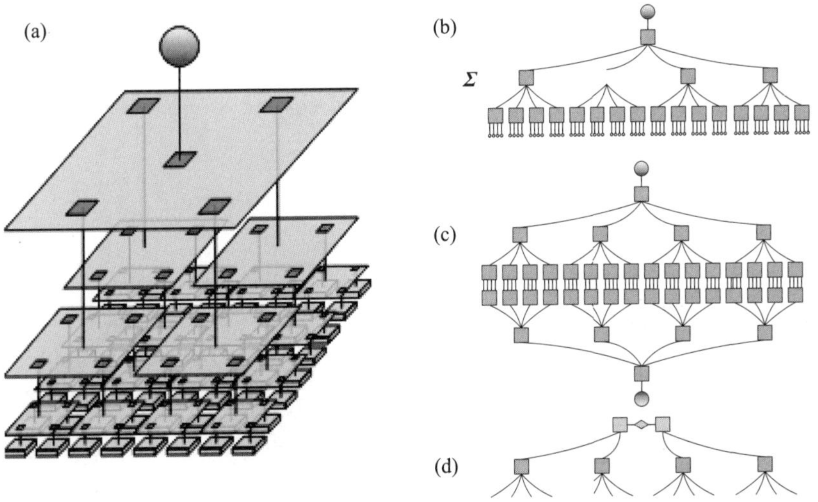

图 6-22　二维 TTN 的配置，底部的正方形表示通过特征图从一幅图像的像素获得的向量，顶部的球体代表标签(a)；环境张量的图解(b)；保真度示意图(c)；纠缠熵计算(d)

为了表示纯态，顶部的张量只有四个向下的指数。除了第一层中向下的张量之外，都是虚指标，都将收缩。在他们的工作中，通过在顶张量上增加一个向上的指数，使二维 TTN 与纯态表示略有不同。这个增加的索引对应于监督机器学习中的标签。

在训练之前，需要准备一个特征函数来将 N 个标量(N 是图像的维数)映射到 N 个归一化向量的张量积(图 6-23)。然后，该空间从 N 个标量的空间转换成一个一维向量(Hilbert)空间。

在对数据集中的第 j 幅图像进行“矢量化”之后，分类的输出是通过将这个向量与 TTN 收缩而获得 d 维向量：

$$\tilde{L}^{[j]}=\Psi\prod_{n=1}^{N}v^{[j,n]} \tag{6-23}$$

式中，$\{v^{[j,n]}\}$表示第j个样本给出的第n个向量；d是顶张量向上指数的维数，应该等于类的个数。选择最大值作为TTN预测的图像的分类，类似深度学习网络中的softmax层。

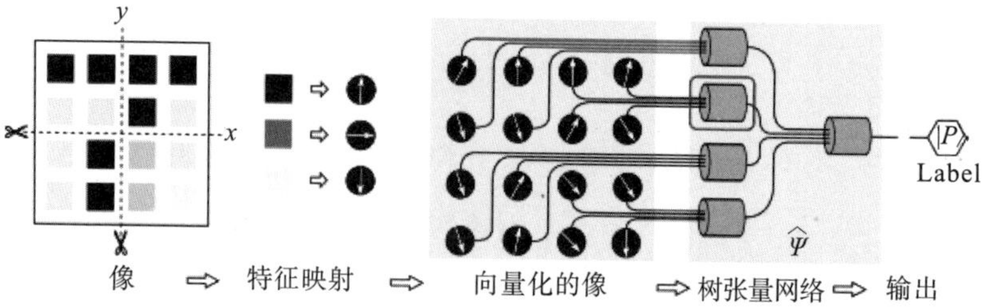

图6-23　通过将每个像素映射到d维矢量，首先将“7”的(4×4)图像矢量化为乘积状态，然后将其送到由Ψ表示的TTN。输出是与TTN收缩后的向量$|\boldsymbol{P}\rangle$，通过将输出向量与矢量化标签P进行比较来获得精度。通过将$\boldsymbol{T}$取出后的所有内容收缩来计算例如圆圈中的张量$\boldsymbol{T}$的环境张量

最小化成本函数的一个选择是平方误差，它被定义为$f=\sum_{j=1}^{J}\left|\tilde{L}^{[j]}-L^{[j]}\right|^2$，其中$J$是训练样本的数量。$L^{[j]}$是对应于第$j$个标签的$\tilde{d}$维向量。例如，如果第$j$个样本属于第$p$类，则$L^{[j]}$定义为

$$L_{\alpha}^{[j]}=\begin{cases}1, & 当\alpha=p\\ 0, & 当\alpha\neq p\end{cases} \tag{6-24}$$

可得出以下结论: TTN模型的表示能力(可学习性)的限制强烈依赖输入键。此外，虚拟键决定了TTN在多大程度上接近这一限制。

为了演示TTN的表示能力(图6-24)，Liu等(2017)使用CIFAR-10数据集，该数据集由10个类组成，训练数据集中有50000个RGB图像，测试数据集中有10000个图像。每个RGB图像最初都是32像素×32像素。Liu等将它们转换为灰度，以降低算法复杂度而又不失一般性。

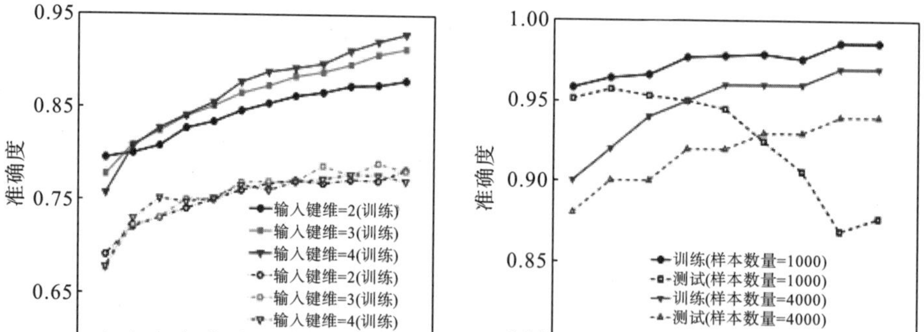

图6-24　关于CIFAR-10(马与飞机)的二进制精度，每个分类有1000个训练样本(a)；训练和测试准确度与MNIST数据集上的键合尺寸有关(b)

注：虚拟键合尺寸设置为等于输入键合尺寸，每个类取训练样本的数量为1000个或4000个

6.4.3　混合张量网络模型

1. 混合张量网络

混合张量网络(hybrid-tensor-network，HTN)模型——一个将张量网络和神经网络结合到一起的统一的深度学习框架(图 6-25)，由 Yao 等提出，用以克服机器学习中正则张量网络在表示能力和可扩展性方面的局限性。核心思想是在张量网络中引入非线性，将张量网络和神经网络结合起来。HTN 体系结构由两个树状张量网络层和三个稠密神经网络层组成，将张量网络与经典神经网络结合到一个统一的深度学习框架中，代码见 https://github.com/dingliu0305/Hybrid-Tensor-Network。

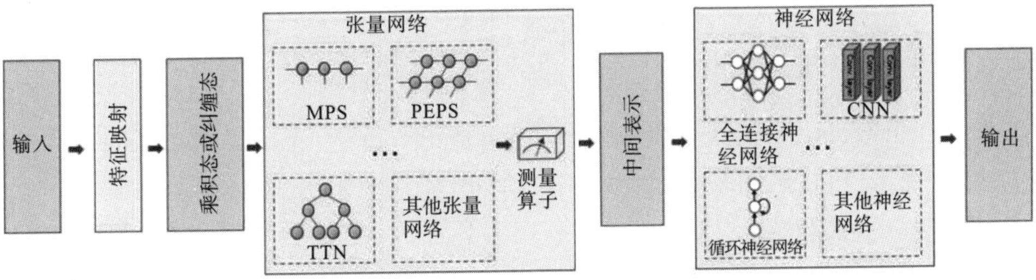

图 6-25　混合张量网络的通用框架

在此框架中，我们可以通过添加一些特定的张量网络[如矩阵乘积状态(MPS)、投影纠缠对状态(PEPS)或树状张量网络(TTN)等]以及一些经典的神经网络[如在 HTN 的任何部分的全连接网络(FCN)，卷积神经网络(CNN)或递归神经网络(RNN)等]，再通过反向传播(BP)和随机梯度下降(SGD)等训练算法的标准组合来训练整个网络。因此，通过引入具有非线性激活的神经元，HTN 将成为与神经网络相同的通用近似器。更重要的是，HTN 能够处理涉及量子纠缠态和乘积态的量子输入态。

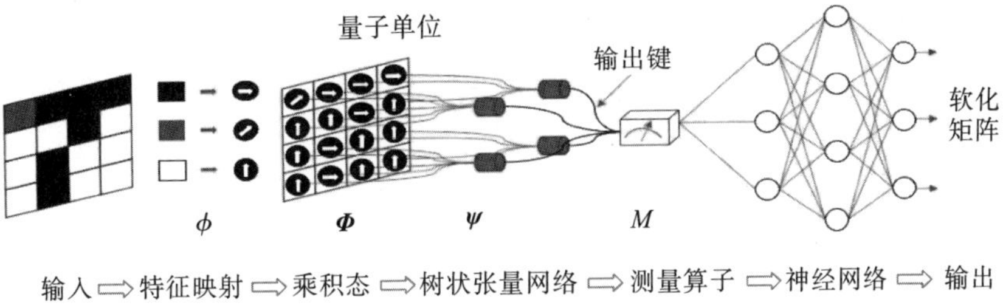

图 6-26　量子态分类

注：利用树状张量网络和三层的密集的神经网络构成的 HTN 来验证它在分类问题中的实用性

2. HTN 在图片分类中应用

(1) 根据图 6-26，将输入图像转换成量子张量积态：

$$|\Phi\rangle = |\phi(x_1)\rangle \otimes |\phi(x_2)\rangle \cdots \otimes |\phi(x_n)\rangle \tag{6-25}$$

式中，$x_1, x_2, \cdots, x_n$ 代表每个像素；$|\Phi\rangle$ 是在高维 Hilbert 空间中得到的乘积态；Φ 表示特征映射。这两个树状张量网络层通过张量收缩将 $|\Phi\rangle$ 编码成中间低维状态。

(2) 中间状态可以通过 $c = \langle I|M|I\rangle$ 读出，其中 M 是测量运算符，c 表示可由神经网络处理的经典数据。通过让输出键的维数等于 1，将测量值合并到张量网络中。

(3) 后续的密集神经网络层通过交叉熵代价函数和从标准 SGD 导出的流行的 Adam 训练算法将中间 c 分类为 10 个相应的类别（交叉熵被定义为等式 $\mathrm{CroEn}(L,P) = -\sum_{i=1}^{n} L(c_i)\log(P(c_i))$，其中，$L$ 指的是标签，P 指的是 HTN 的预测值）。

3. HTN 中张量网络的更新

假设有一个 HTN，它按照 n 个张量网络层的顺序 $T_1, T_2, \cdots, T_n$，以及后续的 m 个神经网络层 $L_1, L_2, \cdots, L_m$，对张量网络进行更新，步骤如下。

(1) 定义损失函数 Cost。

(2) 利用 BP 算法计算损失函数关于每一层张量网络的偏导数：

$$\frac{\partial \mathrm{Cost}}{\partial T_i} = \frac{\partial \mathrm{Cost}}{\partial L_m}\frac{\partial L_m}{\partial L_{m-1}}\cdots\frac{\partial L_1}{\partial T_n}\frac{\partial T_n}{\partial T_{n-1}}\cdots\frac{\partial T_{i+1}}{\partial T_i} \tag{6-26}$$

$$T_{i+1}^{[k]} = \sum_{\alpha_1\cdots\alpha_p} T_{i,\alpha_1}^{[1]} T_{i,\alpha_2}^{[2]} \cdots T_{i,\alpha_p}^{[p]} \tag{6-27}$$

式中，$T_{i+1}^{[k]}$ 表示 i+1 层的第 k 个张量，$T_i^{[j]}$ 表示第 i 层的第 j 个张量。

(3) 利用偏导数更新该层的张量网络：

$$T_i' = T_i - \eta\frac{\partial \mathrm{Cost}}{\partial T_i} \tag{6-28}$$

式中，η 表示学习率。

HTN 中的所有张量都可以按照这种方式逐层更新。因此，它保证了 HTN 可以在 BP 和 SGD 相结合的统一优化框架中进行训练。

值得注意的是，不同于之前将张量网络与神经网络结合的工作，它们将张量网络看作负责从输入态提取量子特征的“量子单元”。

4. 图像数据验证

采用 MNIST 和 Fashion-MNIST 进行验证，训练集由 60000 张 28 像素×28 像素的灰色图像构成，测试集包含 10000 张图片。为了简化编码，程序中将 28 像素×28 像素的图片尺寸调整为 32 像素×32 像素。在 MNIST 上得到了 98%的准确度，在 Fashion-MNIST 上得到了 90%的准确度。

6.4.4　量子卷积神经网络模型

Henderson 等(2020)研究了一种新的模型，称为量子卷积神经网络模型(quanvolutional neural network，QNN)。QNN 在标准的 CNN 架构中增加了一种新型的转换层：量子卷积层。量子卷积层由一组 N 个量子滤波器组成，这些滤波器的工作原理与经典的卷积层非常相似，通过局部转换输入数据产生特征图。关键的区别是容积过滤器通过使用量子电路转换数据的局部空间部分来从输入数据中提取特征。

此类层的数量，实现的顺序以及每个层的特定参数完全取决于最终用户的规范。QNN 的通用性如图 6-27 所示。图 6-27(a)显示了一个实例 QNN 实现，其中堆栈的第一层具有一个包含三个量化滤波器的量化层，其后是池化层，一个具有六个滤波器的卷积层，另一个池化层和两个最终的全连接(FC)层，其中最后的 FC 层代表目标变量输出。该图为架构师提供了根据需要更改、删除或添加图层的通用性和灵活性。如果用三个滤波器的卷积层替换量化层，或者如果用六个滤波器的量子化层替换卷积层，则图 6-27(a)的整个网络体系结构将具有完全相同的结构。量子卷积和卷积层之间的差异取决于图 6-27(b)的量子卷积滤波器执行计算的方式。

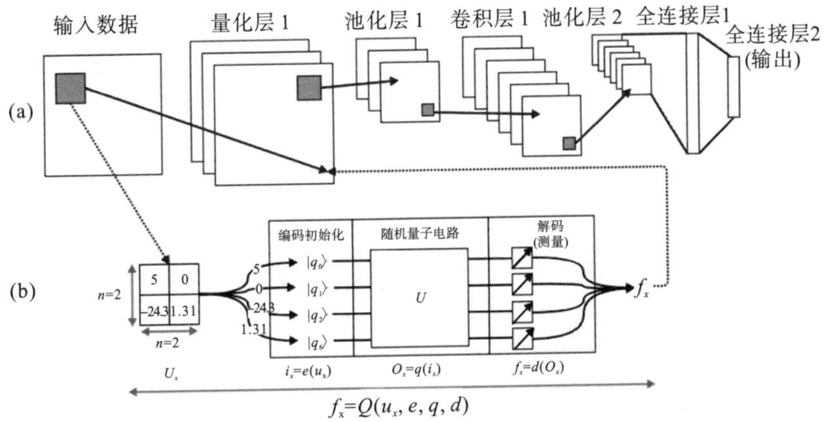

图 6-27　(a)完整网络堆栈中的量子层的简单示例，量子层包含几个量子滤波器(在此示例中为三个)，这些滤波器将输入数据转换为不同的输出特征图；(b)深入研究经典数据在量子旋转滤波器中进出随机量子电路的处理

量子滤波器在应用于输入张量时，均会通过使用量子滤波器对输入张量的空间局部子部分进行变换来生成特征图。但是，不同于经典卷积滤波器应用的简单逐元素矩阵乘法运算，量子卷积滤波器使用量子电路来变换输入数据，该量子电路可以是结构化的或随机的。

Henderson 等(2020)首先运行带有不同数量的量子滤波器的几个不同的 QNN 模型，然后分析测试集精度与训练迭代的关系。这些结果如图 6-28 所示，并验证了整个 QNN 算法的两个重要方面。首先，QNN 算法在更大的框架内发挥了预期的作用；将量子进化层添加到整个网络堆栈中，可以产生深度神经网络所期望的高精度结果(95%或更高)。其次，与使用类似的经典卷积层相比，量子卷积层和网络似乎表现出预期的效果。训练迭代次数越多，模型精度越高。此外，添加更多的量子滤波器可以提高模型性能，这与向卷积网络中添加更多经典滤波器一致。这个观察达到了预期的收敛值。正如标准卷积层在经过一定数量的滤波器之后达到"饱和"效果一样，对于数量卷积滤镜，也观察到了类似的收敛。尽管从 1 个滤波器到 5 个滤波器(相似地从 5 个到 10 个)急剧地提高了网络精度，但在本实验中使用 50 vs 25 量子旋转滤波器的优势最小。

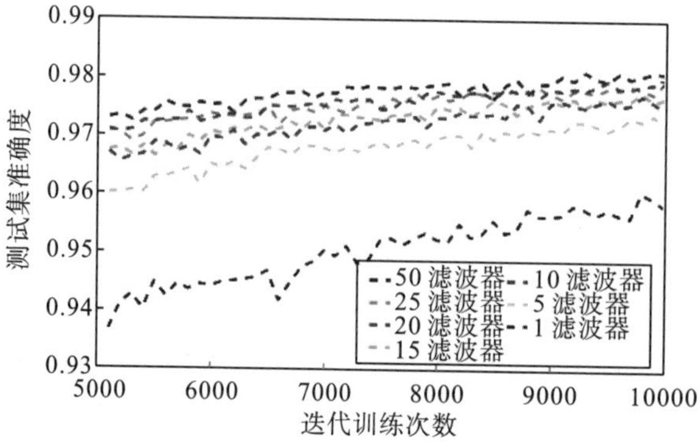

图 6-28　使用可变量的量子滤波器的 QNN 模型测试集准确度结果(彩图见彩色附图)

6.4.5　概率性图像识别模型

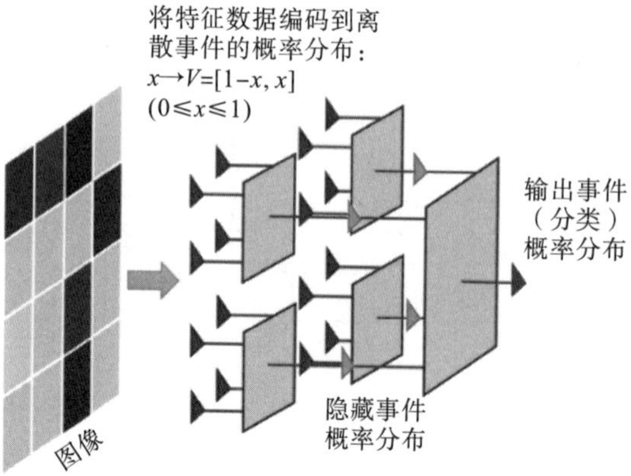

图 6-29　概率性图像识别模型

研究背景与基本定义：为了验证贝叶斯张量网络(Bayesian tensor network，BTN)的有效性，Ran(2019)提出将图像识别映射成为指数大样本空间中的条件概率计算问题，称为概率性图形识别方法。同时，还提出了能够高效优化 BTN 的旋转更新算法。概率性图形识别借鉴了张量网络图形识别算法中的核心思想，其中，除了算法自身的数学逻辑与有效性外，最有意思的一点在于，该方法自然给出了经典概率"叠加"的定义，这可能是进一步理解量子与经典概率模型之间联系与差别的一条新途径。旋转更新算法借鉴了概率模型的切空间梯度优化方法，在存在归一化约束条件时，能有效避免梯度消失与指数爆炸问题。

1. 贝叶斯公式与贝叶斯信念网络

概率性图像识别的核心思想是将特征（或像素）映射成互不相容事件集的概率分布，最终建立这些事件集与分类之间的条件概率，从而实现图形识别。经过映射之后的样本空间的维数是指数大的，类比于张量网络的高效量子态表示，BTN 利用多项式的复杂度高效地表示出了该空间中的条件概率。

概率性图像识别的第一步是将特征映射成事件集的概率分布。考虑一张由（$M \times N$）个像素构成的图片，其中每一个像素（记为 $x[m,n]$）取值为 0 到 1。那么我们假设有一组互不相容事件，其概率分布由对应的像素值确定。例如，我们设其概率满足如下关系：

$$V^{[m,n]} = \left[1 - x^{[m,n]}, x^{[m,n]}\right] \tag{6-29}$$

式中，$V^{[m,n]}$ 是一个二维向量，和前文所述一样，每个元素值给出对应事件发生的概率。显然，$V^{[m,n]}$ 的 1 范数（norm-1）模为 1。式(6-29)将特征值映射为概率分布，称为概率映射。Ran(2019)借鉴张量网络机器学习中的特征映射，给出一个从特征值映射到 d 维概率向量的概率映射（d 是人为给定的大于 1 的整数）：

$$\begin{aligned} V^{[m,n]} &= (\tilde{V}^{[m,n]})^2 \\ \tilde{V}_i^{[m,n]} &= \sqrt{\begin{pmatrix} d-1 \\ i-1 \end{pmatrix}} \left[\cos\left(\frac{\pi}{2} x^{[m,n]}\right)\right]^{d-i} \left[\sin\left(\frac{\pi}{2} x^{[m,n]}\right)\right]^{i-1} \end{aligned} \tag{6-30}$$

为了理解概率映射的意义，我们先举一个简单的例子，即考虑黑白二值图，图片的像素只能取 0（黑）或 1（白）。显然，在给定的一张图片里，一个像素不能同时既是黑色又是白色，即 1.7.4 节介绍的两个事件互不相容，所以当像素为黑时，概率分布取[1，0]，即 100%发生第一个事件；当像素为白时，概率分布取[0，1]，即 100%发生第二个事件。可以看出，第一个事件可认为是“像素为黑色”，第二个事件为“像素为白色”。两个概率映射（第二个取 d=2）均给出了这样的概率分布。

在这里，互不相容是理所当然的，其在数学上的表示是：两个互不相容事件对应的概率向量 $\boldsymbol{V}$ 正交，如黑色[1，0]与白色[0，1]正交。这种情况下，对于任意一个单位向量有明确的概率意义，如[0.2，0.8]代表第一个事件（黑色）发生的概率为 0.2，第二个事件（白色）发生的概率为 0.8。可以看出，两个事件对应的正交向量[1，0]和[0，1]构成展开任意向量的正交完备基，此时，样本空间被等效成向量空间。

当事件集的维数（即向量 $\boldsymbol{V}$ 的维数）小于特征可取的值的个数时，事件就变得有意思了。考虑一个灰度图，每一个像素有 256 个可能的取值（设取值范围为 0～1）。如果我们采用第二种概率映射，并取 d=256，则不会存在任何问题，但是会由于 d 太大而导致运算成本极高而难以计算。

维数 d 小于特征可取的值个数的直接后果，就是本来应该互不相容的事件失去了不相容性，对概率向量的解释也失去了唯一性。例如，我们将灰度值 0.1 放入第一个概率映射，得到的结果是[0.9，0.1]，如果仅从这个概率向量出发，其可以被解释为当前像素有

100%的概率为 0.1(灰)，也可被解释为像素有 90%的可能性为黑色，10%的可能性为白色。换句话说，这 256 个不相容事件对应的概率向量不相互正交了，那么使用这些向量对任意归一向量的展开也就不唯一了。

在经典概率的范畴下，上述的非正交性或非唯一性可看作是一种近似，这不但不会引起问题，反而会带来新的惊喜。首先，这么做是合理的。对于灰度图的情况，我们仍然可以将黑值和白值对应的概率向量看作向量空间的正交归一基底，那么，灰值对应的概率向量在这组基底下的展开是唯一的。明显，灰值变成了黑与白的“概率叠加”。实际上，从光学的角度，灰确实是可以看成是黑与白的叠加。

既然用到了“概率叠加”这个词，就不得不说量子态的概率叠加(super-position)。前面提到，概率映射是受张量网络机器学习中的特征映射启发而来的，而特征映射就是将一个像素映射成一个量子比特的量子态，其用一个 2 范数(norm-2)归一的向量表示概率振幅(amplitude)。如果这个向量的维数小于特征可取值的个数，也会存在解释的不唯一性。但这个不唯一性在量子语言里是极为自然的。例如，对于第二种映射，向量[0. 6，0. 8]可解释为该像素灰度值 100%的概率为 $x=\arccos(0.6\times 2/\pi)$，也可理解为该像素灰度值 36%的概率为黑，64%的概率为白。对于量子态，这两种解释自然地对应于两种不同基底下的量子测量(quantum measurement)。需要注意的是，BTN 描述的是经典概率，满足的是 1 范数（norm-1）归一而非 2 范数（norm-2）。但神奇的是，经典概率的概率叠加仍然是可行的，且取得了不错的效果。

有了概率映射后，一个像素被映射成了一个事件集的概率分布，那么，一张图片被映射成了多个事件集的联合概率，且不同事件集之间是相互独立的。将这些事件集作为 BTN 根指标对应的事件集，那么根据 BTN 的性质，在给定根指标事件集概率分布的情况下，我们可由概率向量与 BTN 的收缩计算求得用于分类的条件概率。

2. 旋转优化算法

旋转优化算法来源于一种针对概率模型的切空间优化方法(tangent-space gradient optimization，TSGO)，核心思想是将梯度更新视为参数向量的旋转，好处是既能通过旋转角度控制更新强度，从而避免梯度消失和指数爆炸问题，又能保持概率模型要求的归一化条件。具体为，$\boldsymbol{W}$(向量或张量)表示将机器学习模型的变量优化参数，且满足梯度的 TSGO：

$$\left\langle \boldsymbol{W},\frac{\partial f}{\partial \boldsymbol{W}}\right\rangle=0 \tag{6-31}$$

式中，f 是损失函数；$\langle *,*\rangle$表示两个向量或两个张量的内积——利用相应的所有索引求和而得。TSGO 要求梯度与参数向量正交。

需要说明的是，无论是旋转优化还是 TSGO，其应用范围都不限于张量网络模型，有些“神似”Hinton 等提出的神经网络层归一化(layer normalization)，其区别在于，神经网络层的归一化很难用数学去解释其可行性或效果，这可能是由于神经网络本身的可解释性较弱；而 TSGO 或旋转更新中涉及的归一化，是基于概率模型的归一化要求，且更新过程也具备更清晰的图景与更高的可解释性。当然，这也得益于概率模型较高的可解释性。

对于给定数据集，我们可以通过最小化损失函数，来对 BTN 中的贝叶斯张量进行优化，极小化分类误差，实现监督性机器学习。优化的总体思路与神经网络一致，从图片到事件集概率到分类的条件概率，可视为正向行走过程，根据正向行走的结果，计算损失函数关于各级贝叶斯张量的梯度，并通过梯度优化张量，即为反向传播过程。

与神经网络不同的是，BTN 的优化是带约束的，约束条件就是贝叶斯张量需要满足的归一化条件。Ran(2019) 指出，如果直接使用神经网络常用的优化器(如 SGD、Adam 等)进行无约束优化后，再手动对张量进行归一化，这样做会使得更新进入一个非常糟糕的局域不动点。针对这个问题，Ran 利用归一化条件，提出了旋转优化(rotation optimization)算法，并测试了旋转更新与直接使用 Adam 优化器的收敛结果(图 6-30)。

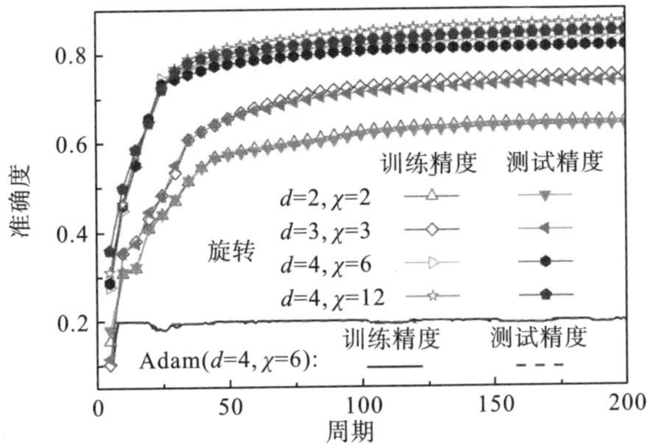

图 6-30　旋转更新与直接使用 Adam 优化器的收敛结果对比(彩图见彩色附图)

参 考 文 献

Acar E, Yener B, 2008. Unsupervised multiway data analysis:A literature survey[J]. IEEE Transactions on Knowledge and Data Engineering, 21 (1) :6-20.

Anandkumar A, Ge R, Hsu D, et al., 2014.Tensor decompositions for learning latent variable models[J]. Journal of Machine Learning Research, 15:2773-2832.

Changlani H J, Kinder J M, Umrigar C J, et al., 2009. Approximating strongly correlated wave functions with correlator product states[J]. Physical Review B, 80 (24) :245116.

Cheng S, Wang L, Xiang T, et al., 2019.Tree tensor networks for generative modeling[J]. Physical Review B, 99 (15) :155131.

Cohen N, Sharir O, Shashua A, 2016. On the expressive power of deep learning:A tensor analysis[C]//Conference on learning theory. PMLR:698-728.

Efthymiou S, Hidary J, Leichenauer S, 2019.Tensornetwork for machine learning[J]. arXiv preprint arXiv:1906.06329.https://arxiv.org/abs/2005.09428.

Gendiar A, Nishino T, 2002.Latent heat calculation of the three-dimensional q= 3, 4, and 5 Potts models by the tensor product variational approach[J]. Physical Review E, 65 (4) :046702.

Glasser I, Pancotti N, August M, et al., 2018. Neural-network quantum states, string-bond states, and chiral topological states[J]. Physical Review X, 8 (1) :011006.

Gorodetsky A, Karaman S, Marzouk Y, 2019.A continuous analogue of the tensor-train decomposition[J]. Computer Methods in Applied Mechanics and Engineering, 347:59-84.

Guo C, Jie Z, Lu W, et al., 2018.Matrix product operators for sequence-to-sequence learning[J]. Physical Review E, 98(4):042114.

Hackbusch W, Kühn S, 2009.A new scheme for the tensor representation[J]. Journal of Fourier Analysis and Applications, 15(5):706-722.

Han Z Y, Wang J, Fan H, et al., 2018.Unsupervised generative modeling using matrix product states[J]. Physical Review X, 8(3):031012.

Henderson M, Shakya S, Pradhan S, et al., 2020.Quanvolutional neural networks:powering image recognition with quantum circuits[J]. Quantum Machine Intelligence, 2(1):1-9.

Izmailov P, Novikov A, Kropotov D, 2018. Scalable gaussian processes with billions of inducing inputs via tensor train decomposition[C]//International Conference on Artificial Intelligence and Statistics. PMLR:726-735.

Levine Y, Yakira D, Cohen N, et al., 2017.Deep learning and quantum entanglement:Fundamental connections with implications to network design[J]. arXiv preprint arXiv:1704.01552.https://arxiv.org/abs/1704.01552.

Liu D, Ran S J, Wittek P, et al., 2018.Machine Learning by Two–Dimensional Hierarchical Tensor Networks:A Quantum Information Theoretic Perspective on Deep Architectures[J]. Entropy, 49:51.

Liu D, Yao Z, Zhang Q, 2020.Quantum–Classical Machine learning by Hybrid Tensor Networks[J]. arXiv preprint arXiv:2005. 09428.https://www.researchgate.net/publication/338291493_Bayesian_Tensor_Network_and_Optimization_Algorithm_for_Probabilistic_Machine_Learning.

Liu J, Qi Y, Meng Z Y, et al. , 2017.Self-learning Monte Carlo method[J]. Physical Review B, 95(4):041101.

Liu Y, Zhang X, Lewenstein M, et al., 2018 .Entanglement-guided architectures of machine learning by quantum tensor network[J]. arXiv preprint arXiv:1803.09111.

Mezzacapo F, Schuch N, Boninsegni M, et al., 2009.Ground-state properties of quantum many-body systems:entangled-plaquette states and variational Monte Carlo[J]. New Journal of Physics, 11(8):083026.

Miller J, 2019.Torchmps[CP].https://github.com/jemisjoky/torchmps.

Novikov A, Trofimov M, Oseledets I, 2016.Exponential machines[J]. arXiv preprint arXiv:1605.03795.https://arxiv.org/abs/1605.03795.

Oseledets I V, 2011 .Tensor-train decomposition[J]. SIAM Journal on Scientific Computing, 33(5):2295-2317.

Ran S J, 2019. Bayesian tensor network and optimization algorithm for probabilistic machine learning[J]. arXiv preprint arXiv:1912.12923.

Schuch N, Wolf M M, Verstraete F, et al., 2008. Simulation of quantum many-body systems with strings of operators and Monte Carlo tensor contractions[J]. Physical Review Letters, 100(4):040501.

Shi Y Y, Duan L M, Vidal G, 2006.Classical simulation of quantum many-body systems with a tree tensor network[J]. Physical Review A, 74(2):022320.

Stokes J, Terilla J, 2019.Probabilistic modeling with matrix product states[J]. Entropy, 21(12):1236.

Stoudenmire E, Schwab D J, 2016.Supervised learning with tensor networks[J]. Advances in Neural Information Processing Systems, 29.

Sun Z Z, Ran S J, Su G, 2020.Tangent-space gradient optimization of tensor network for machine learning[J]. Physical Review E, 102(1):012152.

Vidal G, 2007.Entanglement renormalization[J]. Physical Review Letters, 99(22):220405.

White S R, 1992. Density matrix formulation for quantum renormalization groups[J]. Physical Review Letters, 69(19):2863.

彩 色 附 图

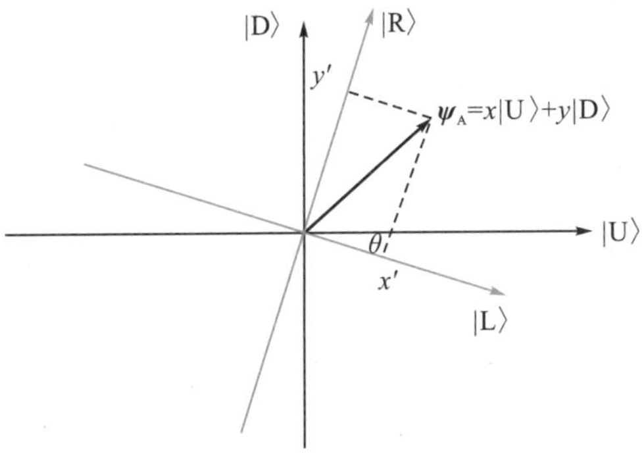

图 1-19　同一个状态向量在两组不同基下的表示

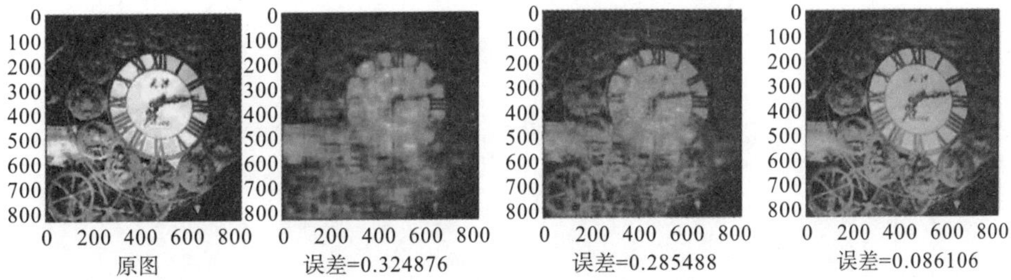

图 5-2　基于奇异值分解的图像压缩

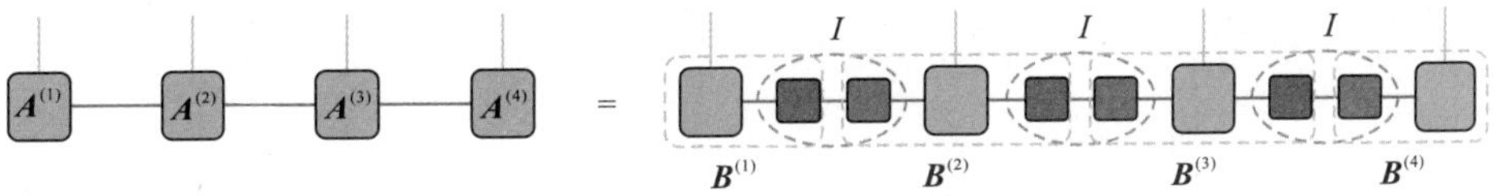

图 5-22　MPS 规范变换示意图

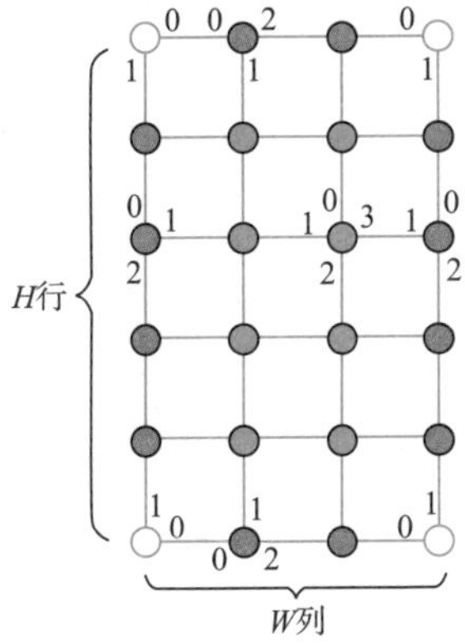

图 5-27　$H\times W$ 个张量组成的张量网络

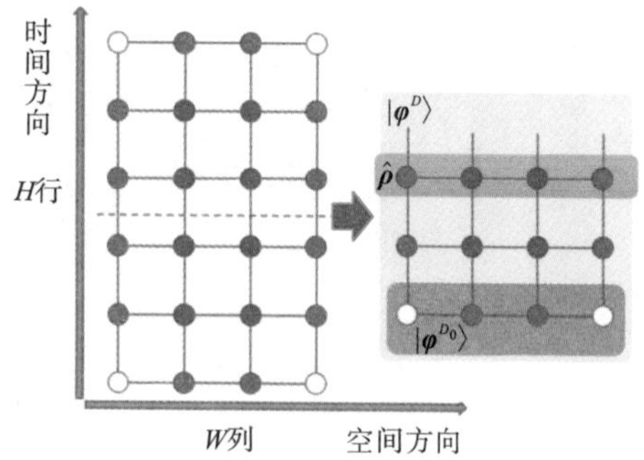

图 5-28　下半部分先收缩成多个长度为 W 的 MPS

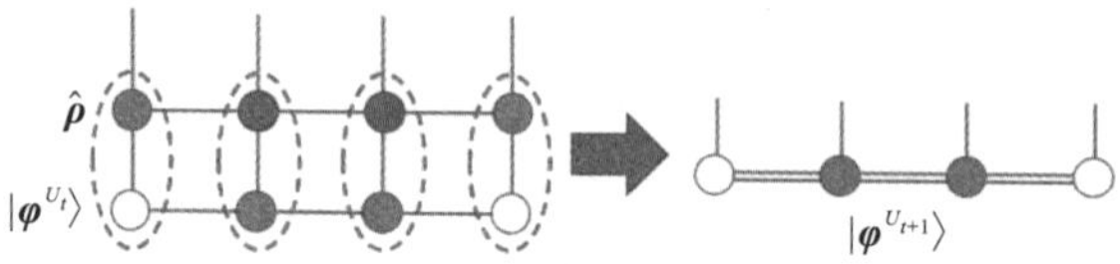

图 5-29　$\hat{\rho}$ 作用于边界层 MPS 效果示意图

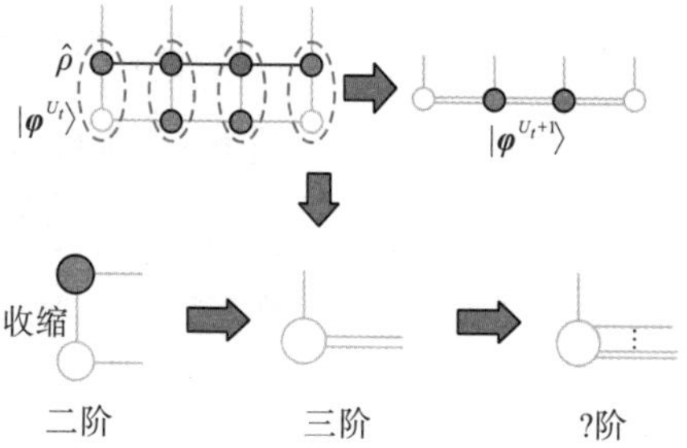

图 5-31　收缩使得 MPS 维数指标迅速扩大

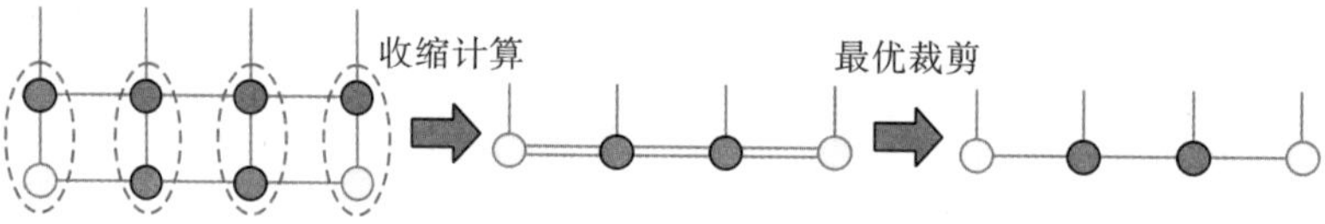

图 5-32　最优裁剪简单示意图

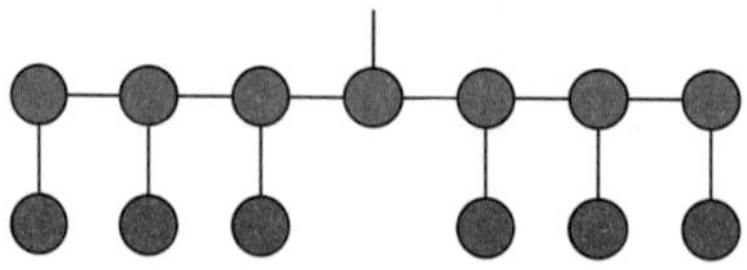

图 6-4　变分的 MPS（蓝色）与数据向量（红色）的内积

注：灰色线代表额外的标签，一般来说它的位置可以是任意的

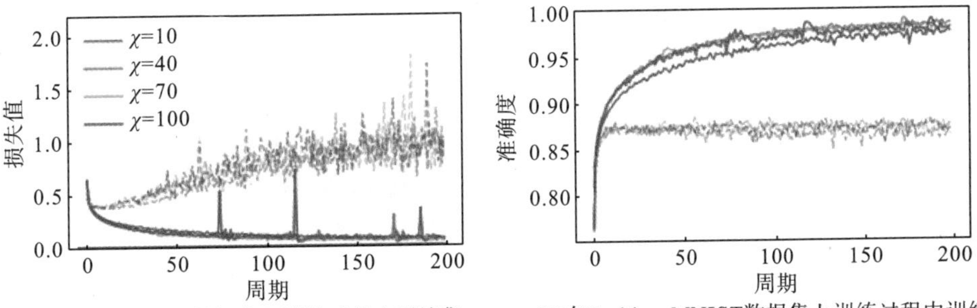

(a)在MNIST数据集上训练过程中训练集（实线）和测试集（虚线）损失演变

(b)在Fashion-MNIST数据集上训练过程中训练集（实线）和测试集（虚线）准确性的演变

图 6-11　在 MNIST 和 Fashion-MNIST 数据集上训练过程中训练集和测试集损失和准确度的演变

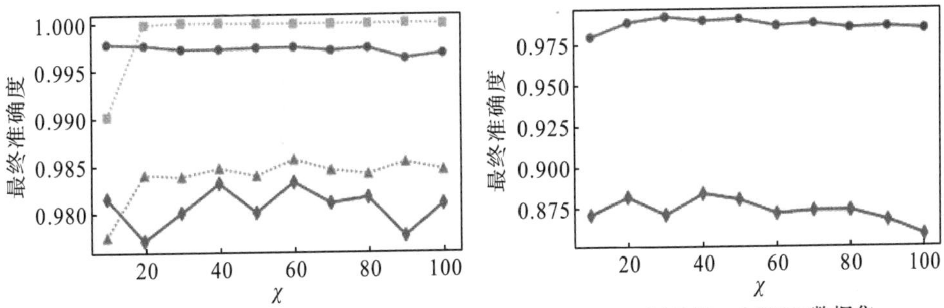

(a)MNIST手写体数据集

(b)Fshion-MNIST数据集

图 6-12　整个训练集(60000 张图片)和测试集(10000 张图片)的最终准确度作为键尺寸的函数

注：蓝色(方块和圆)对应于训练集，红色(三角形和菱形)对应于测试集。对于 MNIST，交叉熵损失(实线)与均方损失(虚线)性能对比

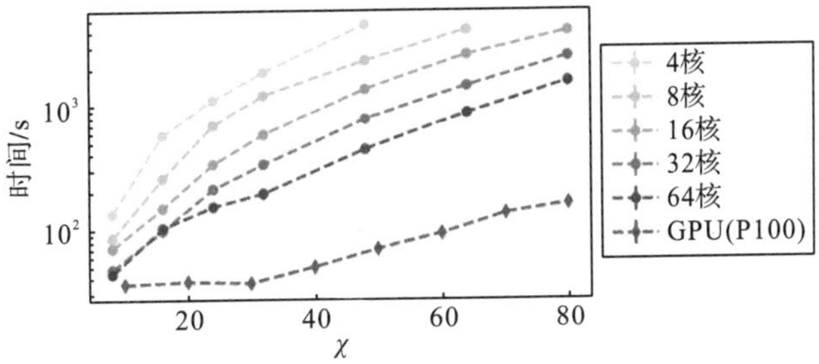

图 6-13　在 GPU 和 CPU 上实现相同的 TensorNetwork/TensorFlow 代码时，每个优化周期所需的时间

注：一个周期对应于整个训练集的完整迭代(重现文本结果的所有代码都可以在 https://github. com/google/ TensorNetwork 上找到)

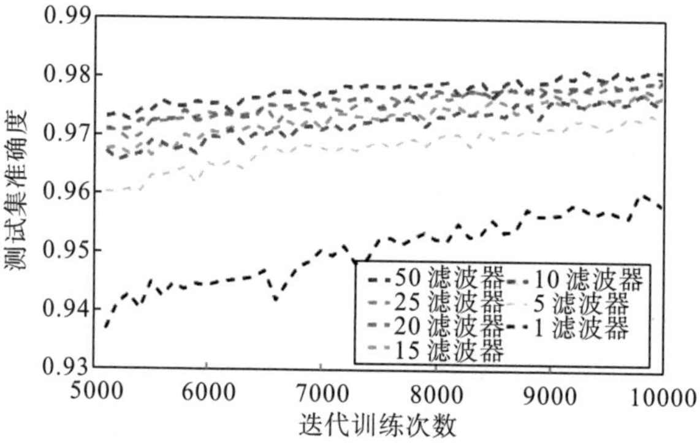

图 6-28　使用可变量的量子滤波器的 QNN 模型测试集准确度结果

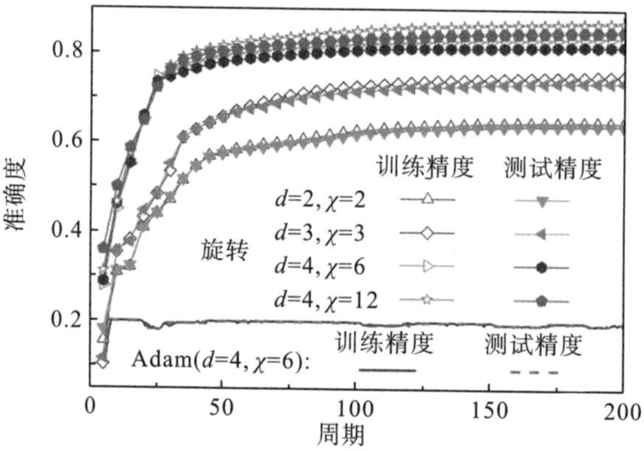

图 6-30　旋转更新与直接使用 Adam 优化器的收敛结果对比